普通高等教育电气信息类规划教材

单片机原理及应用

韩峻峰　海　涛　陈文辉　等编著

机 械 工 业 出 版 社

本书详细介绍了 MCS51 单片机的硬件结构及指令系统，从实际应用出发介绍了 MCS51 单片机的汇编语言程序设计；介绍了单片机 C 语言基本知识及常用单片机 C 语言程序设计；介绍了常用的硬件接口设计及串行总线接口设计（如 I²C 总线和 SPI 总线）；介绍了 MCS51 单片机应用系统的设计，并在附录中详细介绍了常用单片机开发环境——μVision2 集成开发环境的使用。本书选取内容丰富且实用性强，书中的应用实例大多来自于工程实践和教学实践。

本书既可作为工科院校的本科生单片机课程的教学用书，也可以作为从事单片机研发、应用工作专业技术人员的参考用书。

图书在版编目（CIP）数据

单片机原理及应用/韩峻峰等编著. —北京：机械工业出版社，2010.1
（普通高等教育电气信息类规划教材）
ISBN 978-7-111-29122-0

Ⅰ. 单…　Ⅱ. 韩…　Ⅲ. 单片微型计算机 - 高等学校 - 教材　Ⅳ. TP368.1

中国版本图书馆 CIP 数据核字（2009）第 231585 号

机械工业出版社（北京市百万庄大街 22 号　邮政编码 100037）
策划编辑：时　静
责任编辑：时　静　李　宁
责任印制：李　妍
北京汇林印务有限公司印刷

2010 年 1 月第 1 版·第 1 次印刷
184mm×260mm·14.25 印张·351 千字
0001—3500 册
标准书号：ISBN 978-7-111-29122-0
定价：27.00 元

凡购本书，如有缺页、倒页、脱页，由本社发行部调换
电话服务　　　　　　　　　　网络服务
社服务中心：（010）88361066　　门户网：http：//www.cmpbook.com
销售一部：（010）68326294
销售二部：（010）88379649　　教材网：http：//www.cmpedu.com
读者服务部：（010）68993821　　**封面无防伪标均为盗版**

普通高等教育电气信息类规划教材
微机与嵌入式系统系列
编审委员会名单

（按拼音排序）

编委会主任

　　蔡启仲

编委会副主任

　　蔡启先　　陈志新　　程小辉　　韩峻峰

编委会委员

　　陈文辉　　代宣军　　邓健志　　邓　昀　　方　华　　郭毅锋
　　海　涛　　胡　波　　黄庆南　　蒋存波　　柯宝中　　蓝红莉
　　李克俭　　李梦和　　林　川　　罗功琨　　马兆敏　　潘绍明
　　宋华宁　　吴启明　　阮　忠　　庄俊华

出 版 说 明

随着电子技术的快速发展，特别是由大规模集成电路的产生而出现的微型机，使现代科学研究和应用技术得到了质的飞跃，而嵌入式微控制器技术的出现则是给现代工业控制领域带来了一次新的技术革命。由嵌入式微控制器组成的系统，最明显的优势就是可以嵌入到任何微型或小型仪器和设备中。嵌入式系统最初应用主要以单片机系统为核心，一般认为，嵌入式系统是以应用为中心，以计算机技术为基础，软硬件可裁减，适用于应用系统的对功能、可靠性、成本、体积、功耗有严格要求的专用计算机系统。它一般由嵌入式微处理器、外围硬件设备、嵌入式操作系统以及用户的应用程序等部分组成。目前，嵌入式系统已广泛应用于国民经济的各个行业，如通信设备、仪器仪表、自动化装置、汽车船舶、航空航天、军事装备、消费类产品等。随着嵌入式系统的广泛应用，以及该领域对人才的迫切需求，嵌入式系统应用、开发的人才已成为电气信息类专业本科毕业生提高就业率新的增长点，这也给高等学校的人才培养提出了新的要求。因此，需要建立一个新的、基于计算机程序设计、微处理器技术、单片机、嵌入式系统非计算机专业的电气信息类专业的教学课程体系，以解决嵌入式技术发展对人才的需求，更好地适应当今信息技术高速发展的要求。

我们将"C语言程序设计"、"微机原理及接口技术"、"单片机原理及应用"、"嵌入式系统及应用"四门电气信息类专业的重要课程以及其他相关的选修课程作为一个课程体系进行研究，并组织老师编写了这套教材，在编写思路上，各课程的基本内容仍然保持各自的体系，注重各课程的相互衔接，避免内容重复，做到前后呼应，拓宽知识面，加强C语言编制程序能力的培养。

这套教材适用于电气信息类本科专业的教学。我们期望这套教材能够对电气信息类专业广大教师的教学和学生的学习有所帮助，也能够对参加全国大学生电子设计竞赛的大学生有所帮助。

机械工业出版社

前　　言

微型计算机自 20 世纪 70 年代诞生以来，得以迅速发展、普及和应用，对科学技术研究和生产生活起到了巨大的推动作用。随着微处理器的出现，单片微型计算机（简称单片机）技术已成为计算机技术中一个独特的分支，由于具有体积小、价格低、功能强的特点，其应用领域越来越广泛，特别是在工业控制、智能仪器仪表研发等领域中，发挥着越来越重要的作用。

本书是微机与嵌入式系统系列教材之一，在详细阐述单片机原理及结构的基础上，注重与系列教材《C 语言程序设计》、《微机原理及接口技术》、《嵌入式系统及应用》等内容的衔接，引入了工程设计中常用的总线及接口技术（如 I^2C、SPI 等）、单片机的 C51 程序设计及 KEI1 C51 开发环境等内容，对提高学生单片机技术的工程实践综合能力、加强 C 语言的应用能力具有较高的实际应用价值。

全书共分为 10 章，第 1~6 章详细介绍了 MCS51 单片机的硬件结构、指令系统与汇编语言程序设计、MCS51 单片机定时/计数器、中断系统原理与应用、串行通信及其应用。第 7 章和第 8 章介绍单片机的系统扩展及接口技术，如存储器、I/O 接口、微型打印机、键盘接口、显示器接口、A/D 和 D/A 转换器接口等，并介绍了各种接口的驱动程序，I^2C 总线、SPI 总线在内的串行总线接口的时序和接口驱动程序。第 9 章介绍了 MCS51 单片机的 C51 程序设计。第 10 章从实际应用出发详细介绍了单片机应用系统的开发过程、单片机应用系统的可靠性设计、常用单片机开发工具及单片机系统应用实例。附录 A 为 MCS51 指令集。在附录 B 中，详细介绍了单片机开发环境——μVision2 集成开发环境的使用及用户程序的调试过程。

全书的参考学时为 40~60 学时。教师可根据实际情况，对书中的内容进行取舍。

本书由广西工学院韩峻峰完成了第 1 章和第 7 章的编写及全书的统稿工作。海涛完成第 4 章和第 5 章的编写工作，方华完成第 10 章的编写工作，陈文辉完成第 6 章、第 9 章和附录 B 的编写工作；马兆敏完成第 2 章的编写工作；柯宝中完成第 8 章的编写工作；阮忠完成第 3 章和附录 A 的编写工作。

由于时间紧迫，书中错误及疏漏之处在所难免，敬请读者批评指正。

编　者

V

目　　录

第1章 绪 论

微型计算机自 20 世纪 70 年代诞生以来，得以迅速发展、普及和应用，对科学技术研究和生产生活起到了巨大的推动作用。随着微处理器的出现，单片微型计算机（简称单片机）技术已成为计算机技术中的一个独特的分支，由于具有体积小、价格低、功能强的特点，其应用领域越来越广泛，特别是在工业控制、智能仪器仪表研发等领域中发挥着越来越重要的作用。

本章将介绍单片机的基本概念、发展历史以及单片机的特点及应用，并对 MCS51 系列单片机和 8051 内核单片机进行介绍。

1.1 单片机的基本概念

单片机（Single Chip Microcomputer，SCM），又称为微控制器（Microcontroller）。它是指在一块半导体芯片上集成了构成计算机的基本要素，主要包括中央处理器（CPU）、随机存取存储器（RAM）、只读存储器（ROM）、定时/计数器（C/T）、中断系统及输入输出（I/O）接口电路等计算机功能部件。一块芯片就相当于一台计算机，故称为单片机。

随着科技发展和集成电路技术的进步，单片机内部甚至还可集成 HSO、HSI、A/D 转换器、PWM 等被称为"片内外设"的特殊功能部件，进一步拓展了单片机的功能。

由于单片机无论从功能还是形态来说都是按照控制领域使用计算机的要求而诞生的，单片机主要应用于测控领域，用以实现各种测试和控制功能，所以为强调其控制属性，准确反映单片机本质的名称应该是微控制器。目前，国外大多数厂家、学者已普遍改用 Microcontroller Unit 一词来代替 SCM，缩写为 MCU，形成了单片机界公认的、最终统一的名词。在国内，大部分工程技术人员仍习惯于使用"单片机"这一名称，因此，本书仍以"单片机"这一名称进行介绍。

1.2 单片机的发展

1.2.1 单片机的发展概况

单片机的历史虽然短暂，但发展却十分迅猛。1971 年美国 Intel 公司首先研制出 4 位单片机 4004，1975 年美国 Texas 仪器公司推出 TMS1000 系列 4 位单片机，到现在，单片机从 4 位、8 位发展到 16 位、32 位，种类已有几百种，集成度愈来愈高，功能愈来愈强，应用也愈来愈广。单片机的发展大致可分为 5 个阶段。

1. 4 位单片机阶段

自 1971 年美国 Intel 公司首先研制出 4 位单片机 4004 以来，各个计算机生产公司竞相推出各自的 4 位单片机。例如，美国国家半导体公司（National Semiconductor, NS）的 COP402 系列、日本电气公司（NEC）的 μPD75XX 系列、美国洛克威尔公司（Rockwell）的 PPS/1 系列，日本松下公司的 MN1400 系列及富士通公司的 MB88 系列等。4 位单片机推出之初，主要应用于家用电器、计算器及电子玩具等初级电子产品。这一阶段属于单片机的萌芽阶段。

2. 中、低档 8 位机阶段

1976 年 9 月，美国 Intel 公司推出了 MCS48 系列 8 位单片机，其特点是采用了专门的结构设计，片内集成了 8 位 CPU，8 位并行 I/O 口，8 位定时/计数器及 RAM、ROM 等，可满足一般工业控制的需求，不足之处是没有串行口，中断处理比较简单。此后，单片机发展进入了一个新的阶段，8 位单片机纷纷应运而生。例如，摩托罗拉（Motorola）公司的 6801 系列，Zilog 公司的 Z8 系列，Rockwell 公司的 6501、6502 等。此外，日本的 NEC 公司、日立公司等也推出了具有特色的初级 8 位单片机产品。

在这期间，由于受集成电路工艺的限制，单片机集成度较低，一般没有串行接口，并且寻址的范围小（一般小于 4KB），这一阶段属于单片机发展阶段。

3. 高档 8 位机阶段

随着集成电路工艺水平的提高，在 1978 ～ 1983 年期间，一些高性能的 8 位单片机相继问世。其中，最有代表性的就是 Intel 公司于 1980 年推出的 MCS51 系列单片机。MCS51 单片机是在 MCS48 的基础上发展起来的，其技术特点是完善了外部总线，并确立了单片机的控制功能。它带有串行接口和多个 16 位定时/计数器，具有两级中断功能，片内的 RAM、ROM 容量增大。虽然它仍然是 8 位单片机，但其功能有很大的增强，属于高档 8 位单片机。

在高档 8 位机的基础上，单片机的功能进一步得到提高，近年来相继推出了超 8 位单片机，如 Intel 公司 8X252、UPI-45283C152，Motorola 公司的 MC68HC，Zilog 公司的 Super8 等。它们不仅扩大了片内存储器容量，更重要的是还增加了通信、DMA 传输及高速 I/O 等功能。这类单片机性价比较高，是目前应用最为广泛的单片机。

4. 16 位机阶段

1983 年以后，16 位单片机逐渐问世。代表产品有 Intel 公司 1983 年推出的 MCS96 系列、1987 年推出的 80C96、美国国家半导体公司的 HPC16040、NEC 公司的 783XX 系列、Siemens 公司的 80C167、Hitachi 公司的 H8 和 Motorola 公司的 M68HC16 等。

新型 16 位单片机 CPU 采用类精简指令集（RISC）结构或具有数字信号处理（DSP）处理功能，片内存储器容量进一步加大，主要增强了 I/O 处理能力，加快了中断处理，具有高速数据传送和多种协议的数据通信等功能。例如，MCS96 系列片内含 16 位 CPU、8 KB ROM、232 B RAM、5 个 8 位并行 I/O 口、4 个全双工串行口、4 个 16 位定时/计数器、8 级中断处理系统，还具有多种 I/O 功能，如高速输入/输出（HSIO）、脉冲宽度调制（PWM）输出、特殊用途的监视定时器（Watchdog）；NS 公司的 HPC46400 和 Hitachi 公司的 H8/536 具有直接存储器访问（DMA）功能，Intel 公司的 80C196 有类似于 DMA 的外设传输服务（PTS）功能，80C196K 具有同步串行 I/O 等。此外，期间出现的 32 位单片机除了具有更高的集成度外，其主频更高，从而使单片机数据处理速度得以大幅度提高，性能更加优越。这一阶段进一步拓展了单片机的应用范围。

5. 单片机全面发展阶段

这一阶段单片机的显著技术特点是全速发展单片机的控制功能。单片机的首创公司 Intel 将其 MCS51 系列中的 8051 CPU 内核使用权以专利互换或出售形式转让给世界许多著名半导体芯片制造厂商，如 Atmel、Philips、Motorola、Siemens、OKI、Dallas、NEC、SST、华邦等都生产各种 8051 及其派生型单片机，8051 单片机事实上已经成为单片机结构标准。这些公司的产品都在保持与 8051 单片机兼容的基础上增强了 8051 的许多特性，改善其结构，加强了外围电路功能，突出了单片机的控制功能，使实时处理能力更强，集成了测控系统常用的模/数转换器、数/模转换器、程序运行监视器、脉宽调制器等"外围电路"，进一步突出了单片机的微控制器特征。

为了进一步减少单片机外部引线和体积，出现了为满足串行外围扩展要求的串行总线及接口，如 I²C（Inter-Integrated Circuit）、SPI（Serial Peripheral Interface）、MICROWIRE 等串行总线及其接口。同时，带有这些接口的各种外围芯片也应运而生，使得单片机与外部接口电路连线简单，从而得到各公司的广泛重视。

随着单片机在各个领域全面深入地发展和应用，高速、大寻址范围、强运算能力、低成本的 8 位、16 位乃至 32 位的通用及专用单片机并存，成为当前阶段单片机发展的显著特征。

1.2.2 单片机技术的发展

单片机技术的发展趋势是进一步向着低电压、低功耗、外围电路内装化、高度集成化、大容量、低价格等方向发展。

1. 低电压及低功耗，不断提高便携性

MCS51 系列的 8031 推出时的功耗达 630 mW，而现在的单片机普遍都在 100 mW 左右，随着互补金属氧化物半导体（CMOS）、高性能金属氧化物半导体（HMOS）和互补高性能金属氧化物半导体（CHMOS）等工艺的广泛采用和改进，单片机功耗也越来越低。Motorola 最近推出的 M. CORE 可在 1.8 V 电压下以 50M/48MIPS 全速工作，功率约为 20 mW。单片机允许使用的电源电压范围也越来越宽，一般都能在 3~6 V 范围内工作，有的单片机已能在 1.2 V 或 0.9 V 电压下工作。几乎所有的单片机都有等待、掉电等节电运行模式，单片机功耗已从 mA 级降到 μA 级，甚至 1 μA 以下，一粒纽扣电池就可以长期工作。

2. 外围电路内装化及高度集成化，加强单片机功能

现在的许多单片机都具有多种封装形式，其中表面封装（SMD）越来越受欢迎，使得由单片机构成的系统正朝微型化方向发展。

目前，单片机普遍都是集成了 CPU、RAM、ROM、串（并）行和通信接口、中断系统、定时电路、时钟电路等。随着集成电路工艺的改进，将各种"外围功能"器件集成在芯片内是单片机技术发展的又一趋势。例如，片内可集成模/数转换器、数/模转换器、脉宽调制器、监视定时器、DMA 控制器等，LED、LCD 或 VFD 显示驱动电路也开始集成在单片机内部。单片机集成的功能电路越多，性能就越强，功能也就越完善。

3. 大容量、低价格，改善单片机性能

单片机内的 ROM 一般为 1~4 KB，RAM 为 64~128 B，在一些特殊应用场合，存储容量不够，不得不外接扩充。为了简化结构，需要加大片内集成的存储器容量。目前，单片机片

内 ROM 最大可达 64 KB，RAM 最大可达 1 MB；同时单片机的体积越来越小，价格更便宜；有些单片机采用双 CPU 结构，以提高处理能力；有些单片机采用了精简指令集结构和流水线技术，大幅提高了运行速度。现在指令速度可达 100 ns，有些单片机增加数据总线宽度，内部采用 16 位数据总线，数据处理能力明显优于一般 8 位单片机，同时加强了位处理功能、中断和定时控制功能，CPU 的性能得到进一步的改善，系统性能和控制可靠性得到进一步提高。

4. 应用在片编程技术，改进开发环境

由于闪速存储器（Flash ROM）的出现及使用，推出了在系统编程技术（In System Programmable，ISP）。在 PC 机上编好的程序通过所建立的 SPI 或其他串行接口直接传输并且烧录到单片机的闪存上，大大简化了应用系统结构。

5. 增强 I/O 功能，扩展应用领域

为减少外部驱动芯片，进一步增强单片机 I/O 口的驱动能力，在单片机中尽可能多地把应用所需的各种功能的 I/O 口都集成在芯片内部，有的单片机可直接输出大电流和高电压，以便直接驱动显示器。为进一步加快 I/O 口的传输速度，有的单片机还设置了高速 I/O 口，以最快的速度触发外部设备和响应外部事件，使单片机 I/O 功能更加强大。

6. 多种单片机共存，应用系统协调发展

自单片机诞生至今，已发展为几百个系列的上万个机种，4 位发展到 8 位、16 位、32 位，就当前市场看，市场主流为 8 位产品，32 位产品市场正在逐步成长。

8 位单片机主要功能是做控制，由于价格低廉、功能适度而成为应用的主体，占据近六成以上的市场份额，并且还在不断增长。随着移动通信、网络技术等高性能新应用的增长，32 位单片机，特别是 32 位的嵌入式结构 RISC-DSP 双核的单片机得到了长足的发展，而针对 32 位的单片机产品，包括数码相机、手机等便携式数码产品及功能更复杂、应用更先进的信息家电、汽车电子等市场促进了 32 位单片机产品需求的增长。可以预见，现有的 8 位、16 位和 32 位机将在相当长的时期内并存，并朝功能更强、集成度和可靠性更高、功耗更低及使用更方便的方向发展。

1.3 单片机的特点及应用

1.3.1 单片机的特点

单片机由于集成度很高，一块芯片就是一台计算机，所以这种特殊的结构形式与通用微型计算机相比较，在某些应用领域承担了大中型计算机和通用微型计算机无法完成的一些工作，其主要特点如下：

1. 体积小，重量轻，功耗低，性价比好

单片机的高性能、低价格是其显著特点，为提高速度和效率，有的单片机开始采用 RISC 流水线和 DSP 设计技术，使单片机性能明显优于同类微处理器；增加的 I^2C 串行总线、SPI 串行接口等，进一步简化了系统结构，缩小了单片机体积，而低功耗、低电压的特点又使得它便于生产便携式产品。许多单片机已经可以在 2.2 V 的电压下工作，有的甚至能在 1.2 V 或 0.9 V 电压下工作，功耗降为 μA 级，一粒纽扣电池就可以长期工作。

2. 可靠性高

单片机本身是根据工业测控环境要求设计的,把各功能部件集成在一块芯片上,内部采用总线结构,减少了总线内部之间的连线,其信号通道受外界影响小,大大提高了单片机的可靠性与抗干扰能力。另外,由于其体积小,对于强磁场环境易于采取屏蔽措施。单片机分为军用级、工业用级和民用级 3 个等级系列,其中军用级、工业级具有较强的适应恶劣环境工作的能力。

3. 控制功能强

为满足控制的要求,单片机的指令系统中均有极丰富的转移指令、I/O 口的逻辑操作及位处理功能等控制功能命令,其逻辑控制功能及运行速度均高于同一档次的微型计算机。

4. 易扩展

单片机的系统配置较典型、规范,与很多外围芯片可以直接连接,容易进行相应的扩展构成各种不同规模的应用系统。

1.3.2 单片机的应用

单片机的应用范围十分广泛,其中主要的应用领域如下:

1. 家用电器

这是单片机最早应用的领域之一。目前,国内外各种家用电器已普遍采用单片机代替传统的控制电路,如微波炉、电视机、电冰箱、空调、洗衣机、录像机、音响设备乃至许多高级电子玩具都配上了单片机,从而提高智能化程度,增强产品功能和性能,使人类生活更加舒适和方便。

2. 仪器仪表

这是单片机应用最多、最活跃的领域之一。由于单片机体积小、成本低、运用灵活,且易于产品化,所以它能方便地组装成各种智能化的控制设备和仪器仪表,做到机电一体化。其主要用于工业用智能仪器仪表、医疗器械、数字示波器等,不仅能提高测量精度和准确度,简化仪器硬件结构,减小仪器体积便于携带,还具有数据处理、分析和监控等功能,易于实现仪器仪表数字化和智能化。

3. 工业控制

这是单片机应用的主要领域。由于单片机本身是按工业测控环境要求设计的,面向控制,所以单片机能针对性地解决从简单到复杂的各种控制任务,获得最佳的性能价格比。其适用温度范围宽,在各种恶劣的环境下都能可靠工作,这是其他类型计算机无法相比的。无论过程控制、数据采集还是测控技术,都离不开单片机,单片机可以构成各种工业控制系统、数据采集系统等,同时可以方便地实现多机和分布式控制,使系统保持最佳工作状态,从而提高系统工作效率和产品质量。

4. 计算机外围设备与商用产品

目前,多数计算机外围设备,如图形终端机、传真机、复印机、打印机、绘图仪、硬盘驱动器、智能终端机等都使用了单片机,从而大大减轻了主机负担;此外,单片机也在一些商用产品,如自动售货机、电子收款机、电子秤等中得到广泛应用。

5. 信息技术领域的应用

随着单片机的全面发展,以单片机为主的嵌入式系统在互联网和 IT 技术领域得到很大发展。移动语言和手持数据、音视频和数字图像等消费类产品，如手机、可视电话、MP3、MP4、数码相机、数码摄像机等已经普遍应用单片机，而调制解调器、程控交换机、无线局域网、无线家居网等各种通信设备和系统也都已经开始应用单片机。

MCS51 单片机划分为民用级、工业级和军用级 3 个等级，其温度特性分别为

民用级　　　　　　0 ~ 70℃

工业用级　　　　　−40 ~ +85℃

军用级　　　　　　−65 ~ +125℃

因此，在使用中应根据工作现场温度来适当选择芯片。

1.4　常用的单片机

1.4.1　MCS51 系列单片机

MCS 系列单片机是 Intel 公司生产的单片机的总称。Intel 公司是生产单片机的创始者，其产品在单片机的各个发展阶段均具有代表性，但应用最广泛的还是 MCS51 系列单片机。

MCS51 系列单片机包括 3 个基本型 8031、8051、8751 和对应的低功耗型 80C31、80C51、87C51，以及 3 个增强型 8032、8052、8752 和对应的低功耗型 80C32、80C52、87C52，共有十几种芯片（见表 1–1）。

表 1–1　MCS51 系列单片机分类表

子系列	片内 ROM 形式			片内 ROM 容量	片内 RAM 容量	片外存储器 寻址范围	I/O 特性			中断源
	无	ROM	EPROM				计数器	并行口	串行口	
51 子系列	8031	8051	8751	4 KB	128 B	2 ×64 KB	2 ×16	4 ×8	1	5
	80C31	80C51	87C51	4 KB	128 B	2 ×64 KB	2 ×16	4 ×8	1	5
52 子系列	8032	8052	8752	8 KB	256 B	2 ×64 KB	3 ×16	4 ×8	1	6
	80C32	80C52	87C52	8KB	256B	2 ×64KB	3 ×16	4 ×8	1	6

（1）51 子系列基本型

51 子系列基本型包括 8031、8051 和 8751。其中，8031 内部无程序存储器，需要外扩 EPROM 芯片；8051 内部集成了 4 KB 的 ROM，但 ROM 内的程序是公司制作芯片时代用户烧制的，一般用于大批量产品生产；8751 是在 8031 基础上增加了 4 KB 的 EPROM，可供用户修改、调试程序。

（2）52 子系列增强型

52 子系列增强型包括 8032、8052 和 8752。与 51 系列基本型相比，片内 ROM 从 4 KB 增加到 8 KB；片内 RAM 从 128 B 增加到 256 B；定时/计数器从 2 个增加到 3 个；中断源从 5 个增加到 6 个；串行口通信速率提高 5 倍。

（3）低功耗型

表 1–1 的芯片型号中凡有字母"C"的为 CHMOS 芯片，属于低功耗型产品。例如，8051 的功耗为 630 mW，而 80C51 的功耗只有 120 mW。此类单片机有两种节电工作方式：一是等待方式，CPU 停止工作，其他部分仍继续工作；二是掉电方式，此时片内振荡器停

止工作，单片机内部所有运行状态停止，只有 RAM 继续保持数据，这对于便携式、手提式或野外作业仪器设备具有非常重要的意义。

1.4.2　8051 内核单片机

20 世纪 80 年代中期以后，Intel 公司以专利转让的形式把 8051 内核技术转让给了许多半导体芯片生产厂家，如 Atmel、Philips、SST 公司等。这些厂家生产 MCS51 系列的兼容产品，这些兼容产品与 8051 的系统结构相同，采用 CMOS 工艺，称为 80C51。它们对 8051 进行了一些功能扩充，因而更具有市场竞争力。常用的 8051 内核单片机有以下几种：

1）Atmel 公司的 89 系列单片机，如 89C51、89S51、89S52 等。

2）Philips 公司的 8051 内核单片机，如 P89V51RB2/RC2/RD2 等。

3）ST 公司的增强型 8051 内核单片机，如 μPSD32 系列、μPSD33 系列单片机等。

4）SST 公司的 89 系列单片机，如 SST89E516RD 等。

5）Silicon Laboratories 公司的 C8051 系列单片机，如 C8051F020 等。

6）WinBond（华邦）公司的 8051 内核单片机，如 W78、W79 系列单片机。

下面介绍几种 8051 内核单片机的功能及特点。

1. Philips 系列单片机

Philips 公司生产的 89 系列单片机（P89V51RB2/RC2/RD2）是以 8051 为内核的单片机，片内包含 16/32/64 KB Flash ROM 和 1024 B 的数据 RAM，典型特性是它的 X2 方式选项。利用该特性，可使应用程序以传统的 80C51 时钟频率（每个机器周期包含 12 个时钟）或 X2 方式（每个机器周期包含 6 个时钟）的时钟频率运行，选择 X2 方式可在相同时钟频率下获得两倍的吞吐量。

单片机内部的 Flash 程序存储器支持并行和串行在系统编程（ISP）。ISP 允许在软件控制下对成品中的器件进行重复编程。P89V51RB2/RC2/RD2 也支持在应用中编程（IAP），允许随时对 Flash 程序存储器重新配置，即使是应用程序正在运行也不例外。

Philips 的 P89 系列单片机的特性如下：

1）16/32/64 KB 的片内 Flash 程序存储器，具有 ISP 和 IAP 功能。

2）通过软件或 ISP 选择支持 12 时钟（默认）或 6 时钟模式。

3）串行外围接口（SPI）和增强型通用异步接收/发送装置（UART）。

4）可编程计数器阵列（PCA），具有脉冲宽度调制（PWM）和捕获/比较功能。

5）4 个 8 位 I/O 口，含有 3 个高电流 P1 口（每个 I/O 口的电流为 16 mA）。

6）3 个 16 位定时/计数器。

7）可编程"看门狗"定时器（WDT）。

8）8 个中断源，4 个中断优先级。

9）2 个数据指针（DPTR）寄存器。

10）低电磁干扰（EMI）方式（ALE 禁能）等。

2. SST89 系列单片机

SST89 系列是美国 SST 公司推出的高可靠、小扇区结构的 Flash 单片机，特别是所有产品均带有 IAP 和 ISP 功能，不占有用户资源，通过串行口即可在系统仿真和编程，无需专用仿真开发设备，3～5 V 工作电压，低价格，在市场竞争中占有较强的优势。

SST89 系列 Flash 单片机主要功能特性如下：

1）大容量内部数据存储器 RAM。

2）在应用可编程和在系统可编程，可实现远程升级，无需编程器。

3）非易失性数据存储（内部扩展 4 KB/8 KB EEPROM）。

4）9 个中断源，4 级中断优先级，3 个大电流驱动引脚（可直接驱动 LED）。

5）双倍速，6 时钟模式，编程时可选择，默认为 12 时钟模式。

6）可编程计数器阵列（PCA，PWM）。

7）增强型通用异步通信总线，支持地址自动识别和帧数据错误检测。

8）"看门狗"定时器（WDT）。

9）宽工作电压范围 2.7～5.5 V，低功耗。

10）掉电检测功能等。

3. C8051Fxxx 系列单片机

C8051Fxxx 系列单片机由 Silicon Laboratories 公司生产并具有与 8051 兼容的微控制器内核，与 MCS-51 指令集完全兼容。除了具有标准 8052 的数字外设部件之外，片内还集成了数据采集和控制系统中常用的模拟部件和其他数字外设及功能部件。单片机的片内外设或功能部件包括模拟多路选择器、可编程增益放大器、ADC、DAC、电压比较器、电压基准、温度传感器、SMBus/I²C、UART、SPI、可编程计数器/定时器阵列（PCA）、定时器、数字 I/O 端口、电源监视器、"看门狗"定时器和时钟振荡器等。

C8051Fxxx 系列单片机具有大容量的 Flash 程序存储器和 256 B 的内部 RAM，有些单片机内部还有位于外部数据存储器空间的 RAM。C8051Fxxx 单片机采用流水线结构，机器周期由标准的 12 个系统时钟周期降为 1 个系统时钟周期，处理能力大大提高，最高可达 25 MIPS。C8051Fxxx 单片机的 Flash 存储器还具有在系统重新编程能力，可用于非易失性数据存储。片内 JTAG 调试支持功能允许在应用系统上进行非侵入式（不占用片内资源）、全速、在系统调试。C8051Fxxx 系列单片机都可在工业温度范围（-45～+85℃）内用 2.7～3.6 V（F018/019 为 2.8～3.6 V）的电压工作。各端口及 RST 和 JTAG 引脚都允许 5 V 的输入信号电压。

C8051Fxxx 系列单片机与标准 8051 相比，有几项关键性的改进，提高了整体性能：

1）扩展的中断系统提供最高达 22（C8051F3xx 为 12）个中断源，允许有大量的模拟和数字外设中断微控制器。

2）有多达 7 个复位源，即一个片内电源监视器、一个"看门狗"定时器、一个时钟丢失检测器、一个由比较器 0 提供的电压检测器、一个强制软件复位、CNVSTR 引脚及 RST 引脚。RST 引脚是双向的，可接受外部复位或将内部产生的上电复位信号输出到/RST 引脚。除了 V_{DD} 监视器和复位输入引脚以外，每个复位源都可以由用户用软件禁止。

3）单片机内部有一个能独立工作的时钟发生器，在复位后被默认为系统时钟。如果有需要，则时钟源可以在运行时切换到外部振荡器。外部振荡器可以使用晶体、陶瓷谐振器、电容、RC 或外部时钟源产生系统时钟。这种时钟切换功能在低功耗系统中是非常有用的，它允许单片机从一个低频率的节电状态切换到高速（可达 16 MHz）的正常工作状态。

1.4.3 其他单片机

除 8051 内核单片机外，比较有代表性的单片机还有以下几种：

1）Microchip 公司的 PIC 系列单片机。

2）Ti 公司的 MSP430 系列 16 位单片机。

3）Atmel 公司的 AVR 单片机。

4）台湾凌阳半导体公司的 SP 系列单片机。

5）Zilog 公司的 Z8 系列单片机。

6）美国 Ubicom 公司的 SX 系列网络单片机。

还有许多其他的产品，在此不一一列举，用户可以根据自己的实际需要选择合适的单片机。尽管单片机的种类很多，但几乎所有单片机的基本工作原理都一样，主要区别在于内部硬件资源的不同，汇编语言的格式不同。

因此，掌握好 MCS51 系列单片机的基本型（8031、8051、8751 或 80C31、80C51、87C51）是十分重要的，因为它们是 8051 内核单片机的基础。本书描述的 MCS51 系列单片机包含 8031、8051 和 8751 单片机。

第 2 章　MCS51 单片机的硬件结构

单片机原理中的基础学习主要包括两个方面：硬件结构和编程语言。本章将介绍 MCS51 单片机的硬件结构，该内容也是单片机应用系统设计的基础。通过本章的学习，可以对 MCS51 单片机的硬件结构有较为全面的了解，只有牢记其提供了哪些硬件资源，才能进一步掌握它们的应用。

2.1　MCS51 单片机的内部结构与引脚功能

2.1.1　MCS51 单片机的基本组成

MCS51 单片机的各功能部件如图 2-1 所示。这些部件都是通过片内总线连接而成，其基本结构依旧是中央处理单元（CPU）加上外围芯片的传统结构模式。

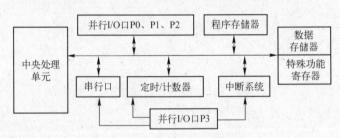

图 2-1　MCS51 单片机结构框图

1. 中央处理单元（CPU）

MCS51 单片机中有一个 8 位的中央处理单元，与通用的中央处理单元基本相同，包括运算部件和控制部件两大部分。其 CPU 还增加了面向控制的处理功能，不仅可以处理字节数据，还可以进行位变量的处理。

2. 程序存储器（ROM/EPROM）

MCS51 单片机中程序存储器的功能是用来存储程序及数据表。8031 内部无此部件；8051 为 4 KB 的 ROM；8751 则为 4 KB 的 EPROM。由于受集成度限制，片内程序存储器一般容量较小。当其容量不够时，可扩展片外程序存储器，最多可外扩至 64 KB。

3. 数据存储器（RAM）

MCS51 单片机中数据存储器的功能是用来存储程序在运行期间的工作变量、运算的中间结果、数据暂存和缓冲、标志位等。它以高速 RAM 的形式集成在单片机内，从而加快单片机运行的速度。

MCS51 单片机片内数据存储器为 128 B；当其容量不够时，可扩展片外数据存储器，片外最多可扩至 64 KB。

4. 特殊功能寄存器（SFR）

MCS51 单片机的特殊功能寄存器共设有 21 个特殊功能寄存器单元，用于对片内各功能部件进行管理、控制、监视，它们实际上是一些控制寄存器和状态寄存器。

5. 并行 I/O 口

MCS51 单片机片内有 4 个 8 位并行 I/O 口，即 P0、P1、P2 和 P3 口。除 P1 口为单一功能的 I/O 端口外，另外 3 个端口都还分别具有各自不同的其他功能。

6. 定时/计数器

在单片机的应用中，往往需要精确的定时，或对外部事件进行计数。单片机内部设置有定时/计数器部件，以提高单片机的实时控制能力。MCS51 单片机片内有两个 16 位的定时/计数器，它们具有 4 种工作方式。

7. 中断系统

中断系统是 MCS51 单片机的重要组成部分。一方面单片机可以实时处理控制现场发生的事件，提高单片机系统处理故障的能力；另一方面可以帮助解决 CPU 和外设之间的速度匹配问题，提高 CPU 的工作效率。MCS51 单片机具有 5 个中断源，两级中断优先权。

8. 串行口

串行口可用来进行串行通信，扩展并行 I/O 口，甚至与多个单片机相连构成多机通信系统，从而使单片机的功能更强且应用更广。MCS51 单片机中有一个全双工的串行口，具有 4 种工作方式。

2.1.2 引脚功能

MCS51 单片机一般采用 40 个引脚的双列直插封装（DIP）方式，其引脚示意图和逻辑符号图如图 2-2 所示。采用 CHMOS 工艺制造的低功耗机型（在型号中间加一个"C"字母作为识别，如 80C31、80C51、87C51）也有采用方型封装结构的。

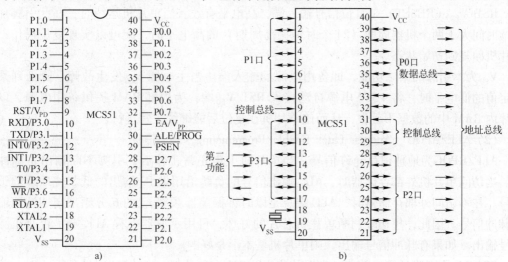

图 2-2　双列直插封装方式的引脚图

a）引脚示意图　b）逻辑符号图

单片机功能多，引脚数少，因而许多引脚都具有第二功能。引脚功能分类简表见表 2-1。

表 2 - 1 MCS51 单片机引脚功能表

功能分类	引脚编号	引脚名称	第 一 功 能	第 二 功 能
电源引脚	40 引脚	电源正端 V_{CC}	接 +5 V 电源	
	20 引脚	电源地端 V_{SS}	接地	
时钟引脚	19 引脚	XTAL1	接外部晶体，该引脚内部是一个反相放大器的输入端。当采用外部时钟方式时，此引脚接地	
	18 引脚	XTAL2	接外部晶体，该引脚内部接反相放大器的输出端。当采用外部时钟方式时，该引脚接外部时钟信号	
输入/输出引脚	1~8 脚	P1.0 ~ P1.7 统称为 P1 口	准双向 I/O 口	
	10~17 脚	P3.0 ~ P3.7 统称为 P3 口	准双向 I/O 口	见表 2-9
	21~28 脚	P2.0 ~ P2.7 统称为 P2 口	准双向 I/O 口	高 8 位地址总线
	39~32 引脚	P0.0 ~ P0.7 统称为 P0 口	双向三态 I/O 口	低 8 位地址总线及数据总线复用口
控制引脚	9 引脚	RST/V_{PD}	复位信号输入端，高电平有效	备用电源输入端
	30 引脚	ALE/$\overline{PROG}$	输出地址锁存信号	编程脉冲输入端
	29 引脚	$\overline{PSEN}$	外部程序存储器允许输出控制端	
	31 引脚	$\overline{EA}$/V_{PP}	内外程序存储器选择端	编程电压输入端

由于单片机很多引脚的使用方法相同，所以常把引脚分为控制总线、地址总线和数据总线。总线是指一类在使用方法上功能相同的引脚，如图 2-2b 所示。

(1) RST/V_{PD} （9 引脚）

RST/V_{PD} （RESET）是复位信号输入端，高电平有效。当单片机运行时，在此引脚加上持续时间大于两个机器周期（24 个时钟振荡周期）的高电平时，就可以实现复位操作，使单片机回复到初始状态。

V_{PD} 为本引脚的第二功能，即备用电源的输入端。当主电源 V_{CC} 发生故障，降低到某一规定值的低电平时，将 +5 V 电源自动接入 RST/V_{PD} 端，为内部 RAM 提供备用电源，以保证片内 RAM 中的数据不丢失，从而使单片机在复位后能继续正常运行。

(2) ALE/$\overline{RPOG}$ （Address Latch Enable/Programming，30 引脚）

ALE/$\overline{RPOG}$ 为地址锁存允许信号，当单片机上电正常工作后，引脚不断输出正脉冲信号。当访问单片机外部存储器时，ALE 输出信号的负跳沿用做 P0 输出的低 8 位地址的锁存信号。在不访问外部存储器时，ALE 端总是以时钟振荡器频率 f_{osc} 的 6 分频来周期性地输出正脉冲信号。因此，想初步判断单片机芯片的好坏，可用示波器查看 ALE 端是否有正脉冲信号输出。如果有脉冲信号输出，则单片机基本上是好的。

$\overline{PROG}$ 为本引脚的第二功能。在对片内 EPROM 型单片机（如 8751）编程写入时，此引脚作为编程脉冲输入端。

(3) $\overline{PSEN}$ （Program Strobe Enable，29 引脚）

$\overline{PSEN}$ 为外部程序存储器允许输出控制端。当单片机访问外部程序存储器时，此引脚输出的负脉冲作为读外部程序存储器的选通信号。在每个机器周期内，$\overline{PSEN}$信号两次有效。在其他时刻$\overline{PSEN}$信号无效。此引脚接外部程序存储器的OE（输出允许）端。

如果要检查一个 MCS51 单片机应用系统上电后，CPU 能否正常到外部程序存储器读取指令码，也可用示波器查看$\overline{PSEN}$端有无脉冲输出，如有则说明单片机应用系统基本工作正常。

(4) $\overline{EA}/V_{PP}$（Enable Address/Voltage Pulse of Programming，31 引脚）

$\overline{EA}/V_{PP}$为内外程序存储器选择控制端。当$\overline{EA}/V_{PP}$端为高电平时，单片机访问内部程序存储器，但在 PC（程序计数器）值超过 0FFFH 时（对于 8051、8751 为 4 KB），将自动转向执行外部程序存储器内的程序。当$\overline{EA}/V_{PP}$保持低电平时，则只访问外部程序存储器，无论是否有内部程序存储器。对于 8031 来说，因其无内部程序存储器，所以该引脚必须接地，这样只能选择外部程序存储器。

V_{PP}为本引脚的第二功能。在对 EPROM 型单片机 8751 片内 EPROM 固化编程时，用于施加编程电压（如 +21 V 或 +12 V）的输入端；对于 89C51，则 V_{PP}编程电压为 +12 V 或 +5 V。

2.2　中央处理单元

MCS51 单片机中的中央处理单元（CPU）是负责读取指令、对指令译码并执行指令的核心部件。CPU 主要由运算部件和控制部件构成；同时在运算和控制中 CPU 需要使用一些特殊功能寄存器，它们用于 CPU 在处理数据过程中暂时保存数据，这些寄存器在物理地址上属于特殊功能寄存器区。

2.2.1　运算部件

运算部件主要是对操作数（包括单元操作数和位操作数）进行算术和逻辑运算具体执行的部件。运算中由特殊功能寄存器暂存数据信息。运算部件主要包括算术逻辑运算单元（ALU）和特殊功能寄存器 A、B、PSW 等。具体介绍如下。

1. 算术逻辑运算单元（ALU）

ALU 的功能主要是对 8 位变量进行逻辑操作（如与、或、异或、循环、求补、清零等）和基本算术操作（如加、减、乘、除等）。它还具有位处理操作功能，即可以对位变量进行置位、清零、求补、测试转移及逻辑与、或等操作。

2. 累加器（A）

MCS51 单片机大多数指令都要有累加器的参与，故累加器是使用最频繁的特殊功能寄存器。累加器在指令中用 A 或 ACC 表示。它的作用是：

1）累加器是算术逻辑运算单元的输入之一，又是运算结果的存放单元。

2）数据传送大多都通过累加器。MCS51 增加了一部分可以不经过累加器的传送指令，既可加快数据的传送速度，又减少了累加器的"瓶颈堵塞"现象。

累加器是一个 8 位的特殊功能寄存器，地址为 E0H。

3. B 寄存器

B 寄存器是一个工作寄存器，在乘、除法指令中用于存放操作数和运算结果。在其他情况下，可作为一般寄存器使用。B 寄存器也是一个 8 位的特殊功能寄存器，地址为 F0H。

4. 程序状态字寄存器（PSW）

程序状态字寄存器也是一个 8 位的特殊功能寄存器，地址为 D0H。它保存当前指令执行结果的各种状态信息，以供程序查询和判断。PSW 的格式见表 2-2。表 2-3 为此寄存器的位功能表。

表 2-2　PSW 的格式

位地址	D7	D6	D5	D4	D3	D2	D1	D0
位名称	CY	AC	F0	RS1	RS0	OV	F1	P

表 2-3　PSW 位功能表

PSW 各位	位名称	位地址	位功能	备　注
PSW. 7	CY	D7H	累加器的进位标志位	CY 也可写成 C，用来指示有无进、借位。在 CPU 中，它是位累加器
PSW. 6	AC	D6H	辅助进位标志位	当进行 BCD 加法或减法操作，产生由低 4 位向高 4 位的进、借位时，AC 位由硬件置 1，否则清零
PSW. 5	F0	D5H	通用标志位	可由软件置位或清除，供用户软件定义的标志位
PSW. 4	RS1	D4H	工作寄存器区选择控制位 1 和位 0	由软件置位或清除以选择不同工作寄存器组
PSW. 3	RS0	D3H		
PSW. 2	OV	D2H	溢出标志位	指示运算是否产生溢出
PSW. 1	F1	D1H	保留位	未用
PSW. 0	P	D0H	累加器奇偶标志位	用来表示累加器中"1"的位数的奇偶数自动给该标志置位或清零。如果累加器中"1"的位数为偶数，P = 0；否则 P = 1

2.2.2　控制部件

控制部件是单片机的指挥控制单元，它主要的任务是识别指令，并根据指令的性质控制单片机各功能部件，从而保证单片机各部分能自动而协调地工作。控制部件主要包括程序计数器、程序地址寄存器、指令寄存器、指令译码器、条件转移逻辑电路及时序控制逻辑电路等。

程序计数器（Program Counter，PC）是控制器中最基本的寄存器。它是一个独立的计数器，用来存放下一条要执行的指令在程序存储器中的地址。程序计数器的基本工作过程是：当读指令时，将程序计数器中的数作为所取指令的地址输出给程序存储器，程序存储器输出该地址中的指令字节，同时程序计数器自身内容自动增加，从而指向下一条指令所在程序存储器中的地址。

在其基本工作方式下，每取出指令的一个字节，PC 的内容自动加 1，指向下一个字节，使计算机依次从程序存储器取出指令予以执行，完成某种程序操作。另外，在进行条件或无条件转移、子程序调用或中断发生时，程序计数器将被置入新的数值，从而使程序的流向发生变化。在 MCS51 单片机中，由于 PC 是 16 位的，所以可对 64 KB 的程序存储器进行寻址。

单片机指令是在控制部件的控制下执行的。首先，从程序存储器中读出指令，送入指令寄存器保存；然后送到指令译码器对指令进行译码，译码结果送到定时控制逻辑电路，由定时控制逻辑电路根据对指令的译码结果产生各种定时信号和控制信号；最后送到单片机的各个部件去执行相应的操作，将各个硬件环节的运行组织在一起。对于运算指令，还要将运算的结果特征送入程序状态字寄存器。这就是执行一条指令的全过程。

2.2.3 时钟电路与 CPU 时序

MCS51 单片机的整个程序是在 CPU 控制部件的控制下执行的，其本身是一个复杂的同步时序电路，以时钟频率为基准，有条不紊地一拍一拍地工作。因此，时钟频率直接影响单片机的速度。时钟电路为单片机的工作提供了所必需的时钟信号以保证片内各部件同步工作，使单片机在唯一的时钟控制下，严格地按时序执行指令。而 CPU 时序所研究的是指令执行中各个信号的对应时间关系。

1. 时钟电路

时钟电路的质量直接影响单片机系统的稳定性。常用的时钟电路有两种方式，一种是内部时钟方式，另一种为外部时钟方式。

（1）内部时钟方式

MCS51 单片机内部有一个用于构成振荡器的高增益反相放大器，芯片引脚 XTAL1 和 XTAL2 分别为此放大器的输入端和输出端。通过这两个引脚跨接石英晶体振荡器和微调电容，就构成一个稳定的自激振荡器，接线如图 2-3a 所示。振荡器的频率主要取决于晶体的振荡频率，一般要求晶体的振荡频率在 1.2 ~ 12 MHz 之间。电容 C 的典型值通常选择为 30 pF。MCS51 单片机常选择振荡频率 6 MHz 或 12 MHz 的石英晶体。

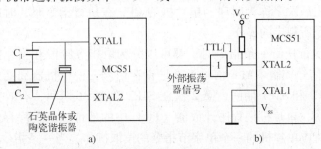

图 2-3　MCS51 单片机的时钟电路

a) 内部时钟方式的电路　b) 外部时钟方式的电路

随着集成电路制造工艺技术的发展，单片机的时钟频率也在逐步提高，现在的高速单片机芯片的时钟频率已达 40 MHz。

（2）外部时钟方式

外部时钟方式是使用外部振荡脉冲信号，常用于多片 MCS51 单片机同时工作，以便于同步。对外部脉冲信号只要求高电平的持续时间大于 20 μs，一般为低于 12 MHz 的方波。

对 HMOS 型芯片，外部振荡器的信号接 XTAL2 端，而 XTAL1 接地，如图 2-3b 所示。由于 XTAL2 端的逻辑电平不是 TTL，所以建议外接一个 4.7 ~ 10 kΩ 的上拉电阻。

2. CPU 时序

CPU 时序中的时间单位有时钟周期、状态周期、机器周期和指令周期等。它们的概念分别介绍如下。

时钟周期：振荡电路提供的振荡脉冲的周期，也称为振荡周期。当时钟振荡频率为 f_{osc}

时，时钟周期为 $1/f_{\text{osc}}$。它是单片机的基本时间单位。

状态周期：两个时钟周期为一个状态周期，用 S 表示，即当时钟振荡频率为 f_{osc} 时，状态周期为 $2/f_{\text{osc}}$。

机器周期：CPU 完成一个基本操作所需要的时间称为机器周期。一个机器周期包含 12 个时钟周期，分为 6 个状态 S1～S6。每个状态又分为两个节拍，称为 P1 和 P2。这样，一个机器周期中的 12 个时钟周期可表示为 S1P1、S1P2、S2P1、S2P2、…、S6P2，如图 2-4 所示。

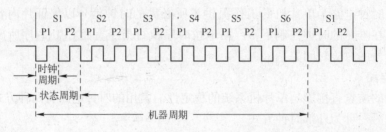

图 2-4　机器周期示意图

指令周期：执行一条指令所需的时间，它是以机器周期为单位。MCS51 单片机除了乘法、除法指令是 4 周期指令外，其余都是单周期指令和双周期指令。若时钟振荡频率为 12 MHz，则单周期指令和双周期指令的指令周期分别为 1 μs 和 2 μs。

在执行指令时，CPU 是将一条指令分解为若干基本的微操作。这些微操作所对应的脉冲信号在时间上的先后次序称为时序。单片机的 CPU 在执行指令时，时序电路产生一系列控制信号去完成指令所规定的操作。

MCS51 单片机执行任何一条指令时，都可以分为取指令阶段和指令执行阶段。取指令阶段的时序由 ALE 信号控制。ALE 信号为地址锁存信号，一个机器周期中，ALE 信号两次有效，第 1 次在 S1P2 和 S2P1 期间，第 2 次在 S4P2 和 S5P1 期间，有效宽度为一个状态周期。ALE 每有效一次，单片机把程序计数器（PC）中的地址送到程序存储器，将一个单元的操作码取出，即对应单片机的一个单字节指令的读取操作。当一条指令的操作码和操作数全部依次取出后，CPU 就会进一步执行该指令。

以单字节单周期（机器周期）指令的读取时序为例，如图 2-5 所示。由于是单字节指令，所以只需要进行一次读指令操作。当第 2 个 ALE 信号有效时，由于 PC 没有加 1，所以读出的还是原指令，属于一次无效的操作。

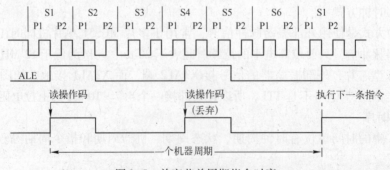

图 2-5　单字节单周期指令时序

2.3 存储器结构

MCS51 单片机存储器采用的是哈佛（Har-vard）结构，即程序存储器地址空间和数据存储器地址空间相互独立，并各有自己的寻址方式、寻址空间和控制方式。这种结构对于单片机"面向控制"的实际应用极为方便、有利。

MCS51 单片机存储器空间分为程序存储器（ROM）和数据存储器（RAM）。

2.3.1 程序存储器

MCS51 单片机的程序存储器用于存放应用程序和表格之类的数据常数。由于采用 16 位的程序计数器（PC）和 16 位地址总线，所以可以扩展的程序存储器空间最大为 64 KB。

MCS51 单片机的程序存储器可分为片内和片外两个部分，程序存储器空间结构如图 2-6 所示。无论是从片内或片外程序存储器读取指令，其操作速度都是相同的。

单片机执行指令，是从片内程序存储器取指令，还是从片外程序存储器取指令，是由单片机控制引脚 $\overline{EA}/V_{PP}$（31 引脚）来决定的。

若 $\overline{EA}/V_{PP} = 1$（接高电平时），CPU 先执行片内程序存储器的程序（对于 8051、8751 为 4 KB），当 PC 的值超过片内程序存储器地址的最大值 0FFFH 时，将自动转去执行片外程序存储器中的程序。

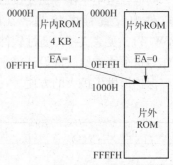

图 2-6 MCS51 单片机的程序存储器空间结构图

若 $\overline{EA}/V_{PP} = 0$（接低电平时），CPU 只能从片外程序存储器中取指令执行程序。

对于 8031 来说，因其无内部程序存储器，所以该引脚必须接地，这样只能选择外部程序存储器。对于片内有程序存储器的单片机，应将 $\overline{EA}/V_{PP}$ 引脚固定接高电平。若将 $\overline{EA}/V_{PP}$ 引脚接低电平，将会强行执行片外程序存储器中的程序。此时多用于程序调试，即将欲调试的程序存放在与片内程序存储器空间重叠的片外程序存储器内，使单片机工作在调试状态。

2.3.2 数据存储器

MCS51 单片机数据存储器（RAM）分为片内、片外两部分。它是两个独立的地址空间，分别单独编址，访问时使用不同的指令。片内数据存储器为 128 B，地址范围为 00H ~ 7FH。当 128 B 的数据存储器不够时，则需要扩展片外数据存储器，MCS51 单片机最多可扩展 64 KB 的数据存储器，地址范围为 0000H ~ FFFFH。MCS51 单片机的数据存储器空间结构如图 2-7 所示。

MCS51 单片机片内数据存储器是用户使用最灵活、最珍贵的地址空间；对其提供了丰富的操作指令，从而使得用户在设计程序时非常方便。

由表 2-4 可见，片内数据存储器共分为工作寄存

图 2-7 MCS51 单片机的数据存储器空间结构图

区、位寻址区、数据缓冲区 3 个区域。

表 2-4　片内数据存储器的结构

地 址 范 围	功　能
00H ~ 1FH	工作寄存器分成 4 组，每组都有 8 个寄存器，用 R0 ~ R7 来表示，见表 2-5
20H ~ 2FH	位寻址区
30H ~ 7FH	用户 RAM 区，可作为堆栈区和数据缓冲区

1. 工作寄存器区

00H ~ 1FH 单元为工作寄存器区。工作寄存器也称为通用寄存器，用于临时寄存 8 位信息。工作寄存器分成 4 组，每组都有 8 个寄存器，用 R0 ~ R7 来表示。程序中每次只用 1 组，其他各组不工作。在复位后，工作寄存器组 0 有效，若希望选择其他的寄存器组，则要在软件中设置程序状态字（PSW）中的工作寄存器组选择位 RS0（PSW.3）和 RS1（PSW.4），见表 2-5。通过软件设置 RS0 和 RS1 两位的状态，就可任意选一组工作寄存器工作。这个特点给软件设计带来极大的方便，特别是在中断嵌套时，为实现工作寄存器现场内容保护提供了极大的方便。

表 2-5　工作寄存器组的选择

RS0（PSW.3）	RS1（PSW.4）	当前使用的工作寄存器组 R0 ~ R7
0	0	0 组（00H ~ 07H）
1	0	1 组（08H ~ 0FH）
0	1	2 组（10H ~ 17H）
1	1	3 组（18H ~ 1FH）

2. 位寻址区

地址为 20H ~ 2FH 的 16 个单元共 128 个位可进行位寻址，每个位都有自己的位地址，位地址范围为 00H ~ 7FH。这 16 个单元也可以进行字节寻址。MCS51 单片机的位地址空间见表 2-6。

表 2-6　数据存储器中的位地址空间

单元地址	位　地　址							
20H	07	06	05	04	03	02	01	00
21H	0F	0E	0D	0C	0B	0A	09	08
22H	17	16	15	14	13	12	11	10
23H	1F	1E	1D	1C	1B	1A	19	18
24H	27	26	25	24	23	22	21	20
25H	2F	2E	2D	2C	2B	2A	29	28
26H	37	36	35	34	33	32	31	30
27H	3F	3E	3D	3C	3B	3A	39	38
28H	47	46	45	44	43	42	41	40

单元地址	位　地　址							
29H	4F	4E	4D	4C	4B	4A	49	48
2AH	57	56	55	54	53	52	51	50
2BH	5F	5E	5D	5C	5B	5A	59	58
2CH	67	66	65	64	63	62	61	60
2DH	6F	6E	6D	6C	6B	6A	69	68
2EH	77	76	75	74	73	72	71	70
2FH	7F	7E	7D	7C	7B	7A	79	78
合计	16 个单元，128 个位							

3. 数据缓冲区

30H ~ 7FH 是数据缓冲区，即用户数据存储器区，共 80 个单元。用于存放数据，也可作为堆栈区。

2.3.3　特殊功能寄存器区

特殊功能寄存器（Special Function Registers，SFR）区是一些具有特殊功能的片内数据存储器单元，地址范围为 80H ~ FFH。该区共设有 18 个专用寄存器，其中 3 个双字节寄存器，共占用 21 个字节。注意：在特殊功能寄存器区的地址空间 80H ~ FFH 中，21 个字节的特殊功能寄存器离散分布在这 128 个字节范围内，其余字节无定义，若对这些无定义的字节进行访问，则将得到一个不确定的随机数。

按地址排列的各特殊功能寄存器名称、表示符、地址等见表 2-7。各寄存器可作为字节地址直接寻址，其中有 11 个专用寄存器可以位寻址，它们字节地址的低位字节都为 0H 或 8H（即可位寻址的特殊功能寄存器字节地址具有能被 8 整除的特征），共有可寻址位 $11 \times 8 - 5$（未定义）=83 位。表 2-7 列出了这些位的位地址与位名称。

表 2-7　特殊功能寄存器名称、表示符、地址一览表

专用寄存器名称		符　号	地　址	位地址与位名称							
				D7	D6	D5	D4	D3	D2	D1	D0
P0 口		P0	80H	87H P0.7	86H P0.6	85H P0.5	84H P0.4	83H P0.3	82H P0.2	81H P0.1	80H P0.0
堆栈指针		SP	81H								
数据指针（DPTR）	低字节	DPL	82H								
	高字节	DPH	83H								
定时/计数器控制		TCON	88H	8FH TF1	8EH TR1	8DH TF0	8CH TR0	8BH IE1	8AH IT1	89H IE0	88H IT0
定时/计数器方式控制		TMOD	89H	GATE	C/T	M1	M0	GATE	C/T	M1	M0
定时/计数器 0 低字节		TL0	8AH								
定时/计数器 1 低字节		TL1	8BH								
定时/计数器 0 高字节		TH0	8CH								

专用寄存器名称	符号	地址	位地址与位名称							
			D7	D6	D5	D4	D3	D2	D1	D0
定时/计数器 1 高字节	TH1	8DH								
P1 口	P1	90H	97H P1.7	96H P1.6	95H P1.5	94H P1.4	93H P1.3	92H P1.2	91H P1.1	90H P1.0
电源控制	PCON	97H	SMOD	—	—	—	GF1	GF0	PD	IDL
串行控制	SCON	98H	9FH SM0	9EH SM1	9DH SM2	9CH REN	9BH TB8	9AH RB8	99H TI	98H RI
串行数据缓冲器	SBUF	99H								
P2 口	P2	A0H	A7H P2.7	A6H P2.6	A5H P2.5	A4H P2.4	A3H P2.3	A2H P2.2	A1H P2.1	A0H P2.0
中断允许控制	IE	A8H	AFH EA	— —	— —	ACH ES	ABH ET1	AAH EX1	A9H ET0	A8H EX0
P3 口	P3	B0H	B7H P3.7	B6H P3.6	B5H P3.5	B4H P3.4	B3H P3.3	B2H P3.2	B1H P3.1	B0H P3.0
中断优先级控制	IP	B8H	— —	— —	— —	BCH PS	BBH PT1	BAH PX1	B9H PT0	B8H PX0
程序状态字	PSW	D0H	D7H C	D6H AC	D5H F0	D4H RS1	D3H RS0	D2H OV	— —	D0H P
累加器	A	E0H	E7H ACC.7	E6H ACC.6	E5H ACC.5	E4H ACC.4	E3H ACC.3	E2H ACC.2	E1H ACC.1	E0H ACC.0
B 寄存器	B	F0H	F7H B.7	F6H B.6	F5H B.5	F4H B.4	F3H B.3	F2H B.2	F1H B.1	F0H B.0

特殊功能寄存器又称为专用寄存器，专用于控制、管理片内算术逻辑部件、并行 I/O 口、串行 I/O 口、定时/计数器、中断系统等功能模块的工作。下面按功能分类简单介绍特殊功能寄存器区中寄存器的功能。

1. 端口 P0、P1、P2、P3（80H、90H、A0H、B0H）

特殊功能寄存器中的 P0、P1、P2 和 P3 分别为各 I/O 口的锁存器，用于 I/O 口的读、写操作。

在 MCS51 单片机中，I/O 口与 RAM 统一编址，使用起来较为方便，所有访问 RAM 单元的指令，都可用来访问 I/O 口。

2. 堆栈指针（81H）

堆栈是按先进后出或后进先出原则进行读写的特殊 RAM 区域，其主要是为了子程序调用和中断操作而设立的。MCS51 单片机的堆栈区是不固定的，原则上可设置在内部 RAM 的任意区域内。实际应用中要根据对片内 RAM 各功能区的使用情况灵活设置，但一般应避开工作寄存器区、位寻址区和用户实际使用的数据区。栈顶的位置由堆栈指针（SP）寄存器指出。

MCS51 单片机的堆栈是向上生长型的（即栈顶地址总是大于栈底地址，堆栈从栈底地址单元开始，向高地址端延伸），如图 2-8 所示。在入栈操作时，指针 SP 先自动加 1，然后将数据压入

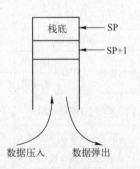

图 2-8 MCS51 单片机的堆栈示意图

SP 当前所指单元。在出栈操作时，数据先从堆栈中弹出，然后指针 SP 减 1。在复位时，堆栈指针 SP 的初值为 07H，实际的堆栈从 08H 单元开始，可用软件修改 SP 的值。

在执行 PUSH 指令、各种子程序调用及中断响应时，产生入栈操作；在执行 POP 指令、子程序返回 RET 指令及中断返回 RETI 指令时，产生出栈操作。

3. 数据指针（83H、82H）

数据指针（DPTR）是一个 16 位的数据指针寄存器，由高位字节 DPH（83H）与低位字节 DPL（82H）组成。在编程时，DPTR 可作为一个 16 位寄存器或两个独立的 8 位寄存器 DPH、DPL 来操作。

因为 DPTR 是 16 位寄存器，所以可用其间接寻址访问 64 KB 的外部数据存储器和 64KB 程序存储器的任一单元。

4. 与定时/计数器有关的特殊功能寄存器

寄存器 TH0、TL0（8CH、8AH）和 TH1、TL1（8DH、8BH）分别为定时/计数器 T0、T1 的 16 位计数值寄存器。编程时不能直接将 T0（TH0、TL0）或 T1（TH1、TL1）当做一个 16 位寄存器操作，只能分别对其高、低位字节操作。

TMOD（89H）、TCON（88H）分别为定时/计数器的方式及控制寄存器。

5. 与串口有关的特殊功能寄存器

串行口数据缓冲器 SBUF（99H）用于串行通信时存放欲发送或已接收的数据。它在 SFR 块中只有一个字节地址，但从物理上讲，SBUF 是由两个独立的寄存器组成，一个是发送缓冲器，另一个是接收缓冲器。当数据被写入 SBUF 时，实际上是被送到发送缓冲器并启动发送；当从 SBUF 中读取数据时，实际上是读入接收缓冲器中的内容。

SCON（98H）是串行口的控制寄存器。

6. 与中断系统有关的特殊功能寄存器

IE（A8H）、IP（B8H）分别是中断系统中的中断允许和中断优先级控制寄存器。

2.4 并行输入/输出接口

无论单片机对外界进行何种控制，或单片机接受外部的何种控制，都是通过 I/O 口进行的。MCS51 单片机有 4 个 8 位双向 I/O 端口，分别为 P0、P1、P2 和 P3，共有 32 根口线。这 4 个端口的每一位都含有锁存器、输出驱动器和输入缓冲器，可以 8 位并行输入或输出数据。每个端口的各位口线具有完全相同但又独立的逻辑电路，也可以每一位独立进行输入或输出。它们的端口寄存器属于特殊功能寄存器。由于 P1 口功能单一、电路比其他各口简单，所以从 P1 口开始分别详细介绍各口的结构、原理及功能。

2.4.1 P1 口

P1 口的字节地址为 90H，位地址为 90H ~ 97H。其一位的内部结构如图 2-9 所示。结构组成为：

1）一个锁存器，用于进行数据位的锁存。

2）一个输出驱动器，由场效应晶体管 V1 与内部上拉电阻组成，以增大负载能力。

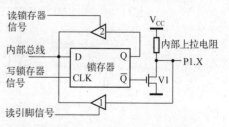

图 2-9　P1 口一位的内部结构示意图

3）两个三态缓冲器，三态门 1 是读引脚缓冲器，在将引脚输入的数据读入锁存器时用；三态门 2 在读端口数据时用。

P1 口只有通用 I/O 接口的一种功能，其工作方式有写操作、读操作和端口操作。

1. 写操作

写操作是 CPU 向端口输出数据，如执行指令"MOV P1，#01H"时，控制器发出写信号，数据"01H"经内部总线写入锁存器锁存。如果某位数据为"1"，该位锁存器输出端 Q=1，$\overline{Q}$=0，使 V1 截止，从而在该位引脚输出高电平；反之，如果某位数据为"0"，则 Q=0，$\overline{Q}$=1，使 V1 导通，该位引脚输出低电平。

2. 读操作

读操作是从引脚向 CPU 输入数据，如执行指令"MOV A，P1"时，控制器发出读信号打开三态门 1，引脚上的每位数据经三态门 1 进入内部总线，并送到累加器（A）。此时，引脚数据并没进入端口锁存，而是直接读入片内累加器（A）中。

注意在执行读操作时，如果锁存器原来寄存的数据 Q=0，那么 $\overline{Q}$=1 将使 V1 导通，从而引脚被始终钳位在低电平，不可能读入高电平。为此，在进行读操作前，必须先用写操作指令置 Q=1，使 V1 截止，引脚信号才能被正确读入，即先执行如指令"MOV P1，#0FFH"，再进行读操作。因此，称 P1 口为准双向 I/O 口。当单片机复位时，锁存器输出端为高电平，即可以直接进行读操作。

3. 端口操作

MCS51 单片机有一些指令可直接进行端口操作，如指令 ANL P1、#data 等。这些指令的执行过程分成"读－修改－写"3 步。先将 P1 口的数据读入 CPU，接着在算术逻辑运算单元中运算，最后结果写入 P1 端口。注意在"读"这一步中，CPU 是通过三态门 2 读出锁存器端的数据。

P1 输出时能驱动 4 个 LS 型 TTL 负载。该端口内部有上拉电阻，可以与集电极开路电路或漏极开路电路直接连接，而无需外接上拉电阻。

2.4.2　P0 口

1. P0 口结构

P0 口的字节地址为 80H，位地址为 80H ~ 87H。其一位的内部结构如图 2-10 所示。与 P1 口不同的是其输出驱动器由场效应晶体管（EFT）V1、V2 组成，以增大带负载能力，具有驱动 8 个 LS 型 TTL 负载的能力；与门 3、反相器 4 及多路开关（MUX）构成了输出控制电路。

P0 口既可作为通用 I/O 接口，也可作为地址/数据分时复用口。

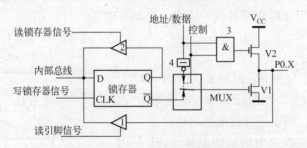

图 2-10　P0 口一位的内部结构示意图

2. 通用 I/O 接口功能

在 CPU 向端口写（输出）数据时，对应的控制信号为 0，转换开关把输出级与锁存器 Q 端接通，同时因与门 3 输出为 0 使 V2 截止。此时，输出级是漏极开路电路。当写脉冲加在锁存器时钟端 CLK 上时，与内部总线相连的 D 端数据取反后出现在 $\overline{Q}$ 端，又经输出 V1 反相，在 P0 引脚上出现的数据正好是内部总线的数据。当要从 P0 口读（输入）数据时，引脚信息仍经输入缓冲器 1 进入内部总线。端口操作和 P1 口相同。

当 P0 口作为通用 I/O 接口时，必须外接上拉电阻。因为在输出数据时，由于 V2 截止，输出级是漏极开路电路，所以要使"1"信号正常输出，必须外接上拉电阻。

3. 地址/数据分时复用功能

P0 口在实际使用中，绝大多数情况是作为单片机系统的地址/数据线使用。当 P0 口作为地址/数据分时复用总线时，可分为两种情况：一种是从 P0 口输出地址或数据，另一种是从 P0 口输入数据。

在访问片外存储器而需从 P0 口输出地址或数据信号时，控制信号为高电平，使多路开关（MUX）把反相器 4 的输出端与 V1 接通，同时把与门 3 打开。当地址或数据为"1"时，经反相器 4 使 V1 截止，而经与门 3 使 V2 导通，P0. x 引脚上出现相应的高电平；当地址或数据为"0"时，经反相器 4 使 V1 导通而 V2 截止，引脚上出现相应的低电平。这样就将地址/数据的信号输出。

如果执行取指操作或输入数据的指令，则输入的数据经输入缓冲器 1 进入内部总线。

2.4.3 P2 口

P2 口的字节地址为 A0H，位地址为 A0H ~ A7H。其一位的内部结构如图 2-11 所示。它的输出驱动中比 P1 口多了一个多路开关（MUX）和反相器 3。它除了可作为通用准双向 I/O 接口外，还担任高 8 位地址总线输出的功能。

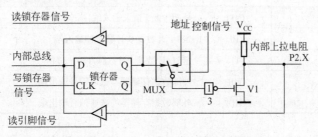

图 2-11　P2 口一位的内部结构示意图

当 P2 口作为准双向通用 I/O 口使用时，控制信号使 MUX 接向左侧，锁存器 Q 端经反相器 3 接 V1，其工作原理、工作方式、负载能力均与 P1 相同。

当 P2 口作为外部扩展存储器的高 8 位地址总线使用时，控制信号使 MUX 接向右侧，由程序计数器（PC）来的高 8 位地址 PCH，或数据指针（DPTR）来的高 8 位地址 DPH 经反相器 3 和 V1 原样呈现在 P2 口的引脚上，输出高 8 位地址 A8 ~ A15。

2.4.4 P3 口

P3 口的字节地址为 B0H，位地址为 B0H ~ B7H。其一位的内部结构如图 2-12 所示。它的每一位结构包括一个锁存器、含有与非门 3 和场效应晶体管 V1 的输出驱动，以及含有 3 个三态门的输入缓冲器。

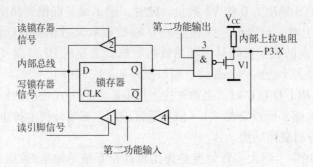

图 2-12　P3 口一位的内部结构示意图

P3 口与 P1 口一样可作为通用准双向 I/O 接口。在这种情况下，第二功能输出线为高电平，使与非门 3 的输出取决于锁存器的状态。此时，P3 口的工作原理、工作方式、负载能力均与 P1 口相同。

另外，它的每一根口线还具有第二功能，各引脚功能见表 2-8。当 P3 口作为第二功能使用时，其锁存器 Q 端必须为高电平，否则 V1 导通，引脚将被钳位在低电平，无法输入或输出第二功能信号。当 P3 口作为第二功能输入时，输入信号是从三态门 4 的输出端取得。

表 2-8　P3 口第二功能表

口　　线	第　二　功　能	
P3.0	RXD	串行数据接收端
P3.1	TXD	串行数据发送端
P3.2	$\overline{INT0}$	外部中断 0 请求输入端
P3.3	$\overline{INT1}$	外部中断 1 请求输入端
P3.4	T0	定时/计数器 0 计数脉冲输入端
P3.5	T1	定时/计数器 1 计数脉冲输入端
P3.6	$\overline{WR}$	外部数据存储器写选通信号输出端
P3.7	$\overline{RD}$	外部数据存储器读选通信号输出端

在复位后，每个端口锁存器均被写入 "1"，此时可直接作为输入口或第二功能口。

2.5　复位状态与复位电路

2.5.1　复位状态

复位是单片机的初始化操作，只要给复位引脚 RST（9 引脚）加上两个机器周期以上的高电平信号，就可使 MCS51 单片机复位。除了进入系统的正常初始化之外，当由于程序运行出错或操作错误使系统处于死锁状态时，为摆脱死锁状态，也需按复位键重新启动。

复位操作后，程序计数器（PC）及特殊功能寄存器的状态见表 2-9。由于单片机内部的各个功能部件均受特殊功能寄存器控制，所以程序运行直接受程序计数器（PC）指挥。表2-9中各寄存器复位时的状态决定了单片机内有关功能部件的初始状态。另外，在复位有效期间（即高电平），MCS51 单片机的 ALE 引脚和PSEN引脚均为高电平，且内部 RAM 不受复位的影响。

表 2-9　复位时片内各寄存器的状态

寄　存　器	复位状态	寄　存　器	复位状态
PC	0000H	TMOD	00H
A	00H	TCON	00H
B	00H	TH0	00H
PSW	00H	TL0	00H
SP	07H	TH1	00H
DPTR	0000H	TL1	00H
P0 ~ P3	FFH	SCON	00H
IP	0××00000B	SBUF	×××××××B
IE	0××00000B	PCON	0×××0000B

学习表 2-9 时需注意以下几点：

1）复位后，PC 初始化为 0000H，使 MCS51 单片机从 0000H 单元开始执行程序。

2）复位后，SP 初始化为 07H，即初始化下的堆栈区设在数据存储器 08H 开始的单元。

3）复位后，4 个 I/O 端口 P0 ~ P3 的引脚均为高电平，此时这些并行接口可直接作为输入口。

4）复位后，PSW 初始化为 00H。那么，其中 RS1、RS0 位的初始化值均为 0，选择第 0 组工作寄存器，即此时 R0 ~ R7 对应地址为 00H ~ 07H 的片内数据存储器单元。

2.5.2　复位电路

MCS51 的复位是由外部复位电路来实现的。MCS51 单片机片内复位结构如图 2-13 所示。

复位引脚 RST 通过一个斯密特触发器与复位电路相连，斯密特触发器用来抑制噪声。在每个机器周期的 S5P5，斯密特触发器的输出电平由复位电路采样一次，然后才能得到内部复位操作所需要的信号。

复位通常采用上电自动复位和按钮复位两种方式。

上电自动复位是通过外部复位电路的电容充电来实现的，如图 2-14 所示。当时钟频率选用 6 MHz 时，C 取 22 μF，R 取 1 kΩ。

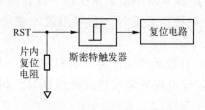

图 2-13　MCS-51 的片内复位结构图

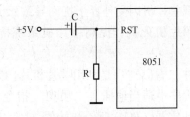

图 2-14　上电自动复位电路

除了上电复位外，有时还需要按键手动复位。按键手动复位有电平方式和脉冲方式两种，如图 2-15 和图 2-16 所示。图 2-15 是按键手动电平复位电路，电平复位是通过 RST 端经电阻与电源 V_{cc} 接通而实现的。图中当时钟频率选用 6 MHz 时，C 取 22 μF，R_s 取 200 Ω，R_K 取 1 kΩ。图 2-16 是按键脉冲复位电路，它是利用 RC 微分电路产生的正脉冲来实现的。图中的阻容参数适于 6 MHz 时钟。

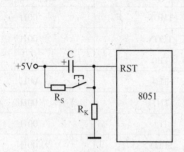

图 2-15　按键电平复位电路

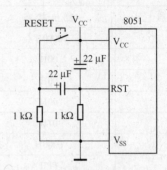

图 2-16　按键脉冲复位电路

在实际的应用系统设计中，若有外部扩展的 I/O 接口电路也需初始复位，如果它们的复位端和 MCS51 单片机的复位端相连，复位电路中的 R、C 参数要受到影响，这时复位电路中的 R、C 参数要统一考虑以保证可靠的复位。如果 MCS51 单片机与外围 I/O 接口电路的复位电路和复位时间不完全一致，使单片机初始化程序不能正常运行，则外围 I/O 接口电路的复位也可以不和 MCS51 单片机复位端相连，仅采用独立的上电复位电路。若 RC 上电复位电路接斯密特电路输入端，斯密特电路输出接 MCS51 单片机和外围电路复位端，则能使系统可靠地同步复位。一般来说，单片机的复位速度比外围 I/O 快些。为保证系统可靠复位，在初始化程序中应安排一定的复位延迟时间。

2.5.3　"看门狗"技术

1. 基本概念

"看门狗"（Watch Dog Timer，WDT）是一个定时电路，一般有一个输入端，用做复位定时器；一个输出端，与单片机的复位端连接。当单片机正常工作时，每隔一段时间向 WDT 输入端送入一个信号，使"看门狗"定时器复位清零，这个过程称为"喂狗"。如果单片机在"看门狗"定时器的设定时间内不"喂狗"（一般是程序"跑飞"），"看门狗"定时器就会溢出并产生复位信号，使单片机复位。

由于单片机自身的抗干扰能力较差，尤其是在一些条件比较恶劣、噪声大的场合，所以常会出现单片机因受外界干扰而导致死机的现象，造成系统不能正常工作。设置"看门狗"是防止单片机死机、提高单片机系统抗干扰性的一种重要途径。它可用软件或硬件方法实现。

软件"看门狗"是利用单片机片内闲置的定时/计数器单元作为"看门狗"定时器，在单片机程序中适当地插入"喂狗"指令，当程序运行出现异常或进入死循环时，利用软件将程序计数器（PC）赋予初始值。

专用硬件"看门狗"是指一些集成化的或集成在单片机内的专用"看门狗"电路。从实现角度上看，该方式是一种软件和外部专用电路相结合的技术，硬件电路连接好以后，在单片机系统中适当地插入"喂狗"指令，确保单片机系统正常运行时"看门狗"定时器不会溢出；而当系统运行异常时，"看门狗"定时器溢出，发出复位脉冲，使单片机复位。

2. X5045 简介

X5045 是一种集上电复位控制、"看门狗"、电压监控和串行 EEPROM 多种功能于一身的可编程器件。

X5045 的引脚图如图 2-17 所示。各引脚的功能如下。

$\overline{\text{CS}}$/WDI：

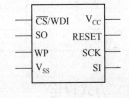

芯片选择输入。当$\overline{\text{CS}}$为高电平时，器件未被选中，处于低功耗模式。当$\overline{\text{CS}}$为低电平时，器件被选中，处于正常的功耗状态。在上电复位后的任何操作之前，$\overline{\text{CS}}$必须要有一个高变低的过程。

图 2-17　X5045 的引脚图

"看门狗"输入。在"看门狗"定时器溢出并产生复位之前，加在 WDI 上由高到低的电平变化将使"看门狗"定时器复位。

SO：串行数据输出端。

SI：串行数据输入端。

SCK：串行时钟输入端。

WP：写保护输入端，低电平有效。

RESET：复位输出端。

V_{CC}：电源端。

V_{SS}：接地端。

（1）上电复位

给 X5045 加电，当超过门限电压 V_{TRIP} 时，器件的内部复位电路将提供一个约为 200 ms 的复位脉冲，使处理器能够正常复位。

（2）低电压监视

在工作过程中，X5045 监测 V_{CC} 电压的下降。若电源电压跌落至 V_{TRIP} 以下就会产生一个复位脉冲，这个复位脉冲一直有效，直到 V_{CC} 降至 1 V 以下。如果 V_{CC} 跌落到 V_{TRIP} 后上升，在 V_{CC} 超过 V_{TRIP} 后延时约 200 ms，复位信号消失，系统可以继续工作。

（3）"看门狗"定时器

"看门狗"定时器的作用是通过监视 WDI 输入来监视微处理器是否正常工作。在设定的时间内，处理器必须在 WDI 引脚上产生一个由高到低的电平变化，使"看门狗"定时器复位。在 X5045 内部的一个寄存器中有两位可编程位用来决定定时器定时时间的长短。

（4）SPI 串行存储器

器件存储器部分是带块锁保护的 CMOS 串行 EEPROM 阵列，阵列的内部组织是 x8 位，并具有串行外围接口（SPI）和软件协议的特点。

2.6　MCS51 单片机的低功耗方式

在野外、空中、井下等环境或便携式智能仪器中，常用电池对单片机供电，这就要求单片机低功耗运行。CHMOS 工艺制成的单片机正常工作时功耗较小，还另设置了等待和掉电两种节电运行方式。3 种工作方式的电耗见表 2-10。仅在需要正常工作时才使单片机进入正常运行方式，其他时间均在等待或掉电方式下，从而大大降低功耗。

表 2-10　3 种工作方式的电耗

工 作 方 式	电 源 电 压	电 源 电 流	晶 振
正常运行	5 V	16 mA	1.2 ~ 12 MHz
等待方式	5 V	3.7 mA	1.2 ~ 12 MHz
掉电方式	2 V	50 nA	停振

2.6.1　方式设定

低功耗方式的设定由电源控制寄存器（PCON）这一特殊功能寄存器设定。PCON 字节地址为 87H，没有位寻址功能。PCON 的格式如下：

D7	D6	D5	D4	D3	D2	D1	D0
SMOD	—	—	—	GF1	GF0	PD	IDL

SMOD 为串行口波特率倍增位。

GF1、GF0 为用户设置软件标准用。

PD 为掉电方式控制位，PD = 1 使单片机进入掉电方式。

IDL 为等待方式控制位，IDL = 1 使单片机进入等待方式。

如果 PD 和 IDL 同时为 0，则单片机为正常工作方式；而二者同时为 1 时，单片机为掉电工作方式。复位时 PCON = 00H，即单片机处在正常运行工作方式。

2.6.2　等待工作方式

在等待方式下，送往 CPU 的时钟信号被封锁，CPU 进入等待状态。此时，堆栈指针（SP）、程序计时器（PC）、程序状态字（PSW）、累加器（A）的状态均保持不变，ALE、$\overline{PSEN}$ 引脚为高电平，I/O 引脚保持以前的状态。

2.6.3　掉电工作方式

在掉电工作方式下，由于 PD = 0，片内振荡器停止工作，单片机所有的运行状态都停止，仅片内 RAM 中的数据被保存起来。此时，电源电压可降低为 2 V，以减小芯片功耗。退出掉电方式只能用按钮复位。

2.7　思考题与习题

1. MCS51 单片机的片内集成了哪些逻辑功能部件？各个逻辑功能部件的最主要的功能是什么？

2. MCS51 单片机的引脚中有多少根 I/O 线？它们与单片机对外的地址总线和数据总线

之间有什么关系？其地址总线和数据总线各有多少位？对外可寻址的地址空间有多大？

3. MCS51 单片机的控制总线信号有哪些？各有何作用？

4. 当使用 8031 芯片时，需将 $\overline{EA}$ 引脚接（　　）电平，因为其片内无（　　）存储器。

5. MCS51 单片机的存储器组织采用何种结构？其地址空间如何划分？各地址空间的地址范围和容量如何？在使用上有何特点？

6. MCS51 单片机的片内 RAM 中包括哪 3 个主要部分，各部分的主要功能是什么？

7. 在内部 RAM 中，位地址为 33H 的位所在字节的字节地址为（　　）。

8. 若 A 中的内容为 66H，那么 P 标志位的值为（　　）。

9. 以下有关 PC 和 DPTR 的结论正确的是（　　）。

A. DPTR 是可以访问的，而 PC 不能访问

B. 它们都是 16 位的存储器

C. 它们都有加 1 的功能

D. DPTR 可以分为两个 8 位的寄存器使用，但 PC 不能

10. PC 的值是（　　）。

A. 当前正在执行指令的前一条指令的地址

B. 当前正在执行指令的地址

C. 当前正在执行指令的下一条指令的地址

D. 控制器中指令寄存器的地址

11. 8031 单片机复位后，R4 所对应的存储单元的地址为（　　），因上电时 PSW ＝（　　）。这时当前的工作寄存器区是（　　）组工作寄存器区。

12. 什么是时钟周期、机器周期和指令周期？当单片机时钟频率为 12 MHz 时，一个机器周期是多少？ALE 引脚的输出频率是多少？执行一条最长的指令需要多长时间？

13. 当 MCS51 单片机运行出错或程序陷入死循环时，如何来摆脱困境？

14. 如果手中仅有一台示波器，则可通过观察哪个引脚的状态，来大致判断 MCS51 单片机正在工作？

第3章　指令系统与汇编语言程序设计

单片机和所有微型计算机一样，当执行某种操作或运算时，要先向 CPU 输入操作指令。MCS51 单片机指令系统，不但适用于 Intel 公司生产的 MCS51 系列单片机，而且适用于其他公司生产的 8051 内核单片机。学习指令系统，掌握指令的功能和应用是非常重要的，这是用汇编语言进行程序设计的基础。本章将详细介绍 MCS51 单片机指令系统及其汇编语言程序设计的方法。

3.1　指令系统简介

计算机通过执行程序完成人们指定的任务。程序是由一条一条指令构成的，能被 CPU 识别、执行的指令集合就是该 CPU 的指令系统。

MCS51 单片机的指令系统包括数据传送交换类、算术运算类、逻辑运算与循环类、子程序调用与转移类、位操作类及 CPU 控制类等指令。它有如下 3 个主要特点：

1）指令执行速度快。大多数指令执行时间为一个机器周期，少数指令（45 条）为两个机器周期，仅有乘、除两条指令为 4 个机器周期。

2）指令短。大多数指令为 1～2 字节，少数为 3 个字节。

3）具有丰富的位操作指令。可对内部数据存储器和特殊功能寄存器中的可寻址位进行多种形式的位操作。

单片机指令的这些特点使之具有极强的实时控制和数据运算功能。

3.2　指令的格式

指令的具体格式依赖于计算机的结构特征，但指令的组成是一样的，都包含操作码和操作数两个部分。指令的一般格式为：操作码　操作数。

操作码用来表示执行什么性质和类型的操作，如加法、减法等。操作数用来指出参加操作的数据或数据的存储地址。

不同类型的指令，操作数的个数是不一样的。在具有多个操作数的指令中，各操作数分别称为第一操作数、第二操作数等。例如，加法指令，两个数 a 和 b 相加，a 和 b 就是参加操作的两个操作数。对于加法等操作，有些计算机指令还指出存放操作结果的地址，另外一些计算机把运算结果总是存放在某一个寄存器中（称为累加器）。

若指令的操作数字段内容就是一个参加操作的数据，则这种操作数被称为立即数。大多数的指令，操作数存放于寄存器或存储器中（这部分存储器常被称为数据存储器），指令的操作数字段仅指出操作数所在的寄存器或存储器地址。

在 MCS51 指令系统中，有单字节、双字节和三字节这些不同长度的指令，指令的长度不同，指令的格式也不同。

在单字节指令中，操作码和操作数同在一个字节中；在双字节指令中，操作码占一个字节，操作数占一个字节；在三字节指令中，操作码占一个字节，操作数占两个字节，其中操作数可能是数据，也可能是地址。

3.3 MCS51 单片机的寻址方式

寻址方式是指令中提供操作数的形式，即寻找操作数或操作数所在地址的方式。在 MCS51 单片机中，存放数据的存储器空间有 4 种，即内部 RAM、特殊功能寄存器（SFR）、外部 RAM 和程序存储器（ROM）。其中，除内部 RAM 和 SFR 统一编址外，外部 RAM 和程序存储器（ROM）是分开编址的。为了区别指令中操作数所处的地址空间，对于不同存储器中的数据操作，采用不同的寻址方式，这是 MCS51 单片机在寻址方式上的一个显著特点。

3.3.1 立即寻址

指令中直接给出操作数的寻址方式称为立即寻址。在 MCS51 单片机的指令系统中，立即数用一个前面加"#"号的 8 位数（#data，如#30H）或 16 位数（#data16，如#2052H）表示。指令中立即数在操作码之后，因此立即寻址指令多为二字节或三字节指令。

例如：

```
MOV    A , # 80H          ;80H→A
MOV    DPTR ,# 2000H      ;2000H→DPTR
```

3.3.2 直接寻址

指令中直接给出操作数的地址的寻址方式称为直接寻址。

寻址对象为：① 内部数据存储器，在指令中以直接地址表示；② 特殊功能寄存器 SFR，在指令中用寄存器名表示。

直接寻址的指令码中应有直接地址字节，因此多为二字节或三字节指令。当指令中的两个操作数均为直接地址时，指令格式为：操作码 目的地址，源地址。

例如：

```
MOV    A, 25H       ;内部 RAM 的(25H)→A
MOV    P0, # 45H    ;45H→P0,P0 为直接寻址的 SFR,其地址为 80H
MOV    30H, 20H     ;内部 RAM 的(20H)→30H
```

3.3.3 寄存器寻址

以通用寄存器的内容为操作数的寻址方式称为寄存器寻址。

通用寄存器包括 A、B、DPTR、R0 ~ R7。其中，B 寄存器仅在乘、除法指令中为寄存器寻址，在其他指令中为直接寻址。A 寄存器可以寄存器寻址，也可以直接寻址（此时写为 ACC）。直接寻址和寄存器寻址的区别在于，直接寻址是操作数所在的字节地址（占一个字节）出现在指令码中，寄存器寻址是寄存器编码出现在指令码中。由于使用寄存器寻址的寄存器少、编码位数少（少于 3 位二进制数），通常操作码和寄存器编码合用一个字节，因此寄存器寻址的指令机器码短，执行快。除上面指出的几个寄存器外，其他特殊功能寄存器一律为直接寻址。

例如：

```
MOV     A,R0        ;R0→A,A、R0 均为寄存器寻址
MUL     AB          ;A * B→BA,A、B 为寄存器寻址
MOV     B,R0        ;R0→B,R0 为寄存器寻址,B 为直接寻址
ADD     A,ACC       ;A 为寄存器寻址,ACC 为直接寻址,因为指令只有 ADD A,dir 形式,
                    ;而无 ADD A,A 形式,否则汇编通不过
```

3.3.4　寄存器间接寻址

以寄存器中的内容为地址，而该地址中的内容作为操作数的寻址方式称为寄存器间接寻址。能够进行寄存器间接寻址的寄存器有 R0、R1、DPTR，用前面加 @ 表示，如 @ R0、@ R1、@ DPTR。寄存器间接寻址的存储器空间包括内部数据存储器和外部数据存储器。由于内部数据存储器共有 128 B，所以用 1 B 的 R0 或 R1 可间接寻址整个空间。而外部数据存储器最大可达 64 KB，仅 R0 或 R1 无法寻址整个空间。因此，需由 P2 端口提供外部 RAM 的高 8 位地址，由 R0 或 R1 提供低 8 位地址，共同寻址 64 KB 的范围，也可用 16 位的 DPTR 寄存器间接寻址 64 KB 的存储空间。

在指令中，是对内部 RAM 还是对外部 RAM 寻址，区别在于对外部 RAM 的操作仅有数据传送类指令，并且用 MOVX 作为操作码助记符。

例如：

```
MOV     @ R0,A      ;A→以 R0 内容为地址的内部 RAM 单元
MOVX    A,@ R1      ;外部 RAM(地址为 P2 R1)的内容→A
MOVX    @ DPTR,A    ;A→以 DPTR 内容为地址的外部 RAM 单元
```

3.3.5　变址寻址

由寄存器 DPTR 或 PC 中的内容加上 A 累加器内容而形成操作数地址的寻址方式称为变址寻址。变址寻址只能对程序存储器中的数据进行寻址操作。由于程序存储器是只读存储器，所以变址寻址操作只有读操作而无写操作。在指令符号上，采用 MOVC 的形式。

例如：

```
MOVC    A,@ A + DPTR        ;(A + DPTR)→A
MOVC    A,@ A + PC          ;(A + PC)→A
```

3.3.6　位寻址

对位地址中的内容进行位操作的寻址方式称为位寻址。

由于单片机中只有内部 RAM 和特殊功能寄存器的部分单元有位地址，所以位寻址只能

对有位地址的这两个空间进行寻址操作。位寻址是一种直接寻址方式，由指令给出直接位地址。与直接寻址不同的是，位寻址只给出位地址，而不是字节地址。

例如：

```
SETB    20H             ;1→20H 位
MOV     32H,C           ;进位位 CY→32H 位
ORL     C,5AH           ;CY5AH 位→CY
```

3.3.7　相对寻址

相对寻址方式是为了实现程序的相对转移而设计的。它是以当前程序计数器（执行完转移指令后的 PC 值）的内容为基础，加上相对转移指令给出的偏移量形成新的 PC 值的寻址方式。

一般情况下，程序的执行是逐条进行的，PC 值顺序增加指向下一条要执行指令的地址，但在子程序调用或程序转移的情况下，需要从转移指令处跳过一些指令转移到目的指令处，此处的目的地址是通过相对寻址方式求得的。

例如：

```
SJMP    08H             ;PC←PC + 2 +08H
```

假定指令 SJMP 08H 存放于程序存储器 2000H 处，即当前 PC 值为 2000H，则执行完该指令后，程序转移到 200AH 处执行。因为 SJMP 08H 指令本身占两个字节，所以 CPU 执行完该指令之后 PC 值已等于下一条指令的地址，即 2002H，此时的 PC 值加上偏移量 08H 后赋给 PC 寄存器，则 PC = 200AH，程序转到 200AH 处开始执行。

MCS51 单片机指令系统的 7 种寻址方式，概括起来见表 3-1。

表 3-1　寻址方式与寻址空间关系

序　号	寻址方式	使用的变量	寻址空间
1	立即寻址	#data	
2	直接寻址		内部 RAM 128 B、特殊功能寄存器
3	寄存器寻址	R0 ~ R7、A、B、C（位）、DPTR、AB	4 组通用工作寄存器区、部分特殊功能寄存器
4	寄存器间接寻址	@ R1，@ R0，SP	片内 RAM
		@ R0，@ R1，@ DPTR	片外数据存储器
5	变址选址	@ A + DPTR，@ A + PC	程序存储器
6	位寻址		内部 RAM 20H ~ 2FH 单元的 128 个可寻址位、SFR 中的可寻址位
7	相对寻址	PC + 偏移量	程序存储器

单片机初学者由于还没有具体使用过指令，没有使用指令的实践体会，所以对这些寻址方式到底有什么用处，可能会感到有些抽象。实际上所谓寻址，就是在编程时如何从众多的存储单元中，用最简便的方法，找到所需要的数，这是编程中的一个重要概念，也是一个重要技巧。

3.4 指令系统分类介绍

MCS51 单片机指令系统可从不同角度进行分类。按指令的长度可分为单字节、二字节和多字节指令；按指令执行时间可分为单机器周期、2 机器周期和 4 机器周期指令。注意，指令执行时间和指令的长度是两个完全不同的概念，前者表示执行一条指令所用的时间，后者表示一条指令在 ROM 中所占的存储空间，二者不能混淆。若按指令功能进行分类，MCS51 指令系统可分为数据传递与交换、算术运算、逻辑运算、程序转移、位操作、CPU 控制等 6 类指令。

指令中的符号介绍如下。

- Rn：当前工作寄存器组中的 R0 ~ R7（其中 $n = 0$，1，…，7）。
- Ri：当前工作寄存器组中的 R0、R1（其中 $i = 0$，1）。
- dir：8 位直接地址（片内 RAM 和 SFR 地址）。
- #data：8 位立即数。
- #data16：16 位立即数。
- addr16：16 位地址值。
- addr11：11 位地址值。
- bit：位地址（在位地址空间中）。
- rel：相对偏移量（在相对转移指令中使用，为 1 B 补码）。
- (X)：存储单元 X 中的内容。
- ((X))：以存储单元 X 的内容作为地址的存储单元中的内容。

表 3-2 ~ 表 3-11 列出了按指令功能排列的全部指令及功能简要说明。

1）数据传送类指令是把源操作数传送给目标单元，源就是数据来源，目标就是传送的目的地。传送指令的功能，就是用来完成将数据从源地址传送到目标单元的一种操作。传送指令用 MOV、MOVX、MOVC、XCH、XCHD、PUSH、POP 等助记符作为操作码，MOV 表示传送，XCH 表示交换，交换是一种能双向同时进行的传送。PUSH 和 POP 则分别表示压栈和出栈，压栈和出栈也是一种传送，只是传送的一方位于堆栈而已。根据传送源和目标的不同，传送指令可以分为片内 RAM、片外 RAM 和 ROM 的传送指令、堆栈操作及数据交换指令。

表 3-2 ~ 表 3-5 列出了数据传送类指令的全部指令。

表 3-2 立即数传送指令

指令名称	助词符		操作
源操作数是立即数的传送指令	MOV	A,#data	data→A
	MOV	Rn,#data	data→Rn
	MOV	@Ri,#data	data→(Ri)
	MOV	direct,#data	data→direct
16 位立即数的传送指令	MOV	DPTR,#data16	data16→DPTR

表 3-3 片内 RAM 传送指令

指令名称	助词符	操作
片内数据存储器寄存器 寻址的传送指令	MOV A,Rn	(Rn)→A
	MOV Rn,A	(A)→Rn
	MOV direct,Rn	(Rn)→direct
	MOV Rn,direct	(direct)→Rn
片内数据存储器寄存器间接 寻址的传送指令	MOV A,@Ri	((Ri))→A
	MOV @Ri,A	(A)→(Ri)
	MOV direct,@Ri	((Ri))→direct
	MOV @Ri,direct	(direct)→(Ri)
片内数据存储器寄存器直接 寻址的传送指令	MOV A,direct	(direct)→A
	MOV direct,A	(A)→direct
	MOV direct2,direct1	(direct1)→direct2

表 3-4 片外 RAM 和 ROM 的传送指令

指令名称	助词符	操作
外部 RAM 与累加器之间的传送指令	MOVX A,@DPTR	((DPTR))→A
	MOVX @DPTR,A	(A)→(DPTR)
	MOVX A,@Ri	((Ri))→A
	MOVX @Ri,A	(A)→(Ri)
ROM 与累加器之间的传送指令	MOVC A,@A+PC	((A)+(PC))→A
	MOVC A,@A+DPTR	((A)+(DPTR))→A

表 3-5 堆栈操作指令

指令名称	助词符	操作
压栈指令	PUSH direct	SP+1→SP (direct)→(SP)
出栈指令	POP direct	((SP))→direct SP-1→SP

2）算术运算类指令有24条，分为加、减、乘、除、加1、减1及十进制调整指令（见表3-6）。

表 3-6 算术运算类指令

指令名称	助词符	操作
加法指令	ADD A,Rn	(A)+(Rn)→A
	ADD A,direct	(A)+(direct)→A
	ADD A,@Ri	(A)+((Ri))→A
	ADD A,#data	(A)+data→A
带进位位加法指令	ADDC A,Rn	(A)+(Rn)+CY→A
	ADDC A,direct	(A)+(direct)+CY→A
	ADDC A,@Ri	(A)+((Ri))+CY→A
	ADDC A,#data	(A)+data+CY→A

35

指令名称	助词符	操作
减法指令	SUBB A,Rn	(A) - (Rn) - CY→A
	SUBB A,direct	(A) - (direct) - CY→A
	SUBB A,@Ri	(A) - ((Ri)) - CY→A
	SUBB A,#data	(A) - data - CY→
加1指令	INC A	(A) +1→A
	INC Rn	(Rn) +1→Rn
	INC direct	(direct) +1→direct
	INC @Ri	((Ri)) +1→(Ri)
	INC DPTR	(DPTR) +1→DPTR
减1指令	DEC A	(A) -1→A
	DEC Rn	(Rn) -1→Rn
	DEC direct	(direct) -1→direct
	DEC @Ri	((Ri)) -1→(Ri)
乘法指令	MUL AB	(A) * (B)→A. B
除法指令	DIV AB	(A)/(B)→A 余 B
十进制调整指令	DA A	对(A)进行十进制调整

3）逻辑运算类指令有 24 条，分为逻辑"与"、"或"、"异或"、"非"及移位指令（见表 3-7）。

表 3-7　逻辑运算类指令

指令名称	助词符	操作
逻辑与指令	ANL A, Rn	(A) ∧ (Rn) →A
	ANL A, direct	(A) ∧ (direct) →A
	ANL A, @Ri	(A) ∧ ((Ri)) →A
	ANL A, #data	(A) ∧data→A
	ANL direct, A	(direct) ∧ (A) →direct
	ANL direct, #data	(direct) ∧data→direct
逻辑或指令	ORL A, Rn	(A) ∨ (Rn) →A
	ORL A, direct	(A) ∨ (direct) →A
	ORL A, @Ri	(A) ∨ ((Ri)) →A
	ORL A, #data	(A) ∨data→A
	ORL direct, A	(direct) ∨ (A) →direct
	ORL direct, #data	(direct) ∨data→direct
逻辑异或指令	XRL A, Rn	(A) ⊕ (Rn) →A
	XRL A, direct	(A) ⊕ (direct) →A
	XRL A, @Ri	(A) ⊕ ((Ri)) →A
	XRL A, #data	(A) ⊕data→A
	XRL direct, A	(direct) ⊕ (A) →direct
	XRL direct, #data	(direct) ⊕data→direct
累加器清零	CLR A	0→A
累加器取反	CPL A	(($\overline{A}$)) →A

4）位操作类指令有12条，分为位传送、置位、清零及位逻辑运算指令（见表3-8）。

表3-8　位操作类指令

指 令 名 称	助 词 符	操 作
循环左移指令	RL　A	A循环左移一位
带进位循环左移指令	RLC　A	A带进位位循环左移一位
循环右移指令	RR　A	A循环右移一位
带进位循环右移指令	RRC　A	A带进位位循环右移一位
A半字节交换指令	SWAP　A	A高低半字节交换

5）控制转移类指令有22条，分为无条件转移、条件转移、子程序调用和返回指令（见表3-9~表3-11）。

表3-9　无条件转移指令

指 令 名 称	助 词 符	操 作
长跳转指令	LJMP　add16	Add16→PC
短跳转指令	AJMP　addd11	Add11→PC10~PC0　PC15~PC11不变
相对跳转指令	SJMP　rel	PC+rel→PC
查表指令	JMP　@A+DPTR	(A)+(DPTR)→PC

表3-10　条件转移指令

指 令 名 称	助 词 符	操 作
零条件转移指令	JZ　rel	(A)≠0,PC+2→PC
		(A)=0,PC+rel→PC
	JNZ　rel	(A)=0,PC+2→PC
		(A)≠0,PC+rel→PC
比较转移指令	CJNE　A,direct,rel	(A)=direct,PC+3→PC
		(A)≠direct,PC+rel→PC
		(A)<data,1→CY
	CJNE　A,#data,rel	(A)=data,PC+3→PC
		(A)≠data,PC+rel→PC
		(A)<data,1→CY
	CJNE　Rn,#data,rel	(Rn)=data,PC+3→PC
		(Rn)≠data,PC+rel→PC
		(Rn)<data,1→CY
	CJNE　@Ri,#data,rel	((Ri))=data,PC+3→PC
		((Ri))≠data,PC+rel→PC
		((Ri))<data,1→CY
减1非零跳转指令	DJNZ　Rn,rel	(Rn)-1→Rn,
		(Rn)≠0,PC+rel→PC
		(Rn)=0,PC+3→PC
	DJNZ　direct,rel	(direct)-1→direct
		(direct)≠0,PC+rel→PC
		(direct)=0,PC+3→PC

表 3-11 子程序调用和返回指令

指 令 名 称	助 词 符	操 作
子程序调用指令	LCALL add16	PC 压入堆栈,add16→PC
	ACALL add11	PC 压入堆栈,PC15 ~ PC11 不变
		Add11→PC10 ~ PC0
返回指令	RET	堆栈内容弹回 PC
中断返回指令	RETI	堆栈内容弹回 PC

3.5 MCS51 单片机汇编语言程序设计

MCS51 单片机的编程语言可以是汇编语言,也可以是高级语言(如 C 语言)。高级语言编程快捷,但程序长,占用存储空间大,执行慢;汇编语言产生的目标程序简短,占用存储空间小,执行快,能充分发挥 MCS51 单片机的硬件功能。无论是高级语言还是汇编语言,源程序都要转换成目标程序(机器语言),单片机才能执行。支持写入单片机或仿真调试的目标程序有两种文件格式,即 BIN 文件和 HEX 文件。BIN 文件是由编译器生成的二进制文件,是程序的机器码。HEX 文件是由 Intel 公司定义的一种格式,这种格式包括地址、数据和校验码,并用 ASCII 码来存储,可供显示和打印。HEX 文件需要通过符号转换程序(如 OHS51)进行转换。两种语言的操作过程如图 3-1 所示。

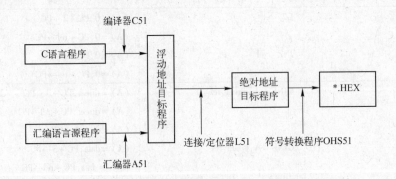

图 3-1 两种语言源程序转换成目标程序示意图

目前,很多公司将编辑器、汇编器、编译器、连接/定位器、符号转换程序做成集成软件包。用户进入该集成环境,编辑好程序后,只需单击相应菜单就可以完成上述各步操作。集成环境如 WAVE、KEIL 等。

汇编语言是面向机器的,只有掌握了汇编语言程序设计,才能真正理解单片机的工作原理,以及软件对硬件的控制关系。因此,本章重点介绍汇编语言程序设计的方法和技巧。

汇编语言程序设计的步骤与方法如下:

1)分析任务,确定算法或解题思路。

2)按功能划分模块,确定各模块之间的相互关系及参数传递。

3)根据算法和解题思路绘制程序流程图。

4）合理分配寄存器和存储器单元，编写汇编语言源程序，并进行必要的注释，以方便阅读、调试和修改。

5）将汇编语言源程序进行汇编和连接，生成可执行的目标文件（BIN 或 HEX 文件）。

6）仿真调试、修改，直至满足任务要求。

7）将调试好的目标文件（BIN 或 HEX 文件）烧录进单片机内，上电执行。

任何大型、复杂的程序都是由基本结构程序构成的，通常有顺序结构、分支结构、循环结构、子程序等形式。本章通过编程实例，使读者进一步熟悉和掌握单片机的指令系统及程序设计的方法和技巧，从而提高编程能力。

由于 MCS51 单片机复位时 PC = 0000H，本章例题不涉及中断，所以多以 ORG 0000H 作为起始指令地址。

3.6 伪指令

由于计算机不能直接执行用汇编语言编写的源程序，所以汇编语言编写的源程序必须译成机器语言程序，这个翻译过程称为汇编。汇编有两种方式：手工汇编和机器汇编。手工汇编是通过查指令码表（见附录 A），查出每条指令的机器码。机器汇编是通过计算机执行汇编程序（能完成翻译工作的软件）自动完成的。

当使用机器汇编时，必须为汇编程序提供一些信息。例如，哪些是指令，哪些是数据；数据是字节还是字；程序的起始点和程序的结束点在何处等。这些控制汇编的指令称为伪指令，进行如下说明。

1. 起始指令

标号：ORG nn

改变汇编器的地址计数器初值，指示此语句后面的程序或数据块以 nn 为起始地址连续存放在程序存储器中。

例如：

    ORG 1000H   ;后面的程序或数据块以 1000H 为起始地址连续存放

2. 字节定义

标号：DB（字节常数、字符或表达式）

指示在程序存储器中以标号为起始地址的单元里存放的数为字节数据（8 位的二进制数）

例如：

    LN: DB 32,'C',25H   ;LN ~ LN + 2 地址单元依次存放 20H、43H、25H

3. 字定义

标号：DW（字常数或表达式）

指示在程序存储器中以标号为起始地址的单元里存放的数为字数据（16 位的二进制数），每个数据需两个单元存放。

例如：

MN: DW 1234H, 08   ;MN ~ MN + 3 地址单元中顺次存放 12H、34H、00H、08H

4. 保留字节

标号：DS（数值表达式）

指示在程序存储器中保留以标号为起始地址的若干字节单元，其单元个数由数值表达式指定。

例如：

L1: DS 32   ;从 L1 地址开始保留 32 个存储单元

5. 等值指令

标识符 EQU（数值表达式）

表示 EQU 两边的量等值。

例如：

ABC EQU 38H   ;程序中凡是出现 ABC 的地方，汇编程序将代之以 38H

6. 位定义

标识符 BIT（位地址）

同 EQU 指令，不过定义的是位操作地址。

例如：

AIC BIT P1.1   ;程序中凡是对 AIC 的操作，即表示对 P1.1 操作

7. 汇编结束

标号：END

指示源程序段结束。

单片机 A51 汇编程序的伪指令及功能见表 3-12。

表 3-12　A51 伪指令

分　类	指　令	功　能
符号定义	SEGMENT	声明欲产生段的再定位类型
	EQU	给特定的符号名赋值
	SET	特定符号赋值且可重新定义
	DATA	将内部 RAM 地址赋给指令符号
	IDATA	间接寻址，将内部 RAM 地址赋给指令符号
	XDATA	将外部 RAM 地址赋给指定符号
	BIT	将位地址赋给指定符号
	CODE	将程序存储器地址赋给指定符号
保留/初始化	DS	以字节为单位保留空间
	DBIT	以位为单位保留空间
	DB	以字节初始化程序空间
	DW	以字初始化程序空间
程序连接	PUBLIC	为其他模块所使用
	EXTRN	列出其他模块中定义的符号
	NAME	用来表明当前程序模块

分　类	指　令	功　能
状态控制和段选择	ORG	用来改变汇编器的地址计数器
	END	设定源程序的最后一行
	RSEG	选择定义过的再定位段作为当前段
	CSEG	程序绝对段
	DSEG	内部数据绝对段
	XSEG	外部数据绝对段
	ISEG	内部间址数据绝对段
	USING	通知汇编程序使用哪一寄存器组

注：不同的 A51 汇编系统，其伪指令会略有不同。

3.7　汇编语言程序设计举例

3.7.1　顺序程序设计

例3-1　编写程序，将外部数据存储器的 000EH 和 000FH 单元的内容互相交换。

分析：外部数据存储器的数据操作只能用 MOVX 指令，且只能和累加器（A）之间传送，因此必须用一个中间环节作为暂存，假设用 20H 单元。用 DPL 指示两个单元的低 8 位地址，高 8 位地址由 DPH 指示。程序如下：

```
ORG     0000H
MOV     DPH, #0H          ;送地址高 8 位至 DPH
MOV     DPL, #0EH         ;DPL = 0EH
MOVX    A,@ DPTR          ;A = (000EH)
MOV     20H, A            ;(20H) = (000EH)
MOV     DPH, #0H
MOV     DPL, #0FH         ;DPL = 0FH
MOVX    A,@ DPTR          ;A = (000FH)
XCH     A,20H             ;(20H)←→A,A = (000EH),(20H) = (000FH)
MOVX    @ DPTR,A          ;(000FH) ←A
MOV     A,20H             ;A←(000FH)
MOV     DPL,#0EH          ;DPL = 0EH
MOVX    @ DPTR,A          ;(000EH) ←A
SJMP    $                 ;跳转到本行
END
```

例3-2　将内部数据存储器的（31H）（30H）中的 16 位数求补码后放回原单元。

分析：先判断数的正、负，由于正数时补码 = 原码，负数时补码 = 反码 +1，所以算法是低 8 位取反加 1，高 8 位取反后再加上低位的进位 CY。由于 INC 指令不影响 CY 标志，所以低位加 1 不能用 INC 指令，只能用 ADDC 指令。程序如下：

```
ORG     0000H
```

```
        MOV     A,31H
        JB      ACC.7, CPLL         ;如为负数,转至 CPLL
        SJMP    $                   ;为正数,补码 = 原码
CPLL:   MOV     A, 30H
        CPL     A
        ADD     A, #1               ;低 8 位取反加 1
        MOV     30H, A
        MOV     A, 31H
        CPL     A                   ;高 8 位取反
        ADDC    A, #0               ;加低 8 位的进位
        ORL     A, #80H             ;恢复负号
        MOV     31H,A
        SJMP    $
        END
```

例3-3 设变量保存在片内 RAM 的 20H 单元,取值范围为 00H ~ 05H,编写查表程序,查出变量的平方值,并存入片内 RAM 的 21H 单元。

分析:在程序存储器的指定地址单元存放一张平方表,以 DPTR 指向表首址,A 存放变量值,利用查表指令 MOVC A,@ A + DPTR 即可求得。表中数据用 BCD 码表示,这样更符合人们的习惯。程序如下:

```
        ORG     0000H
        MOV     DPTR, #TAB2         ;DPTR 指向平方表首址
        MOV     A, 20H
        MOVC    A, @ A + DPTR       ;查表
        MOV     21H, A
        SJMP    $
TAB2:   DB      00H,01H,04H,09H,16H,25H;平方表
        END
```

查表技术是汇编语言程序设计的一种重要技术,通过查表可避免复杂的计算和编程,如查平方表、立方表、函数表、数码管显示的段码表等。因此,查表技术应熟练掌握。请读者考虑,如果变量对应的函数值为两个字节,程序应如何编写?

例3-4 设内部 RAM 的 ONE 地址单元存放着一个 8 位无符号二进制数,要求将其转化为压缩的 BCD 码,将百位放在 HUND 地址单元,十位、个位放在 TEN 地址单元。

分析:8 位无符号二进制数范围在 0 ~ 255 之间,将此数除以 100,商即为百位,将其余数除以 10 得到十位,余数即为个位,题目中的标号在程序中应通过伪指令定义为具体的地址。程序如下:

```
        ORG     0000H
        MOV     A,ONE
        MOV     B,#64H
        DIV     AB
        MOV     HUND,A              ;存百位值
```

```
        MOV     A, #0AH
        XCH     A,B                     ;余数送 A,0AH 送 B
        DIV     AB                      ;商 0X 为十位,余数 0Y 为个位
        SWAP    A                       ;商变为 X0
        ADD     A,B                     ;十位和个位合并,X0 + 0Y = XY
        MOV     TEN,A                   ;存十位和个位
        SJMP    $
ONE     EQU     20H
HUND    EQU     22H
TEN     EQU     23H
        END
```

3.7.2 分支程序设计

分支程序很多是根据标志决定程序转移方向的,因此应善于利用指令产生的标志。对于多分支转移,还应画出流程图。下面举例说明 3 分支和多分支程序的编制。

例3-5 在内部 RAM 的 40H 和 41H 地址单元中,有两个无符号数。试编程,比较这两个数的大小,将大数存于内部 RAM 的 GR 单元,小数存于 LE 单元。如果两数相等,则分别送入 GR 和 LE 地址单元。

分析:采用 CJNE 指令,即可判断两数相等与否,还可以通过 CY 标志判断大小。程序如下:

```
        ORG     0000H
        MOV     A, 40H
        CJNE    A, 41H, NEQ             ;两数不相等,则转至 NEQ
        MOV     GR,A                    ;两数相等,GR 单元和 LE 单元中存放的均为此数
        MOV     LE,A
        SJMP    $
NEQ:    JC      LESS                    ;A 小,则转至 LESS
        MOV     GR,A                    ;A 大,大数存于 GR 单元
        MOV     LE, 41H                 ;小数存于 LE 单元
        SJMP    $
LESS:   MOV     LE, A                   ;A 小,小数存于 LE 单元
        MOV     GR, 41H                 ;大数存于 GR 单元
        SJMP    $
GR      EQU     30H
LE      EQU     31H
        END
```

例3-6 设变量 x 以补码形式存放在片内 RAM 的 30H 单元,变量 y 与 x 有如下关系:

$$y = \begin{cases} x & x > 0 \\ 20H, & x = 0 \\ x + 5 & x < 0 \end{cases}$$

试编程序，根据 x 的取值求出 y，并放回原单元。

分析：取出变量后进行取值范围的判断，对符号的判断可用位操作类指令，也可用逻辑运算类指令。本例用逻辑运算类指令，流程如图 3-2 所示。程序如下：

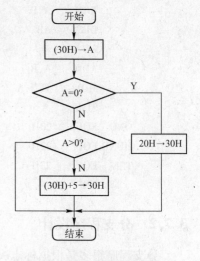

```
        ORG     0000H
        MOV     A, 30H
        JZ      NEXT        ;判断是否为零
        ANL     A, #80H     ;判断符号位
        JZ      ED          ;x > 0, 转 ED, Y = X
        MOV     A, #05H     ;x < 0, 完成 X + 5
        ADD     A, 30H
        MOV     30H, A
        SJMP    ED
NEXT:   MOV     30H, #20H   ;X = 0, Y = 20H
ED:     SJMP    $
```

图 3-2　例 3-6 程序流程图

有一类分支程序，它根据不同的输入条件或不同的运算结果，转向不同的处理程序，称为散转程序。这类程序通常利用 JMP @ A + DPTR 间接转移指令实现转移，有如下两种设计方法：

1）查转移地址表，将转移地址列成表格，将表格的内容作为转移的目标地址。

2）查转移指令表，将转移到不同程序的转移指令列成表格，判断条件后查表，转到表中指令执行。

例 3-7　设有 5 个按键 0、1、2、3、4，其编码分别为 3AH、47H、65H、70H、8BH，要求根据按下的键转向不同的处理程序，分别为 PR0、PR1、PR2、PR3、PR4，设按键的编码已在 B 寄存器中。

分析：将键码排成表，将键码表中的值和 B 中的按键编码比较，记下在键码表中和 B 中的按键编码相等的序号。另编制一个转移表，存放 AJMP 指令（机器码），因为每条 AJMP 指令占两个字节，所以将刚才记下的序号乘 2，即为转移表的偏移地址，利用 JMP @ A + DPTR 执行表内的 AJMP 指令，从而实现多分支转移。程序如下：

```
        PR0     EQU 0110H
        PR1     EQU 0220H
        PR2     EQU 0330H
        PR3     EQU 0440H
        PR4     EQU 0550H
        ORG     0000H
        MOV     DPTR, #TAB      ;置键码表首址
        MOV     A, #0           ;表的起始位的偏移量为 0
NEXT:   PUSH    ACC
        MOVC    A, @ A + DPTR   ;A = 键码表的编码
        CJNE    A, B, AGAN      ;将 B 中的值和键码表的值比较
        POP     ACC
```

```
        RL      A                       ;如相等,序号乘2,得到分支表内偏移量2n
        MOV     DPTR,#JPT               ;置分支表首址
        JMP     @A+DPTR                 ;执行表 JPT+2n 中的 AJMP PRn 指令
AGAN:POP        ACC                     ;不相等,则比较下一个
        INC     A                       ;序号加1
        CJNE    A,#5,NEXT
        SJMP    $                       ;键码查完还没有 B 中按键编码,程序结束
JPT:    AJMP    PR0                     ;分支转移表
        AJMP    PR1
        AJMP    PR2
        AJMP    PR3
        AJMP    PR4
TAB:    DB      3AH,47H,65H,70H,8BH     ;键码表
        END
```

设 JPT 的地址为 001AH,如按键"1",序号为 1,执行 RL A 指令后 A=2,DPTR=JPT =001AH,因此 JMP @A+DPTR 即为 JMP 001CH,执行 001CH 单元中的指令,而 001CH 单元存放 AJMP PR1 指令,从而执行 AJMP PR1 指令,转移到 PR1。

请读者考虑,如果分支程序的分支个数超过 128 个,程序该如何设计?

3.7.3 循环程序设计

当程序中的某些指令需要反复执行多次时,应采用循环程序的方式,这样会使程序缩短,并节省存储单元(但并不节省执行时间)。循环程序设计的一个主要问题是循环次数的控制,有两种控制方法。第一种方法是先判断再处理,即先判断是否满足循环条件,如不满足,就不循环,多以循环条件控制。第二种方法是先处理再判断下一轮是否需要进行,多以循环次数控制。循环可以是单重循环和多重循环。在多重循环中,内外循环不能交叉,也不允许外循环跳入内循环。下面通过几个实例说明循环程序的设计方法。

例 3-8 设计一个延时 10 ms 的延时子程序,已知单片机使用的晶振为 6 MHz。

分析:延时时间与两个因素有关,一个是晶振频率,另一个是循环次数。由于晶振采用 6 MHz,所以一个机器周期是 2 μs,用单循环可以实现 1 ms 的延时,外循环 10 次即可达到 10 ms 延时。内循环如何实现 1 ms 延时呢?在程序中可以先以未知数 MT 代替,再根据程序的执行时间计算(机器周期从附录 A 可以查到)。

机器周期数			
	ORG	0020H	
1	MOV	R0,#0AH	;外循环 10 次
1	DL2:MOV	R1,#MT	;内循环 MT 次
1	DL1:NOP		
1	NOP		;空操作指令
2	DJNZ	R1,DL1	
2	DJNZ	R0,DL2	
	RET		

内循环 DL1 到指令 DJNZ R1,DL1 的时间计算:

$$(1 + 1 + 2) \times 2 \ \mu s \times MT = 1000 \ \mu s$$

$$MT = 125 = 7DH$$

将 7DH 代入上面的程序中，计算总的延时时间：

$$\{1 + [1 + (1 + 1 + 2) \times 125 + 2] \times 10\} \times 2 \ \mu s$$

$$= 10062 \ \mu s = 10.062 \ ms$$

若需要延时更长时间，可以采用多重循环。

例 3-9　编写多字节 $\times 10$ 的程序。

内部 RAM 以 20H 为首址的一片单元中存放着一个多字节无符号数，字节数存放在 R7 中，存放方式为低位字节在低地址，高位字节在高地址，要求乘 10 后的积仍存放在这一片单元中。

分析：用 R1 作为该多字节的地址指针，部分积的低位仍存放于本单元，部分积的高位存放于 R2，以便和下一位的部分积的低位相加。以 R7 作为字节数计数。程序如下：

```
        ORG    0000H
        CLR    C                ;清进位位 C
        MOV    R1，#20H          ;R1 指示地址
        MOV    R2，#00H          ;乘积的高 8 位寄存器 R2 清零
SH10：  MOV    A,@ R1            ;取一个字节送至 A
        MOV    B, #0AH           ;10 送至 B
        PUSH   PSW
        MUL    AB               ;字节乘 10
        POP    PSW
        ADDC   A, R2            ;上次积的高 8 位与本次积的低 8 位相加,得到本次积
        MOV    @ R1,A           ;送至原存储单元
        MOV    R2,B             ;积的高 8 位送至 R2
        INC    R1               ;指向下一个字节
        DJNZ   R7,SH10          ;未乘完转至 SH10,否则向下执行
        MOV    @ R1,B           ;存最高位字节积的高位
        SJMP   $
```

由于低位字节乘 10，其积可能会超过 8 位，所以把本次乘积的低 8 位与上次（低位的字节）乘积的高 8 位相加，作为本次乘积存入。在进行相加时，有可能产生进位，因此使用了 ADDC 指令，这就要求进入循环之前 C 必须清零（第一次相加无进位），在循环体内未执行 ADDC 指令之前 C 必须保持原数值。由于执行 MUL 指令时清除 C，所以在该指令前后放置了保护和恢复标志寄存器 PSW 的指令。程序中实际上是逐字节进行这种相乘、相加运算，直到整个字节完毕，结束循环。

例 3-10　把片内 RAM 中地址 30H ~ 39H 中的 10 个无符号数逐一比较，并按从小到大的顺序依次排列在这片单元中。

分析：为了把 10 个单元中的数按从小到大的顺序排列，可从 30H 单元开始，两数逐次进行比较，保存小数，取出大数，且只要有地址单元内容的互换就置位标志。多次循环后，若两数比较不再出现单元互换的情况，就说明 30H ~ 39H 单元中的数已全部从小到大排列。

此流程如图 3-3 所示。程序如下：

```
        ORG     0000H
START： CLR     00H
        CLR     C
        MOV     R7, #0AH
        MOV     R0, #30H
        MOV     A, @ R0
LOOP：  INC     R0
        MOV     R2, A
        SUBB    A, @ R0
        MOV     A, R2
        JC      NEXT
        SETB    00H
        XCH     A, @ R0
        DEC     R0
        XCH     A, @ R0
        INC     R0
NEXT：  MOV     A, @ R0
        DJNZ    R7, LOOP
        JB      00H, START
        SJMP    $
```

例 3-11 编写将十进制数转换成二进制数的程序。

分析：在计算机中，码制的变换是经常要进行的，而变换的算法都差不多，在汇编语言中都曾涉及过。在此，以十进制变换为二进制为例，说明怎样使用单片机指令进行编程。

一个 n 位的十进制数 $D_{n-1}D_{n-2}\cdots D_1 D_0$ 可表示为

$$((\cdots(D_{n-1}\times 10 + D_{n-2})\times 10 + D_{n-3})\times 10 + \cdots + D_1)\times 10 + D_0$$

例如：

$$9345 = ((9\times 10 + 3)\times 10 + 4)\times 10 + 5$$

设十进制数 9345 以非压缩 BCD 码形式依次存放在内部 RAM 的 40H ~ 43H 单元中，将其转换为二进制数并存于 R2R3 中。程序如下：

```
        ORG     0000H
DCB：   MOV     R0, #40H        ;R0 指向千位地址
        MOV     R1, #03         ;计数值→R1
        MOV     R2, #0          ;存放结果的高位清零
        MOV     A, @ R0         ;BCD 码千位数→A
        MOV     R3, A
LOOP：  MOV     A, R3
```

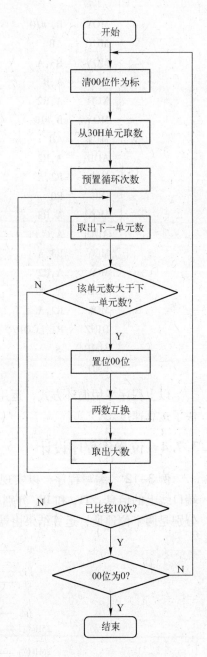

图 3-3　例 3-10 程序流程图

开始

清00位作为标

从30H单元取数

预置循环次数

取出下一单元数

该单元数大于下一单元数？

置位00位

两数互换

取出大数

已比较10次？

00位为0？

结束

47

```
        MOV     B, #10
        MUL     AB
        MOV     R3,A            ;R3×10,低8位→R3
        MOV     A,B
        XCH     A,R2            ;R3×10,高8位暂存于R2
        MOV     B,#10
        MUL     AB
        ADD     A,R2            ;R2×10加上R3×10的高8位
        MOV     R2,A
        INC     R0
        MOV     A,R3
        ADD     A,@R0
        MOV     R3,A
        MOV     A,R2
        ADDC    A,#0            ;加低字节来的进位
        MOV     R2,A
        DJNZ    R1,LOOP
        SJMP    $
        END
```

以上程序采用循环方式,运用了乘法指令来实现乘10运算,既缩短了程序长度,又加快了运算速度。

3.7.4　位操作程序设计

例3-12　编写程序,以实现图3-4所示的逻辑运算电路。其中,P1.1和P1.2分别是端口线上的信息,TF_0 和 IE_1 分别是定时器定时溢出标志和外部中断请求标志,25H和26H分别是两个位地址,运算结果由端口线P1.3输出。

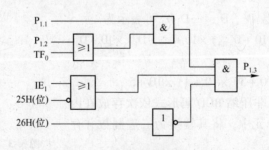

图3-4　硬件逻辑运算电路

分析:MCS51单片机有着优异的位逻辑功能,可以方便地实现各种复杂的逻辑运算。这种用软件替代硬件的方法,可以大大简化甚至完全不用硬件,但比硬件花费的运算时间要多。程序如下:

```
        ORG     0000H
START:  MOV     C,P1.2
        ORL     C,TFO
```

```
ANL     C,P1.1
MOV     F0,C              ;暂存在 F0
MOV     C,IE1
ORL     C,/25H
ANL     C,F0
ANL     C,/26H
MOV     P1.3,C
SJMP    $
```

3.8　思考题与习题

1. 执行下列程序段：

```
MOV   A，#56H
ADD   A，#74H
ADD   A，ACC
```

CY = _____ ，OV = _____ ，A = _____ 。

2. 在错误的指令后面的括号中打 × 。

MOV @R1，#80H ( )	MOV 20H,@R0 ( )
CPL R4 ( )	MOV 20H,21H ( )
ANL R1,#0FH ( )	MOVX A,2000H ( )
MOV R7,@R1 ( )	MOV R1,#0100H ( )
SETB R7.0 ( )	ORL A,R5 ( )
XRL P1,#31H ( )	MOV 20H,@DPTR ( )
MOV A,DPTR ( )	PUSH DPTR ( )
MOVC A,@R1 ( )	MOVX @DPTR,#50H ( )
ADDC A,C ( )	MOV R1,R7 ( )
POP 30H ( )	MOVC A,@DPTR ( )
RLC B ( )	MOVC @R1,A ( )

3. 设内部 RAM 中（59H）=50H，执行下列程序段：

```
MOV    A,59H
MOV    R0,A
MOV    A,#0
MOV    @R0,A
MOV    A,#25H
MOV    51H,A
MOV    52H,#70H
```

A = _____ ，（50H）= _____ ，（51H）= _____ ，（52H）

= _____ 。

4. 设 SP=60H，内部 RAM（30H）=24H，（31H）=10H，在下列程序段注释的括号

中填写执行结果。

```
PUSH   30H ;SP = (   ),(SP) = (   )
PUSH   31H ;SP = (   ),(SP) = (   )
POP    DPL ;SP = (   ),DPL = (   )
POP    DPH ;SP = (   ),DPH = (   )
MOV    A, #00H
MOVX   @DPTR ,A
```

最后执行结果是（　　）。

5. 对下列程序中各条指令作出注释，并分析程序运行的最后结果。

```
MOV    20H,#0A4H
MOV    A, #0D6H
MOV    R0,#20H
MOV    R2,#57H
ANL    A,R2
ORL    A,@R0
SWAP   A
CPL    A
ORL    20H,A
SJMP   $
```

6. 编程将累加器（A）的低 4 位数据送至 P1 口的高 4 位，P1 口的低 4 位保持不变。

7. 编程将 R0 的内容和 R1 的内容互相交换。

8. 有两个 BCD 码，存放在（20H）和（21H）单元，编程实现(21H) + (20H) → (23H)(22H)。

9. 如果 R0 的内容为 0，则将 R1 置为 0；如果 R0 内容非 0，则置 R1 为 FFH，试进行编程。

10. 完成(51H) × (50H)→(53H)(52H)的编程（式中均为内部 RAM）。

11. 内部存储单元 40H 中有一个 ASCII 字符，试编程，给该数的最高位加上奇校验。

12. 编程将存放在自 DATA 单元开始的一个 4 B 数（高位在高地址），取补后送回原单元。

13. 在以 BUF1 单元为起始地址的外存储区中，存放有 16 个单元的无符号二进制数，试编程，求其平均值并存入 BUF2 单元，余数存在 BUF 单元。

14. 将内部 RAM 的 20H 单元中的十六进制数转换成 ASCII 码，并存入 22H、21H 单元（高位存入 22H 单元）要求用子程序编写转换部分。

第4章 MCS51 单片机定时/计数器

在测控系统中，常需要定时检测某个物理参数，或按一定的时间间隔来进行某种控制。这种定时可用软件来实现，即执行一段延时程序，但会降低 CPU 的工作效率。在微型计算机测控系统中，更多采用硬件定时器来实现。使用定时/计数器，还可以对某种事件进行计数，然后根据计数结果来进行控制。

本章介绍 MCS51 单片机定时/计数器的结构、原理、工作方式和应用，以及定时/计数器在应用时应注意的几个问题。

4.1 MCS51 单片机定时/计数器概述

MCS51 单片机内部设有两个可编程的 16 位定时/计数器，简称定时/计数器 0（T0）和定时/计数器 1（T1）。其逻辑结构如图 4-1 所示。定时/计数器 T0 由特殊功能寄存器 TH0 和 TL0 构成，定时/计数器 T1 由 TH1 和 TL1 构成。

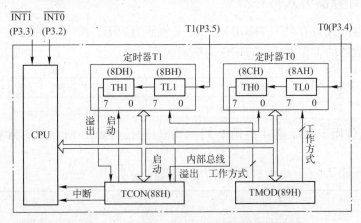

图 4-1　MCS51 单片机定时/计数器逻辑结构图

在定时/计数器中除了两个 16 位的计数器之外，还有两个特殊功能寄存器 TCON 和 TMOD。TMOD 用于选择定时/计数器 T0、T1 的工作模式和工作方式。TCON 用于控制 T0、T1 的启动和停止记数，同时包含了 T0、T1 的状态。TMOD、TCON 这两个寄存器的内容由软件设置。当单片机复位时，两个寄存器的所有位都被清零。

MCS51 的定时/计数器是加 1 计数器。当定时/计数器工作在定时方式时，计数器的加 1 信号由振荡器的 12 分频信号产生，即每过一个机器周期，计数器增 1，直至计满溢出。定时时间与系统的振荡频率有关。因为一个机器周期等于 12 个时钟周期，所以计数频率为

$$F_{count} = \frac{1}{12} F_{osc}$$

如晶振为 12 MHz，则计数周期为 $T = \dfrac{1}{12 \text{ MHz} \times 1/12} = 1 \text{ }\mu s$

当定时/计数器被设定为某种工作方式后，它就会按设定的工作方式独立运行，不再占用 CPU 的操作时间，直到加 1 计数器计满溢出，才向 CPU 申请中断。

4.2 定时/计数器的结构

MCS51 单片机的定时/计数器由振荡器、分频输入电路、外部计数脉冲输入电路、计数脉冲选择电路、计数启停电路、加 1 计数器和中断标志等组成。其结构框图如图 4-2 所示。其中，X = 0 或 1 代表定时/计数器 T0 或 T1 相应的信号或寄存器的相应位。

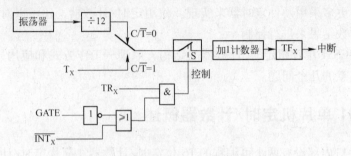

图 4-2　定时/计数器 T0 或 T1 的结构框图

4.2.1 定时/计数器方式寄存器

定时/计数器方式寄存器（TMOD）的直接地址为 89H，按字节寻址方式写入命令字，可选择定时/计数器的工作方式。TMOD 的格式如下：

	D7	D6	D5	D4	D3	D2	D1	D0
TMOD(89H)	GATE	C/$\overline{\text{T}}$	M1	M0	GATE	C/$\overline{\text{T}}$	M1	M0
	← 定时器1 →				← 定时器0 →			

其中，低 4 位用于 T0，高 4 位用于 T1。当复位时，TMOD 所有位均为零。方式选择位意义见表 4-1。

表 4-1　方式选择位意义

M1	M0	工 作 方 式	功 能 说 明
0	0	方式 0	13 位计数器
0	1	方式 1	16 位计数器
1	0	方式 2	自动重装载的 8 位计数器
1	1	方式 3	定时器0：分成两个独立的 8 位计数器

C/$\overline{\text{T}}$ 为计数器方式/定时器方式选择位。当 C/$\overline{\text{T}}$ = 0 时，设置为定时方式，定时器计数8051 片内脉冲，即对机器周期（时钟周期的 12 倍）计数；当 C/$\overline{\text{T}}$ = 1 时，设置为计数方式，计数器的输入是来自 T0（P3.4）或 T1（P3.5）端的外部脉冲，每出现一次从 1 到 0 的跳变，计数器便加 1。

GATE 为门控位。当 GATE = 0 时，只要用软件使 TR0（TR1）置 1 就启动了定时器，而不管 $\overline{\text{INT0}}$（或 $\overline{\text{INT1}}$）的电平是高还是低。当 GATE = 1 时，只有 $\overline{\text{INT0}}$（或 $\overline{\text{INT1}}$）引脚为高电平且由软件使 TR0（TR1）置时，才能启动定时器工作。

4.2.2　定时/计数器控制寄存器

定时/计数器控制寄存器（TCON）的直接地址为88H，除可按字节寻址外，各位还可进行位寻址。各位定义如下：

	8FH	8EH	8DH	8CH	8BH	8AH	89H	88H
TCON(88H)	TF1	TR1	TF0	TR0	IE1	IT1	IE0	IT0

1）TF1（TCON.7）：定时器1溢出标志。定时器1溢出时由硬件置1，定时器1以其作为标志去申请中断，当此中断获得响应时由硬件自动清零。

2）TR1（TCON.6）：定时器1运行控制位。由软件对其置1或清零来启动或关闭定时器1的运行。

3）TF0（TCON.5）：定时器0溢出标志。其意义同TF1。

4）TR0（TCON.4）：定时器0运行控制位。其意义同TR1。

TCON的其余4位与中断有关。当复位时，TCON所有位均为零。

4.2.3　定时/计数器的工作原理

定时/计数器的核心是一个加1计数器。每输入一个脉冲，计数值加1。当计数到计数器全为1时，再输入一个脉冲就使计数值回零，同时从最高位溢出一个脉冲使控制寄存器TCON的TFX（X＝0或1）位置1，作为计数器的溢出中断标志。加1计数器由两个8位特殊功能寄存器THX和TLX（X＝0或1）组成，它们可以被程序控制为不同的组合状态（13位定时/计数器、16位定时/计数器和两个独立的8位定时/计数器等），从而形成定时/计数器的4种工作方式。

加1计数器计数工作的启动和停止由相应的电路控制。当方式寄存器TMOD的GATE位为0时，由控制寄存器TCON的TRX（X＝0或1）位来启动（TRX＝1）或停止（TRX＝0）。当GATE位为1，且TRX（X＝0或1）位为1时，由中断引脚$\overline{INTX}$（X＝0或1）的外部信号电平启动（$\overline{INTX}$＝1）或停止（$\overline{INTX}$＝0）。通过方式寄存器TMOD的C/T位来选择加1计数器计数脉冲的来源。

4.3　定时/计数器的工作方式及其应用

对TMOD中M0、M1的设置，可选择4种定时/计数器的工作方式。这4种工作方式中除了工作方式3以外，其他3种工作方式的基本原理都是一样的。下面分别介绍这4种工作方式及其应用。

4.3.1　方式0及其应用

1. 方式0

当M1、M0两位为00时，定时/计数器工作于方式0。方式0是13位的定时/计数器方式。其逻辑结构如图4-3所示。以T0为例进行说明。在这种方式下，16位寄存器（TH0和TL0）只用13位。其中，TL0的高3位未用，低5位也是整个13位的低5位，TH0占高8位。当TL0的低5位溢出时，向TH0进位；当TH0溢出时，向中断标志TF0进位（称为硬件置位 TF0），并申请中断。确认定时器 T0 是否完成操作可通过查询 TF0 是否置位，或是否产生定时器 T0 中断。

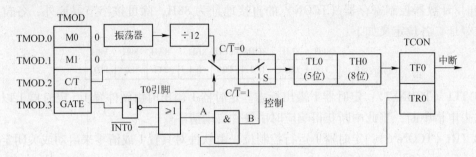

图 4-3　工作方式 0 的逻辑结构图

当 $C/\overline{T} = 0$ 时，作为定时方式工作，T0 对机器周期计数，其定时时间为

$$(2^{13} - T0 \text{ 初值}) \times \text{机器周期}$$

当 GATE = 1，且 TR0 = 1 时，外部信号通过 $\overline{\text{INT0}}$ 引脚直接开启或关断定时/计数器的计数。当输入高电平时，允许计数，否则停止计数。这种操作方式可用于测量加到 $\overline{\text{INT0}}$ 的外部信号脉冲宽度。当作为计数器方式工作时，T0 则对外部事件计数。

以上的说明同样适合于定时器 T1。

2. 应用举例

MCS51 单片机的定时/计数器是可编程的，在使用定时/计数器进行定时或计数之前，首先要通过软件对它进行初始化。

初始化包括下述几个步骤。

1）确定工作方式：对 TMOD 寄存器赋值。

2）置定时/计数器初值：对 TH0、TL0 或 TH1、TL1 寄存器赋值。

设加 1 计数器的最大值为 N（方式 0，$N = 2^{13}$；方式 1，$N = 2^{16}$；方式 2、3，$N = 2^{8}$），由于采用加法计数，所以初值 X 的计算方法如下。

计数方式时：$X = N - M$。

定时方式时：$X = N - t/T$。

在上两式中，M 为计数模值，即从计数器启动到溢出时所需计数值；t 为定时时间；T 为一个机器周期时间，是单片机时钟周期的 12 倍。

3）根据需要，开放定时器中断，对 IE 寄存器赋值。

4）启动定时/计数器：使 TCON 寄存器的 TR0 或 TR1 置位，或由加到引脚 $\overline{\text{INTX}}$ 上的外部信号电平启动。

之后，定时/计数器即按规定的工作方式和初值进行定时或开始计数。

例 4-1　利用 T0 方式 0 产生宽度为 2 μs，周期为 2 ms 的定时负脉冲，由 P1.7 送出，系统采用 12 MHz 的晶振。

解　由于晶振为 12 MHz，所以机器周期为 1 μs，这样利用 T0 方式 0 产生周期为 2 ms 定时的初值 X 为

$$X = N - t/T = 2^{13} - 2 \times 10^{-3} / (1 \times 10^{-6})$$
$$= 8192 - 2000$$

$$= 6192$$
$$= 1830H$$
$$= 1100000110000B$$

则 TH0 = 11000001B = 0C1H，TL0 = 00010000B = 10H。

CLR 清零指令和 NOP 空操作指令的执行时间为一个机器周期。当晶振为 12 MHz 时，这两条指令的执行时间都为 1 μs。

这样，每当定时时间到时，利用 T0 产生中断。在中断服务程序中，先执行 CLR P1.7 和 NOP 两条指令，然后执行 SETB P1.7，就可以产生题目所要求的定时脉冲。

置 T0 为定时方式 0，GATE = 0，C/$\overline{T}$ = 0，M1M0 = 00，T1 不用，T1 的工作方式可任意，一般取 0，故 TMOD = 00H，并由 TR0 启停 T0。

初始化程序如下：

```
MOV   TMOD,#00H
MOV   TH0,#0C1H
MOV   TL0,#10H        ;初始化 T0
MOV   IE,#82H         ;开 T0 中断
SETB  TR0             ;启动 T0
```

定时中断服务程序如下：

```
…
CLR   P1.7
NOP
SETB  P1.7
…
```

4.3.2 方式 1 及其应用

1. 方式 1

当 M1、M0 两位为 01 时，定时/计数器工作于方式 1。方式 1 是一个 16 位的定时/计数器。其逻辑结构如图 4-4 所示。其操作几乎与方式 0 相同，唯一的差别是：在方式 1 中，定时器是以 16 位二进制数参与操作，且定时时间为

$$t = (2^{16} - T0\ 初值) \times 机器周期$$

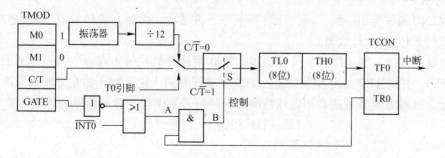

图 4-4　工作方式 1 的逻辑结构图

2. 应用举例

例 4-2　利用 T0 方式 1 产生一个 50 Hz 的方波，由 P1.7 送出。系统采用 12 MHz 的晶振，并假定 CPU 不作其他工作。

解　由于周期为 1/50 Hz = 20 ms，所以这种方波的正负脉冲宽度都为 10 ms。只要利用 T0 方式 1 产生 10 ms 定时，每次定时时间到时，使 P1.7 取反一次，并让 T0 重装初值，即可得到 50 Hz 的方波。

由于晶振为 12 MHz，所以机器周期为 1 μs，这样利用 T0 方式 1 产生 10 ms 定时的初值 X 为

$$
\begin{aligned}
X &= N - t/T = 2^{16} - 10 \times 10^{-3}/(1 \times 10^{-6}) \\
&= 65536 - 10000 \\
&= 55536 \\
&= D8F0H \\
&= 1101100011110000B
\end{aligned}
$$

则 TH0 = 11011000B = 0D8H，TL0 = 11110000B = 0F0H。

置 T0 为定时方式 1，GATE = 0，$C/\overline{T}$ = 0，M1M0 = 01，T1 不用，T1 的工作方式可任意，一般取 0，故 TMOD = 01H。以下程序采用查询方式。

程序如下：

```
        MOV  TMOD,#01H
        MOV  TH0,#0D8H
        MOV  TL0,#0F0H      ;初始化 T0
        SETB TR0            ;启动 T0
LOOP:   JBC  TF0,AGN        ;查询定时时间到否
        AJMP LOOP           ;定时时间未到,则继续查询等待
AGN:    MOV  TH0,#0D8H      ;定时时间到,T0 重置初值
        MOV  TL0,#0F0H
        CPL  P1.7           ;输出取反
        NOP
        AJMP LOOP           ;重复循环
```

4.3.3　方式 2 及其应用

1. 方式 2

当 M1M0 两位为 10 时，定时/计数器工作于方式 2。这种方式使定时/计数器成为自动重装初值的 8 位定时/计数器。

在这种方式下，TL0 作为 8 位计数器，TH0 用做计数初值寄存器。一旦 TL0 计数溢出，便置位 TF0，并将 TH0 的内容重新装入 TL0 中进行新的一轮计数，如此循环重复不止。

因此，这种方式特别适合用做较精确的脉冲信号发生器，脉冲信号的周期计算如下：

$$(2^8 - \text{TL0 初值}) \times \text{机器周期}$$

以上的说明同样适合于定时器 T1。

2. 应用举例

由于方式 2 可省去用户软件重装初值的操作，所以工作于方式 2 的定时/计数器 T1 常用

做串行口波特率发生器。在程序初始化时，要对 TH1 和 TL1 赋同样的初值。工作方式 2 的逻辑结构如图 4-5 所示。

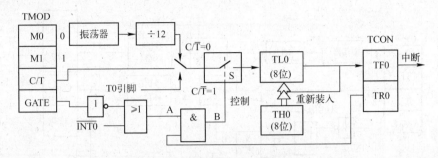

图 4-5 工作方式 2 的逻辑结构图

例 4-3 采用 11.0592 MHz 晶振，将 T1 用做串行口波特率发生器，按方式 2 产生 1200 的波特率。

解 波特率的计算如下：

$$波特率 = \frac{2^{SMOD}}{32} \times \frac{f_{osc}}{12\left[256-(TH1)\right]}$$

若 SMOD = 0，则可以计算定时器初值为

$$TL1 = 256 - \frac{2^{SMOD} \times f_{osc}}{1200 \times 32 \times 12} = 0E8H$$

$$TH1 = TL1$$

置 T1 为定时方式 2，GATE = 0，C/T = 0，M1M0 = 10，T0 不用，T0 的工作方式可任意，一般取 0，故 TMOD = 20H，并由 TR1 启停 T1。

程序如下：

```
MOV   TMOD,#20H
MOV   TH1,#0E8H
MOV   TL1,#0E8H        ;初始化 T1
SETB  TR1             ;启动 T1
```

4.3.4 方式 3 及其应用

1. 方式 3

当 M1、M0 两位为 11 时，定时/计数器工作于方式 3。方式 3 是为了增加一个附加的 8 位定时/计数器而提供的，从而使 MCS51 具有 3 个定时/计数器。方式 3 只适用于定时/计数器 T0，T1 不能工作于方式 3。T1 处于方式 3 时，相当于 TR1 = 0，停止计数，此时 T1 可以用做波特率发生器。

定时器 T0 在方式 3 下分成两个独立的 8 位计数器 TL0 和 TH0，如图 4-6 所示。其中，TL0 可用做定时或计数器，并占用定时器 T0 的所有控制位：GATE、C/T、TR0、INT0 和 TF0；而 TH0 固定作为定时器用，并使用定时器 T1 的状态控制位 TR1 和 TF1，这时 TH0 控制着定时器 T1 的中断。

一般情况下，当 T1 用做串行口波特率发生器时，T0 才工作在方式 3。当定时器 T0 工作

在方式3时，定时器T1仍可按方式0、1、2工作，用来作为波特率发生器或不需要中断的场合。

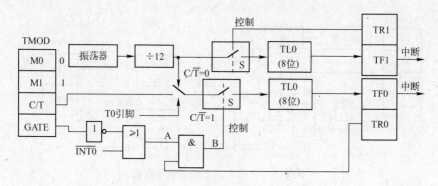

图4-6　定时/计数器T0方式3的结构图

2. 应用举例

当按方式2将定时器T1用做串行口波特率发生器时，为增加一个额外的定时器，可将定时器T0设置在方式3下工作。

例4-4　假设某用户系统中采用12 MHz晶振，将T1按方式2工作，用做串行口波特率发生器，并且已使用了两个外部中断。现要求再增加一个外部中断源，并由P1.7口输出一个5 kHz的方波。

解　为了不增加其他硬件的开销，可把定时器T0置于计数工作方式3，利用T0端作为附加的外部中断输入端，把TL0预置为0FFH，这样当T0输入端出现由1至0的负跳变时，TL0立即溢出，申请中断，相当于边沿触发的外部中断源。

在方式3下，TH0总是作为8位定时器用，可以用它来控制P1.7口输出的方波频率。

由P1.7输出5 kHz的方波，即每隔100 μs使P1.7口的电平变化一次，TH0初值 X 为

$$X = N - t/T = 2^8 - 100 \times 10^{-6}/(1 \times 10^{-6}) = 256 - 100 = 156 = 9CH$$

置T1为定时方式2，对应的GATE = 0，C/$\overline{T}$ = 0，M1M0 = 10；T0为计数方式3，对应的GATE = 0，C/$\overline{T}$ = 1，M1M0 = 11，故TMOD = 27H，并由TR0启停T0。

采用定时器中断方式，定时时间到，在定时器T0中断服务程序中将P1.7口取反一次。

初始化程序如下：

```
MOV   TMOD,#27H
MOV   TH0,#9CH
MOV   TL0,#0FFH        ;初始化 T0
MOV   TCON,#55H        ;置外部中断边沿触发方式,并启动 T0 和 T1
MOV   IE,#9FH          ;开放全部中断
      ...
```

TL0溢出中断服务程序如下：

```
TL0INT:     MOV TL0,#0FFH
            ...
            （相关中断处理）
```

```
        ...
        RETI
```

TH0 溢出中断服务程序如下：

```
TH0INT:    MOV TH0,#9CH
           CPL P1. 7
           RETI
```

4.3.5 定时/计数器应用的其他问题

1. 定时器溢出和中断的同步

当定时器溢出时，自动产生内部中断请求，若此时中断已经开放，该中断会被响应。

进入中断服务程序要经过的时间并非固定不变，而取决于其他中断服务程序是否正在运行，以及正在执行什么样的指令。

若定时器溢出中断是唯一的中断源，则延时时间取决于正在执行什么样的指令，可能在 3~8 个机器周期内变化。在这种情况下，相邻两次定时中断响应的间隔的变化不大，在对定时精度要求不高的场合，可以忽略。

在对定时精度要求高的场合，需要对由此引起的误差进行补偿。

补偿可采用以下方法：在定时器溢出中断得到响应时，停止定时器计数，读出计数值（它反映了中断响应的延迟时间），根据此数值计算出到下一次中断所需的时间，并修改相应的定时器初值和重新启动定时器。

2. 读运行中定时/计数器

为了对定时时间进行补偿，需要读出和改变定时/计数器的计数值。采用先停定时器，后读出并改变计数值的方法。

在不间断定时过程的情况下，读出定时器某刻的瞬时计数值，如不注意，读出的计数值可能出错，这是因为 THX 和 TLX 不可能同时读出。

解决办法：先读 THX，后读 TLX，再读 THX。若两次读得的 THX 没有变化，则读得的内容是正确的；若前后两次读得的 THX 有变化，则重复上述过程，直到两次读得的 THX 没有变化。

3. 定时器门控位的应用

门控位（GATE）用于选择控制定时/计数器启停的信号。

当 GATE = 0 时，定时/计数器的运行由 TRX 控制。

当 GATE = 1，且 TRX = 1 时，外部信号通过$\overline{\text{INTX}}$引脚直接开启或关断定时/计数器的计数。当输入高电平时，允许计数，否则停止计数。

这一特点可方便地用于测量加到$\overline{\text{INTX}}$的外部信号脉冲宽度。

4.4   思考题与习题

1. 8051 单片机内部有几个定时/计数器？它们是由哪些专用寄存器组成？定时、计数的速率（即计数频率）各为多少？

2. 简述定时/计数器的 4 种工作方式及其特点，并说明如何选择和设定？

3. 选用 T1 方式 0 产生 500 μs 的定时，在 P1.0 口输出周期为 1 ms 的方波，晶振 f_{osc} = 6 MHz。

4. 已知 8051 单片机系统时钟频率为 6 MHz，试用定时器 T0 方式 2 和 P1 口输出周期性矩形脉冲，其周期为 400 μs，正脉冲宽度为 300 μs。

5. 试用定时器 T1 设计外部事件计数器。要求每计数 1 万个脉冲，就将 T1 转为 10 ms 定时方式，当定时到后，又转为计数方式，如此反复循环不止。当系统的时钟频率为 6 MHz 时，编写相应程序。

6. 已知 8051 单片机系统时钟频率为 6 MHz，利用其定时器方式 1 测量某正脉冲宽度时，能测量的最大脉宽是多少？若脉宽大于此极限值时，采用何种办法测量？

第 5 章 中断系统原理与应用

在计算机与外部设备交换信息时，存在一个快速的 CPU 与慢速的外设之间的矛盾。若采用查询方式，则不但占用了 CPU 的操作时间，且响应速度慢。此外，对 CPU 外部随机出现的紧急事件，也常常需要 CPU 马上响应。为解决这些问题，在计算机中引入了中断技术。

中断系统的出现，使得单片机具有了实时处理功能，能对外部或内部发生的事件做出及时处理，大大提高了 CPU 的工作效率，这是现代计算机的一个重要标志。

5.1 中断系统基本概念

5.1.1 中断

当 CPU 正在处理某件事情（如正在执行主程序）的时候，外部或内部发生的某一事件（如某个引脚上电平的变化，一个脉冲沿的发生或计数器的计数溢出等）请求 CPU 迅速处理，于是 CPU 暂时中止当前的工作，转去处理所发生的事件，执行中断服务程序处理完该事件后，再回到原主程序被中止的地方，继续原来的工作，这样的过程称为中断，如图 5-1 所示。

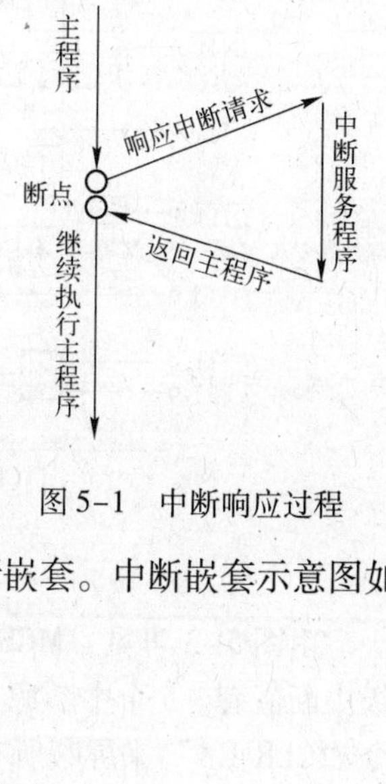

5.1.2 中断的嵌套和中断系统的结构

当 CPU 正在处理一个中断源请求时，发生了另一个优先级比它高的中断源请求，如果 CPU 能够暂停原来的中断源的处理程序，转而去处理优先级更高的中断源请求，处理完以后，再回到原来的低级中断处理程序直至返回主程序，则这样的过程称为中断嵌套。中断嵌套示意图如图 5-2 所示。

图 5-1 中断响应过程

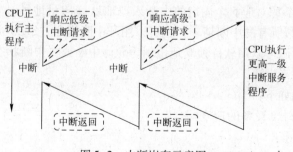

图 5-2 中断嵌套示意图

具有这种功能的中断系统称为多级中断系统；没有中断嵌套功能的中断系统，则称为单级中断系统。

CPU 处理事件的整个过程，称为 CPU 的中断响应过程，可分为 3 个阶段：中断响应、中断处理、中断返回；执行事件的过程，称为中断处理（或中断服务），能实现中断处理功能的部件称为中断系统。产生中断的请求源称为中断源。中断源向 CPU 提出的处理请求，称为中断请求或中断申请。中断时除了硬件会自动把断点地址（16 位程序计数器的位）压入堆栈之外，用户还要注意保护有关的工作寄存器、累加器、标志位等信息，称为保护现场。在完成中断服务程序后，要恢复有关的工作寄存器、累加器、标志位内容，称为恢复现场。最后执行中断返回指令，从堆栈中自动弹出断点地址到程序计数器，继续执行被中断的程序，称为中断返回。

5.2 MCS51 单片机的中断系统及其管理

5.2.1 MCS51 单片机中断系统结构

MCS51 单片机的中断系统由与中断有关的特殊功能寄存器、中断入口、顺序查询逻辑电路等组成，其结构框图如图 5-3 所示。

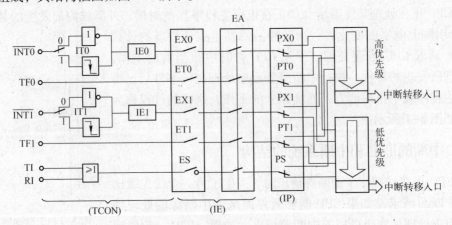

图 5-3 中断系统结构框图

由图 5-3 可见，MCS51 单片机有 5 个中断请求源，可提供两个中断优先级，可实现两级中断嵌套。5 个中断源对应 5 个固定的中断入口地址（向量地址）。用户可以用关中断指令"CLR EA"来屏蔽所有的中断请求，也可以用开中断指令"SETB EA"来允许 CPU 接收中断请求。每个中断源可以用软件独立地控制为允许中断或关中断状态，每一个中断源的中断优先级均可用软件来设置。

中断的主要功能如下：

1）实现 CPU 与外部设备的速度配合。

2）实现实时控制。

3）实现故障的及时发现及处理。

4）实现人机联系。

5.2.2 中断请求源

MCS51 单片机的中断系统共有 5 个中断请求源，分别为：

1）$\overline{INT0}$——外部中断 0 请求，由 $\overline{INT0}$ 引脚输入，中断请求标志为 IE0。

2）$\overline{INT1}$——外部中断 1 请求，由 $\overline{INT1}$ 引脚输入，中断请求标志为 IE1。

3）定时/计数器 T0 溢出中断请求，中断请求标志为 TF0。

4）定时/计数器 T1 溢出中断请求，中断请求标志为 TF1。

5）串行口中断请求，中断请求标志为 TI 或 RI。

这些中断源的中断请求标志分别由特殊功能寄存器 TCON 和 SCON 的相应位锁存。

（1）TCON 简介

TCON 为定时/计数器的控制寄存器，字节地址为 88H，可以位寻址。TCON 锁存外部中断请求标志，格式如图 5-4 所示。

TCON（字节地址 88H）	D7	D6	D5	D4	D3	D2	D1	D0
包含的外部中断触发方式位	TF1	TR1	TF0	TR0	IE1	IT1	IE0	IT0
位地址	8FH		8DH		8BH	8AH	89H	88H

图 5-4 TCON 中的中断请求标志位

与中断系统有关的各标志位的功能见表 5-1。

表 5-1 TCON 中的中断请求标志位功能表

序号	控制位名称	状态	功能描述
1	IT0	0	电平触发方式，低电平有效
	外部中断/INT0 触发方式控制位	1	跳沿触发方式，下降沿有效
2	IE0	0	由硬件复位
	中断请求标志位	1	允许 $\overline{INT0}$ 中断
3	IT1	0	电平触发方式，低电平有效
	外部中断/INT1 触发方式控制位	1	跳沿触发方式，下降沿有效
4	IE1	0	由硬件复位
	中断请求标志位	1	允许 INT1 中断
5	TR0	0	停止 T0 计数
	定时/计数器 T0 启停位	1	启动 T0 计数
6	TF0	0	由硬件复位
	中断标志位	1	T0 溢出，由硬件置 1
7	TR1	0	停止 T1 计数
	定时/计数器 T0 启停位	1	启动 T1 计数
8	TF1	0	由硬件复位
	中断标志位	1	T1 溢出，由硬件置 1

（2）SCON 简介

SCON 为串行口控制寄存器，字节地址为 98H，可位寻址。SCON 的低两位锁存串行口的接收中断和发送中断标志 RI 和 TI，格式如图 5-5 所示。

SCON（字节地址 98H）	D7	D6	D5	D4	D3	D2	D1	D0
包含的中断请求标志位							TI	RI
位地址							99H	98H

图 5-5　SCON 中的中断请求标志位

SCON 中标志位的功能如下：

1）TI——串行口的发送中断请求标志位。CPU 将一个字节的数据写入发送缓冲器 SBUF 时，就启动一帧串行数据的发送，每发送完一帧串行数据后，硬件自动置 TI 位为"1"。但是，当 CPU 响应中断时，CPU 并不清除 TI 位，所以必须在中断服务程序中用软件对 TI 清零。

2）RI——串行口接收中断请求标志位。在串行口允许接收时，每接收完一个串行帧，硬件自动置 RI 位为"1"。但是，当 CPU 在响应本中断时，CPU 并不清除 RI 位，所以必须在中断服务程序中用软件对 RI 清零。

5.2.3　中断控制

1. 中断允许寄存器 IE

中断允许寄存器 IE 控制 CPU 对中断源的开放或屏蔽。IE 的字节地址为 A8H，可进行位寻址，格式如图 5-6 所示。

IE（字节地址 A8H）	D7	D6	D5	D4	D3	D2	D1	D0
包含的中断允许位	EA	—	—	ES	ET1	EX1	ET0	EX0
位地址	AFH	—	—	ACH	ABH	AAH	A9H	A8H

图 5-6　IE 的中断允许控制位

中断允许寄存器对中断的开放和关闭实行两级控制，即有一个总的开关中断控制位 EA（IE. 7 位）。当 EA = 0 时，所有的中断请求被屏蔽，CPU 对任何中断请求都不接受。当 EA = 1 时，CPU 开放中断，但 5 个中断源的中断请求是否允许，还要由 IE 中的低 5 位所对应的 5 个中断请求允许控制位的状态来决定，各位的功能见表 5-2。

表 5-2　IE 的中断允许控制位功能表

序　　号	控制位名称	状　　态	功　能　描　述
1	EA	0	CPU 屏蔽所有的中断（关中断）
	中断允许总控制位	1	CPU 开放所有的中断（开中断）

序　号	控制位名称	状　态	功　能　描　述
2	ES	0	禁止串行口中断
	串行口中断允许位	1	允许串行口中断
3	ET1	0	禁止定时器 T1 中断
	定时/计数器 T1 的溢出中断允许位	1	允许定时器 T1 中断
4	EX1	0	禁止外部中断 $\overline{INT1}$ 中断
	外部中断 1 中断允许位	1	允许外部中断 $\overline{INT1}$ 中断
5	ET0	0	禁止定时器 T0 中断
	定时/计数器 T0 的溢出中断允许位	1	允许定时器 T0 中断
6	EX0	0	禁止外部中断 $\overline{INT0}$ 中断
	外部中断 0 中断允许位	1	允许外部中断 $\overline{INT0}$ 中断

MCS51 单片机复位以后，IE 中的每一位均被清零。用户程序可以对 IE 相应的位置 "1" 或清为 "0"，以允许或禁止各中断源的中断申请。若使某一个中断源允许中断，必须同时使 EA ＝ 1，即 CPU 开放中断。如果更新 IE 的内容，既可由位操作指令来实现（即 CLR BIT；SETB BIT），也可用字节操作指令实现（即 MOV IE, #data；ANL IE, #data；ORL IE, #data；MOV IE, A 等）。

2. 中断优先级寄存器 IP

中断优先级寄存器 IP 把 MCS51 单片机各中断源的优先级分为高优先级和低优先级。IP 的字节地址为 B8H，可按位寻址，格式如图 5-7 所示，功能见表 5-3。

IP（字节地址 B8H）	D7	D6	D5	D4	D3	D2	D1	D0
包含的各中断优先级位	—	—	—	PS	PT1	PX1	PT0	PX0
位地址	—	—	—	BCH	BBH	BAH	B9H	B8H

图 5-7　IP 的中断优先级控制位

表 5-3　IP 的中断优先级控制位功能表

IP 中的位	功　　能	备　　注
PS	串行口中断优先级控制位	
PT1	T1 的溢出中断优先级控制位	
PX1	外部中断 1 中断优先级控制位	0：定义该中断源为低优先级中断
PT0	T0 的溢出中断优先级控制位	1：定义该中断源为高优先级中断
PX0	外部中断 0 中断优先级控制位	

当同时收到几个相同优先级的中断请求时，CPU 优先响应哪一个中断取决于内部的查询顺序。查询顺序见表 5-4。

表 5-4　中断优先级寄存器的查询顺序表

中　断　源	中断级别
外部中断 0	最高
T0 溢出中断	
外部中断 1	↓
T1 溢出中断	
串行口中断	最低

当系统复位时，IP 低 5 位全部清零，将所有中断源设置为低优先级中断。由软件可改变各中断源的中断优先级。

5.3　单片机响应中断的条件及响应过程

5.3.1　单片机响应中断的条件

当满足以下条件时，中断源的中断请求才能被响应。

1）该中断源发出中断请求。

2）CPU 开中断，即中断总允许位 EA = 1。

3）申请中断的中断源的中断允许位为 1。

4）无同级或更高级中断正在被服务。

5.3.2　中断的响应过程

中断处理过程可分为 3 个阶段，即中断响应、中断处理和中断返回。

1. 中断响应

中断响应就是对中断源提出的中断请求的接受，是在中断查询之后进行的。当有中断请求时，即满足上述条件后，紧接着就进行中断响应。

中断响应后，由硬件自动生成一条长调用指令 LCALL addr16。这里的 addr16 是程序存储区中相应中断源的中断入口地址（见表 5-5）。

例如，对于外部中断 0 的响应，产生的长调用指令为

表 5-5　中断入口地址表

中　断　源	中断入口地址
外部中断 0	0003H
定时器 0 中断	000BH
外部中断 1	0013H
定时器 1 中断	001BH
串行口中断	0023H

LCALL 0003H

生成 LCALL 指令后，CPU 执行该指令。首先将程序计数器（PC）的内容压入堆栈以保护断点（先压低位地址，后压高位地址），同时堆栈指针 SP 加 2，再将中断入口地址装入 PC，使程序转向相应的中断入口地址。

中断响应是有条件的，并不是查询到的所有中断请求都能被立即响应。当遇到下列 3 种情况之一时，中断响应将被封锁。

1）CPU正在处理优先级相同或更高的中断。当一个中断被响应时，要把对应的中断优先级状态触发器置"1"（该触发器指出 CPU 所处理的中断优先级别），从而封锁了低级中断和同级中断。

2）中断查询的机器周期不是执行指令的最后一个机器周期。目的是使当前指令执行完毕后，才能进行中断响应，以确保当前指令完整地执行。

3）正在执行的指令是 RETI 或是访问 IE、IP 寄存器的指令。这是因为按 MCS51 单片机中断系统特性的规定，即在执行完这些指令后，需要再执行一条指令才能响应新的中断请求。

如果存在上述 3 种情况之一，CPU 将丢弃中断查询结果，不能进行中断响应。

2. 中断返回

中断服务程序由中断入口地址开始执行，直至遇到 RETI 指令为止。执行中断返回指令 RETI，一是撤销中断申请，弹出断点地址并送入 PC（先弹出高位地址，后弹出低位地址），同时堆栈指针 SP 减 2，恢复原程序的执行；二是恢复中断触发器原先状态。

5.3.3 外部中断的响应时间

在使用外部中断时，需考虑从外部中断请求有效（外部中断请求标志位置"1"）到转向中断入口地址所需要的响应时间。

外部中断的最短响应时间为 3 个机器周期。其中，中断请求标志位查询占一个机器周期，而这个机器周期恰好是处于正在执行指令的最后一个机器周期。在这个机器周期结束后，中断即被响应，CPU 接着执行一条硬件子程序调用 LCALL 指令以转到相应的中断服务程序入口，而该硬件调用指令本身需两个机器周期。

外部中断响应最长时间为 8 个机器周期。该情况发生在中断标志查询时，刚好开始执行指令 RETI 或是访问 IE 或 IP 的指令，则需把当前指令执行完再继续执行一条指令后，才能响应中断。即执行上述的 RETI 或是访问 IE 或 IP 的指令，最长需要两个机器周期，而接着再执行一条指令，按最长的指令来算，要有 4 个机器周期，加上子程序调用指令 LCALL 的执行，需要两个机器周期。因此，外部中断响应最长时间为 8 个机器周期。

这样，在单一中断的系统里，外部中断请求的响应时间总是在 3~8 个机器周期之间。

5.3.4 外部中断的触发方式选择

外部中断有两种触发方式，即电平触发方式（低电平有效）和跳沿触发方式（下降沿有效）。这两种触发方式可通过设置 TCON 寄存器中的 IT1 和 IT0 中断申请触发方式控制位来选择。

1. 电平触发方式

若外部中断定义为电平触发方式，则外部中断申请触发器的状态随着 CPU 在每个机器周期采样到的外部中断输入线的电平变化而变化，这能提高 CPU 对外部中断请求的响应速度。

当外部中断源被设定为电平触发方式时，在中断服务程序返回之前，外部中断请求输入必须无效（即变为高电平），否则 CPU 返回主程序后会再次响应中断。因此，电平触发方式适合外部中断以低电平输入而且中断服务程序能清除外部中断请求源（即外部中断输入电平又变为高电平）的情况。

2. 跳沿触发方式

外部中断若定义为跳沿触发方式，则外部中断申请触发器能锁存外部中断输入线上的负跳变，即使 CPU 暂时不能响应，中断申请标志也不会丢失。在这种方式里，如果连续两次采样，一个机器周期采样到外部中断输入为高，下一个机器周期采样为低，则置"1"中断申请触发器，直到 CPU 响应此中断时才清零。这样不会丢失中断，但输入的负脉冲宽度至少要保持一个机器周期（若晶振频率为 6 MHz，则一个机器周期为 2 μs），才能被 CPU 采样到。

5.3.5　中断请求的撤销

中断请求响应完成后，需要撤销中断请求。下面按中断类型分别说明中断请求的撤销方法。

1. 定时/计数器中断请求的撤销

定时/计数器的中断请求被响应后，硬件会自动把中断标志位（TF0 或 TF1）清零，因此定时/计数器中断请求是自动撤销的。

2. 外部中断请求的撤销

（1）跳沿方式外部中断请求的撤销

跳沿方式中断请求的撤销包括两项内容，即中断标志位清零和外部中断信号撤销。其中，中断标志位（IE0 或 IE1）的清零是在中断响应后由硬件自动完成的，而外部中断请求信号在跳沿信号过后也就消失了，所以跳沿方式外部中断请求也是自动撤销的。

（2）电平方式外部中断请求的撤销

一般用硬件方法外接触发器电路，当 CPU 响应中断后，撤除中断请求信号，如图 5-8 所示。使用 P1.1 接至触发器的置位端，用于撤销输出端的低电平。程序如下：

```
         ORG    0000H
         AJMP   MAIN
         ORG    0003H
         AJMP   P/INT0
         ORG    0100H
MAIN：   MOV    BSP,#40H
         CLR    P1.1            ;使触发器输出高电平
         SETB   P1.1            ;去除触发器复位信号
         CLR    IT0             ;电平触发方式
         SETB   EA              ;开放中断
         SETB   EX0
HERE：   SJMP   HERE
         ORG    0200H
P/INT0： CLR    P1.1            ;撤销中断请求
         CPL    P1.0            ;I/O 口操作
         SETB   P1.1            ;恢复触发功能
         RETI
         END
```

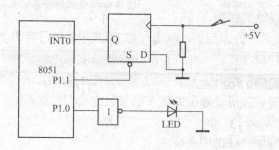

图 5-8 电平方式的外部中断撤销电路

可见，电平方式的外部中断请求信号的完全撤销，是通过软硬件相结合的方法来实现的。

3. 串行口中断请求的撤销

撤销串行口中断请求时，只存在标志位清零的问题。串行口中断的标志位 TI 和 RI 不能由硬件自动清零。中断响应后，CPU 无法知道是接收中断还是发送中断，因此要测试这两个中断标志位的状态，以判定是接收操作还是发送操作，然后才能清除标志位。串行口中断请求的撤销只能使用软件的方法，在中断服务程序中进行，用如下指令来清除标志位。

```
CLRTI          ;清除发送标志位
CLRRI          ;清除接收标志位
```

5.3.6 单片机的中断响应过程

1）关中断。为禁止 CPU 接收其他中断请求，应先关中断。

2）保护断点。为使 CPU 在结束中断处理后，能正确返回主程序，CPU 自动将 PC 内容（断点）压入堆栈保存起来。

3）寻找中断服务程序入口。不同中断源有不同中断服务程序。CPU 根据中断向量找到相应中断服务程序入口，然后转入执行中断服务程序。不同的 CPU 有不同提供中断向量的方法。

4）保护现场。为使中断处理不影响主程序的运行，要将主程序断点处的现场信息保存起来。由于断点不可预知，所以一般保护现场的方法是，将中断服务程序中要使用的寄存器内容先压入堆栈保存起来。一般用软件实现保护现场的工作。

5）中断处理。中断处理是 CPU 执行中断服务程序的核心部分，是根据中断源的要求编制的程序，如输入、输出、排除故障、修改时间等。

6）恢复现场。将堆栈中保存的断点现场信息，送回到各有关寄存器中，以备主程序继续使用。

7）开中断。为 CPU 接收新的中断请求作准备。

8）中断返回。执行中断返回指令，将堆栈中保存的断点地址弹出到 PC 中，CPU 返回到主程序断点处继续运行。一般情况下，中断服务程序要用中断返回指令结束。

5.3.7 中断服务程序的设计

中断系统虽然是硬件系统，但必须在相应的软件配合下才能正确使用。

1. 中断服务程序设计的任务

中断程序设计需要考虑许多问题，基本任务有以下4条。

1）设置中断允许控制寄存器，允许相应的中断请求源中断。

2）设置中断优先级寄存器IP，确定并分配所使用的中断源的优先级。

3）若是外部中断源，还要设置中断请求的触发方式IT1或IT0，以决定是采用跳沿触发方式还是电平触发方式。

4）编写中断服务程序，处理中断请求。

前3条一般放在主程序的初始化程序段中。

例5-1 假设允许外部中断0中断，并设定它为高级中断，其他中断源为低级中断，采用跳沿触发方式。在主程序中可编写程序如下：

```
SETB    EA              ;EA位置"1",CPU开中断
SETB    ET0             ;ET0位置"1",允许外部中断0产生中断
SETB    PX0             ;PX0位置"1",外部中断0为高级中断
SETB    IT0             ;IT0位置"1",外部中断0为跳沿触发方式
```

2. 采用中断时的主程序结构

由于各中断入口地址是固定的，程序又必须先从主程序起始地址0000H执行，所以在0000H起始地址中，要用无条件转移指令跳转到主程序。另外，各中断入口地址之间依次相差8个字节。如果中断服务程序稍长，就会超过8个字节，这样中断服务程序就占用了其他的中断入口地址，影响其他中断源的中断。因此，一般在进入中断后，利用一条无条件转移指令，跳转到远离其他中断入口地址的中断服务程序入口地址。

常用的主程序结构如下：

```
        ORG     0000H
        LJMP    MAIN
        ORG     中断入口地址
        LJMP    /INT
MAIN:   主程序
/INT:   中断服务程序
```

注意：在以上的主程序结构中，如果有多个中断源，就对应有多个"ORG 中断入口地址"，多个"ORG 中断入口地址"必须依次由小到大排列。

例5-2 根据中断服务程序流程，编写中断服务程序。假设现场保护只需要将PSW寄存器和累加器（A）的内容压入堆栈保护起来。

解 一个典型的中断服务程序如下：

```
/INT:   CLR     EA              ;CPU关中断
        PUSH    PSW             ;现场保护
        PUSH    A
        SETB    EA              ;CPU开中断
```

中断处理程序如下：

```
        CLR     EA              ;CPU关中断
```

```
POP      A                    ;现场恢复
POP      PSW
SETB     EA                   ;CPU 开中断
RETI                          ;中断返回,恢复断点
```

上述程序中有几点需要说明。

1）本例的现场保护仅仅涉及到 PSW 和 A 的内容，如果还有其他的需要保护的内容，只需要在相应的位置再加几条 PUSH 和 POP 指令即可。

2）设计者应根据中断任务的具体要求，编写中断服务程序中的"中断处理程序段"。

3）如果中断服务程序允许被其他的中断所中断，则可将"中断处理程序段"前后的"SETB EA"和"CLR EA"两条指令去掉。

4）中断服务程序的最后一条指令必须是返回指令 RETI，它是中断服务程序结束的标志。CPU 执行完这条指令后，返回断点处，从断点处重新执行被中断的主程序。

5.4 定时/计数器作为外部中断源的使用方法

MCS51 单片机有两个定时/计数器，当它们选择为计数器工作模式，T0 或 T1 引脚上发生负跳变时，T0 或 T1 计数器加 1，利用这个特性，可以把 T0、T1 引脚作为外部中断请求输入引脚，而定时/计数器的溢出中断 TF1 或 TF0 作为外部中断请求标志。例如，T0 设置为方式 2（自动重装载常数方式）外部计数工作模式，计数器 TH0、TL0 初值均为 0FFH，并允许 T0 中断，CPU 开放中断。初始化程序如下：

```
ORG    0030H             ;跳到初始化程序
MOV    TMOD, #06H        ;设置 T0 的工作方式寄存器
MOV    TL0, #0FFH        ;给计数器设置初值
MOV    TH0, #0FFH
SETB   T0                ;允许 T0 中断
SETB   EA                ;CPU 开中断
SETB   TR0               ;启动 T0,开始计数
```

当连接在 P3.4 的外部中断请求输入线上的电平发生负跳变时，TH0 加 1，产生溢出，TF0 置"1"，向 CPU 发出中断请求，同时 TH0 的内容 0FFH 送 TL0，即 TL0 恢复初值 0FFH。这样，P3.4 相当于跳沿触发的外部中断请求源输入端。对 P3.5 也可做类似的处理。以下是中断编程实例。

例 5-3 图 5-9 所示为 3 个故障源显示电路。当系统无故障时，3 个故障源输入端 X1～X3 全为低电平，对应的 3 个显示灯全灭；当某部分出现故障时，其对应的输入端由低电平变为高电平，从而引起 MCS51 单片机中断，中断服务程序的任务是判定故障，并点亮对应的发光二极管。其中，发光二极管 LED1～LED3 对应 3 个输入端 X1～X3。

解 实现上述功能的电路如图 5-8 所示。3 个故障源 X1～X3 通过"或非门"与 8031 单片机的外部中断 0 输入端相连，同时，X1～X3 与 P1 口的 P1.0～P1.2 引脚相接，3 只发光二极管 LED1～LED3 分别与 P1 口的 P1.3～P1.5 相接。

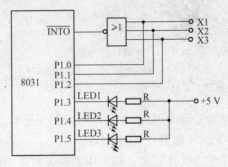

图 5-9　采用中断方式对 3 个故障进行显示的电路原理图

主程序如下：

```
        ORG    0000H
        AJMP   MAIN
        ORG    0003H
        AJMP   SERVE
        ORG    1000H
MAIN:   ORL    P1, #0FFH      ;灯全灭,准备读入
        SETB   IT0            ;选择边沿触发方式
        SETB   EX0            ;允许/INT 中断
        SETB   EA             ;CPU 开中断
        AJMP   $              ;等待中断
```

中断服务子程序如下：

```
SERVE:  JNB    P1.0, L1       ;若 X1 没有故障,跳到 L1
        CLR    P1.3           ;点亮 LED1
L1:     JNB    P1.1, L2       ;若 X2 没有故障,跳到 L2
        CLR    P1.4           ;点亮 LED2
L2:     JNE    P1.2, L3       ;若 X3 没有故障,跳到 L3
        CLR    P1.5           ;点亮 LED3
L3:RETI
```

例 5-4　设单片机的晶振频率为 6 MHz，试利用定时器 T0 的中断方式在 P1.0 上输出周期为 2ms 的方波。

解　要在 P1.0 上得到周期为 2 ms 的方波，只要使 P1.0 每隔 1 ms 取反一次即可。设定定时器 T0 工作在方式 1，定时器的初始值 TH0 为 0FEH、TL0 为 0CH。

主程序如下：

```
        ORG    0000H
        LJMP   MAIN           ;转主程序
        ORG    000BH          ;T0 的中断入口
        LJMP   /INT0          ;转中断服务程序
        ORG    1000H
MAIN:   MOV    SP, #50H       ;设置堆栈
```

72

	MOV	TMOD, #01H	;设置 T0 为方式 1
	MOV	TL0, #0CH	;计数初值设置
	MOV	TH0, #0FEH	
	SETB	EA	;CPU 开中断
	SETB	ET0	;T0 开中断
	SETB	TR0	;T0 定时器启动
WAITING:	SJMP	WAITING	;等待中断

中断服务程序如下：

	MOV	TL0, #0CH	;重装初始值
/INT:	MOV	TH0, #0FEH	
	CPL	P1.0	;方波输出
	RETI		;中断返回
	END		

5.5　思考题与习题

1. 什么是中断？中断系统一般应具备哪些功能？

2. 在中断响应过程中，为什么需要保护现场？如何保护？

3. MCS51 单片机的中断系统有几个优先级，如何设定？若扩充多个中断源，则又如何设定优先级？

4. 在中断请求有效并且中断打开的情况下，能否保证中断得到立即响应？如不能，需要什么条件？

5. 在中断响应中，CPU 应能完成哪些自主的操作？这些操作状态对程序运行有什么影响？

6. 试用定时器中断方式设计一个程序，使发光二极管每秒内亮 400 ms，灭 600 ms。设单片机的振荡频率为 6 MHz。

7. 中断服务程序和子程序的主要区别是什么？

8. MCS51 单片机中断系统有几个中断源？中断源的名称是什么？

9. MCS51 单片机响应中断后，中断入口地址各是多少？

10. 一个完整的中断处理的基本过程包括哪些内容？

11. 中断响应后，应怎样保护断点和保护现场？

12. 试编写一段对中断系统进行初始化的程序，使之允许 $\overline{INT0}$、$\overline{INT1}$、T0 和串行口中断，且使串行口中断为高优先级中断。

第6章 串行通信及其应用

8051 单片机内部有一个全双工的通用异步接收/发送器（UART）用于串行通信，发送时数据由 TXD（P3.1）端送出，接收时数据由 RXD（P3.0）端输入。串行口有两个缓存器，即串行接收和发送缓冲器，这两个在物理上独立的接收/发送缓存器，既可以接收数据也可以发送数据。但是，接收缓冲器只能读出不能写入，而发送缓冲器则只能写入不能读出，它们的地址为 99H。这个通信口既可以用于网络通信，也可实现串行异步通信，还可以构成同步移位寄存器使用。如果在串行口的输入/输出引脚上加电平转换器，就可方便地构成标准的 RS-232 接口。

6.1 数据通信的基本概念

6.1.1 数据通信的传输方式

常用数据通信的传输方式有单工、半双工、全双工和多工方式。

单工方式：数据仅按一个固定方向传送。这种传输方式的用途有限，常用于串行口的打印数据传输与简单系统间的数据采集。

半双工方式：数据可实现双向传送，但不能同时进行，实际的应用采用某种协议实现收/发开关转换。

全双工方式：允许双方同时进行数据双向传送，但一般全双工传输方式的线路和设备较复杂。

多工方式：以上 3 种传输方式都是用同一线路传输一种频率信号，为了充分地利用线路资源，可通过使用多路复用器或多路集线器，采用频分、时分或码分复用技术，实现在同一线路上资源共享功能，这种方式称为多工传输方式。

6.1.2 串行数据通信的两种形式

1. 异步通信

在这种通信方式中，接收器和发送器有各自的时钟，它们的工作是非同步的。异步通信用一帧来表示一个字符，其内容如下：一个起始位，紧接着是若干个数据位，最后是停止位。图 6-1 是传输 45H 的数据格式。

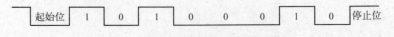

图 6-1 异步通信传输 45H 的帧格式

2. 同步通信

在同步通信格式中，发送器和接收器由同一个时钟源控制。在异步通信中，由于每传输一帧字符都必须加上起始位和停止位，所以占用了传输时间，在要求传送数据量较大的场合，速度就慢得多。同步传输方式去掉了这些起始位和停止位，只在传输数据块时先送出一个同步头（字符）标志。

同步传输方式比异步传输方式速度快，这是它的优势。但是，同步传输方式也有其缺点，即它必须要用一个时钟来协调收发器的工作，所以它的设备也较复杂。

6.2 串行口的结构

MCS51 单片机串行口的结构如图 6-2 所示。SBUF 为串行口的收发缓冲器，它是一个可寻址的专用寄存器，其中包含了接收器和发送器寄存器，可以实现全双工通信。但是，这两个寄存器具有同一地址（99H）。MCS51 单片机的串行数据传输很简单，只要向发送缓冲器写入数据即可发送数据，而从接收缓冲器读出数据即可接收数据。

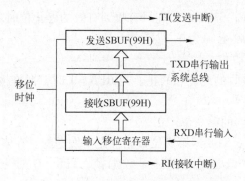

图 6-2　MCS51 单片机串行口寄存器结构

此外，从图 6-2 中可看出，接收缓冲器前还加上一级输入移位寄存器，MCS51 单片机的这种结构目的在于接收数据时避免发生数据帧重叠现象，以免出错。而发送数据时就不需要这样设置，因为发送时，CPU 是主动的，不可能出现这种现象。

6.2.1　串行口控制寄存器

串行口控制寄存器（SCON），字节地址为 98H，可以位寻址，用于串行数据的通信控制。SCON 的格式如图 6-3 所示。

SCON	D7	D6	D5	D4	D3	D2	D1	D0
	SM0	SM1	SM2	REN	TB8	RB8	TI	RI
位地址	9FH	9EH	9DH	9CH	9BH	9AH	99H	98H

图 6-3　串行口控制寄存器（SCON）的格式

下面介绍 SCON 中各个位的功能。

（1）SM0、SM1——串行口工作方式选择位

75

SM0、SM1 两位的编码所对应的工作方式见表 6-1。

表 6-1　串行口的 4 种工作方式

SM0	SM1	方　式	功能说明
0	0	0	同步移位寄存器方式（可用于扩展 I/O）
0	1	1	8 位异步收发，波特率可变（由定时器控制）
1	0	2	9 位异步收发，波特率为 $f_{osc}/64$ 或 $f_{osc}/32$
1	1	3	9 位异步收发，波特率可变（由定时器控制）

（2）SM2——多机通信控制位

多机通信是在方式 2 和方式 3 下进行的，所以 SM2 位主要用于方式 2 和方式 3 中。接收状态，当串行口工作于方式 2 或方式 3，以及 SM2 = 1 时，只有当接收到第 9 位数据（RB8）为 1 时，才把接收到的前 8 位数据送入 SBUF，且置位 RI 发出中断申请，否则会将接收到的数据放弃。当 SM2 = 0 时，就不管第 9 位数据是 0 还是 1，都将前 8 位数据送入 SBUF，并发出中断申请。

工作于方式 1 时，如果 SM2 = 1，则只有收到有效的停止位时才会激活 RI。

工作于方式 0 时，SM2 必须为 0。

（3）REN——允许接收位

REN 用于控制数据接收的允许和禁止。当 REN = 1 时，允许接收；当 REN = 0 时，禁止接收。由软件置 1 或 0。

（4）TB8——发送数据的第 9 位

在方式 2 和方式 3 中，TB8 即第 9 位数据位是要发送的。在多机通信中同样也要传输这一位，并且它代表传输的既是地址帧还是数据帧，TB8 = 0 时为数据帧，TB8 = 1 时为地址帧。

（5）RB8——接收数据的第 9 位

在方式 2 和方式 3 中，RB8 存放接收到的第 9 位数据，用以识别接收到的数据特征。在方式 1 时，如果 SM2 = 0，则 RB8 是接收到的停止位。在方式 0 中，不使用 RB8。

（6）TI——发送中断标志位

可寻址标志位。工作于方式 0 时，发送完第 8 位数据后，由硬件置位。其他方式下，在发送停止位之前由硬件置位。因此，TI = 1 表示帧发送结束，可供软件查询，也可申请中断。CPU 响应中断后，在中断服务程序中向 SBUF 写入要发送的下一帧数据。TI 必须由软件清零。

（7）RI——接收中断标志位

可寻址标志位。工作于方式 0 时，接收完第 8 位数据后，该位由硬件置位。在其他工作方式下，接收到停止位后，该位由硬件置位。RI = 1 表示一帧数据接收完成，可供软件查询，也可申请中断。RI 必须由软件清零。

6.2.2　电源控制寄存器

电源控制寄存器（PCON）主要是为 CHMOS 型单片机的电源控制而设置的专用寄存器，该寄存器的最高位 SMOD 是串行口波特率倍增位。当 SMOD = 1 时，串行口波特率加倍。系统复位默认为 SMOD = 0。单元地址是 87H，其格式如图 6-4 所示。

D7	D6	D5	D4	D3	D2	D1	D0
SMOD				GF1	GF0	FD	IDL

图 6-4　电源控制寄存器（PCON）的格式

SMOD：波特率选择位。

6.3　串行口的工作方式

6.3.1　方式 0

方式 0 为移位寄存器输入/输出方式。串行数据通过 RXD 输入/输出，TXD 则用于输出移位时钟脉冲。方式 0 以 8 位数据为一帧，不设起始位和停止位，先发送或接收最低位。波特率固定为 $f_{osc}/12$，其中 f_{osc} 为单片机外接晶振频率。

发送是以写 SBUF 寄存器的指令开始的，8 位输出结束时 TI 被置位。

方式 0 接收是在 REN = 1 和 RI = 0 同时满足时开始的。接收的数据装入 SBUF 中，接收结束时 RI 被置位。

移位寄存器方式在最小系统的硬件扩展接口时很有用。串行口外接一片移位寄存器芯片74164 可构成输出接口电路。串行口外接一片移位寄存器 74165 可构成输入接口电路。

6.3.2　方式 1

当 SM0、SM1 两位为 01 时，串行口将工作在方式 1。方式 1 收发一帧的数据为 10 位，一位起始位（0）、8 位数据位和一位停止位（1）。起始位和停止位在发送时是自动添加的。方式 1 的帧格式如图 6-5 所示。

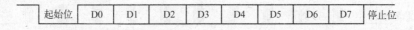

起始位	D0	D1	D2	D3	D4	D5	D6	D7	停止位

图 6-5　方式 1 的帧格式

在方式 1 时，串行口的波特率是可变的，波特率由以下公式计算得到。

$$方式 1 波特率 = \frac{2^{SMOD}}{32} \times 定时器 T1 的溢出率 \tag{6-1}$$

式（6-1）中的 SMOD 是 PCON 的最高位。定时器 T1 的溢出率是定时时间的倒数值。

1. 方式 1 发送数据

当串行口以方式 1 发送数据时，数据位由 TXD 端输出，发送一帧信息为 10 位，包括一位起始位，8 位数据位，一位停止位。当 CPU 执行一条写 SBUF 的指令时，就启动发送。

图 6-6 中 TX 时钟的频率就是发送的波特率。当发送开始时，内部发送控制信号 $\overline{SEND}$ 变为有效，将起始位向 TXD 输出；此后，每经过一个 TX 时钟周期，便产生一个移位脉冲，并从 TXD 输出一个数据位。8 位数据全部发送完后，将中断标志位 TI 置位，然后使 $\overline{SEND}$ 失效。方式 1 发送数据的时序波形如图 6-6 所示。

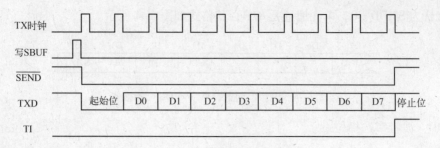

图 6-6 方式 1 发送数据的时序波形

2. 方式 1 接收数据

当串行口以方式 1 接收时（REN = 1），数据从 RXD 输入。当检测到起始位的下降沿时，开始接收。接收时有两种时钟信号，一种是接收移位时钟（RX 时钟），它的频率就是接收的波特率；另一种是位检测器采样脉冲，它的频率是 RX 时钟的 16 倍，也就是在一位数据期间，有 16 个采样脉冲，以波特率 16 倍的速率采样 RXD 引脚状态，当采样到 RXD 端的下降沿时就启动采样监测器。接收每一位数据时，都要对该位数据进行连续 3 次（第 7、8、9 个采样脉冲）采样，连续采样 3 次的值中有两个相同的值时，该值作为接收值，以保证接收数据位的准确性。

当一帧数据接收完后，必须同时满足以下两个条件，此次接收才真正有效。

条件 1：RI = 0，即上一帧数据接收完成时，RI = 1 发出的中断请求被响应，SBUF 中的数据已被取走，此时接收 SBUF 为空。

条件 2：SM2 = 0 或接收到的停止位 = 1（方式 1 时，停止位已进入 RB8），则将接收的数据装入 SBUF 和 RB8（RB8 装入停止位），将中断请求标志 RI 置 1。

方式 1 接收数据的时序波形如图 6-7 所示。

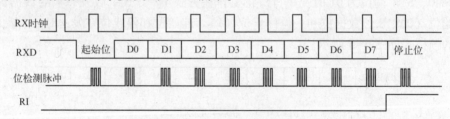

图 6-7 方式 1 接收数据的时序波形

6.3.3 方式 2

当串行口工作在方式 2 和方式 3 时，被定义为 9 位异步通信接口。每帧数据均为 11 位，一位起始位 0，8 位数据位，一位可编程的第 9 位数据和一位停止位。方式 2 的帧格式为如图 6-8 所示。

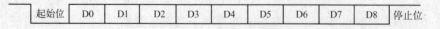

图 6-8 方式 2 和方式 3 的帧格式

方式 2 的波特率由以下公式确定。

$$方式 2 波特率 = \frac{2^{\text{SMOD}}}{64} \times f_{osc} \qquad\qquad (6-2)$$

1. 方式 2 发送数据

在方式 2 下发送数据前，应先将 SCON 中的 TB8 位（即第 9 位数据）由软件设置好，然后将要发送的数据写入 SBUF，即可启动发送过程。串行口能自动把 TB8 位取出，并装入到第 9 位数据位的位置，再逐一发送，发送完毕则把 TI 位置 1。

串行口方式 2 发送数据的时序波形如图 6-9 所示。

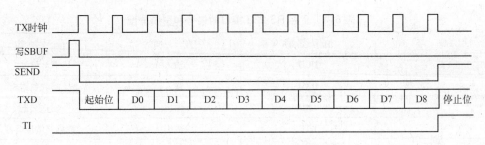

图 6-9　方式 2 和方式 3 发送数据的时序波形

2. 方式 2 接收数据

当串行口的 SCON 寄存器的 SM0、SM1 两位为 10，且 REN = 1 时，允许串行口以方式 2 接收数据。当接收时，数据由 RXD 端输入，接收 11 位信息。当位检测逻辑采样到 RXD 引脚从 1 到 0 的负跳变，并判断起始位有效后，便开始接收一帧信息。在接收完第 9 位数据后，需满足以下两个条件，才能将接收到的数据送入 SBUF。

条件 1：RI = 0，意味着接收 SBUF 为空。

条件 2：SM2 = 0 或接收的第 9 位数据位 RB8 = 1 时。

当这两个条件满足时，接收到的数据送入 SBUF，第 9 位数据送入 RB8，并将 RI 置 1。若不满足这两个条件，接收的信息将被丢弃。

串行口方式 2 接收数据的时序波形如图 6-10 所示。

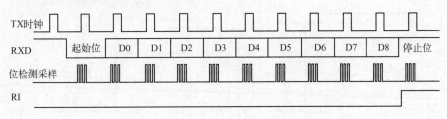

图 6-10　方式 2 和方式 3 接收数据的时序波形

6.3.4　方式 3

方式 3 和方式 2 几乎完全相同，只不过方式 3 的波特率是可变的，由用户来确定。方式 3 的数据发送和数据接收波形见图 6-9 和图 6-10。

方式 3 的波特率由以下公式确定。

$$方式 3 波特率 = \frac{2^{\text{SMOD}}}{32} \times 定时器 T1 的溢出率 \qquad\qquad (6-3)$$

6.4 RS-232 总线及接口电路

RS-232C 是美国电子工业协会（Electronic Industry Association，EIA）制定的一种串行物理接口标准。RS 是英文"推荐标准"的缩写，232 为标识号，C 表示修改次数。完整的 RS-232C 接口有 25 根线，采用 25 芯的插头插座。RS-232C 另一种常用的插头是 9 芯插座，它的引脚信号功能见表 6-2。

表 6-2 9 芯 RS-232 接口的信号和引脚分配

引 脚 号	信 号 名 称	方 向	信 号 功 能
1	DCD	输入	载波检测
2	RXD	输入	接收数据
3	TXD	输出	发送数据
4	DTP	输出	数据终端准备好
5	GND		信号地
6	DSR	输入	数据装置准备好
7	RTS	输出	请求发送
8	CTS	输入	允许发送
9	RI	输入	振铃指示

MAX232 是由德州仪器公司（TI）推出的一款兼容 RS-232 标准的芯片。该器件包含两个驱动器、两个接收器和一个电压发生器电路提供 TIA/EIA-232-F 电平。

该器件符合 TIA/EIA-232-F 标准，每一个接收器将 TIA/EIA-232-F 电平转换成 5V TTL/CMOS 电平。每一个发送器将 TTL/CMOS 电平转换成 TIA/EIA-232-F 电平。

MAX232 与 MCS51 单片机的接口电路如图 6-11 所示。

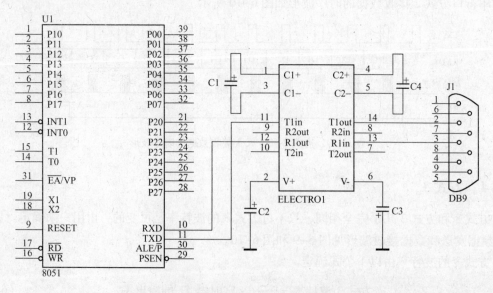

图 6-11 MAX232 与 MCS51 单片机的接口电路

6.5 串行通信应用

在串行通信中，收发双方发送或接收的波特率必须一致。串行口方式 0 和方式 2 的波特率是固定的；方式 1 和方式 3 的波特率是可变的，由定时器 T1 的溢出率来确定。

6.5.1 波特率设定

串行口每秒钟发送（或接收）数据的位数称为串行口的波特率。

当 MCS51 单片机的串行口工作在方式 1 或方式 3 时，波特率和定时器 T1 的溢出率有关。

波特率和串行口的工作方式有关。

- 当串行口工作在方式 0 时，波特率固定为时钟频率 f_{osc} 的 1/12，且不受 SMOD 值的影响。若 $f_{osc}=6$ MHz，波特率为 $f_{osc}/12$，即 500 kbit/s。
- 当串行口工作在方式 2 时，波特率与 SMOD 的值有关，公式如下：

$$方式 2 的波特率 = \frac{2^{SMOD}}{64} \times f_{osc} \tag{6-4}$$

- 当串行口工作在方式 1 或方式 3 时，通常用定时器 T1 作为波特率发生器。此时波特率为

$$波特率 = \frac{2^{SMOD}}{32} \times 定时器 T1 的溢出率 \tag{6-5}$$

从上式可以看出，定时器 T1 的溢出率和 SMOD 的值共同决定了波特率。

在实际设定串行口波特率时，定时器 T1 通常工作在方式 2（自动重装计数初值），TL1 作为 8 位计数器，TH1 存放备用初值。这种方式不仅操作简单，同时也可以避免因使用指令重装初值而带来延时，从而造成定时误差。

设定时器 T1 工作在方式 2 的初值为 X，则有

$$定时器 T1 的溢出率 = \frac{计数速率}{256-X} = \frac{f_{osc}/12}{256-X} \tag{6-6}$$

将式（6-6）代入式（6-5），则有

$$波特率 = \frac{2^{SMOD}}{32} \times \frac{f_{osc}}{12(256-X)} \tag{6-7}$$

从式（6-7）可以看出，串行口工作在方式 1 或方式 3 时的波特率随 f_{osc}、SMOD 及定时器 T1 的计数初值 X 而变化。

在实际使用时，经常根据已知波特率和时钟频率来计算定时器 T1 的计数初值 X。

为了避免繁琐的定时器初值的计算，常用的波特率和初值 X 间的关系见表 6-3。

表 6-3　定时器 T1 产生的常用波特率

波　特　率	f_{osc}	SMOD 位	定时器 T1		
			$C/\bar{T}$	工作方式	初值 X
串行口方式 0：1 Mbit/s	12 MHz	×	×	×	×

波 特 率	f_{osc}	SMOD 位	定时器 T1		
			C/$\overline{\text{T}}$	工作方式	初值 X
串行口方式 0：0.5 Mbit/s	6 MHz	×	×	×	×
串行口方式 2：375 kbit/s	12 MHz	1	×	×	×
串行口方式 2：187.5 kbit/s	6 MHz	1	×	×	×
串行口方式 1 或 3：62.5 kbit/s	12 MHz	1	0	2	FFH
19.2 kbit/s	11.0592 MHz	1	0	2	FDH
9.6 kbit/s	11.0592 MHz	0	0	2	FDH
4.8 kbit/s	11.0592 MHz	0	0	2	FAH
2.4 kbit/s	11.0592 MHz	0	0	2	F4H
1.2 kbit/s	11.0592 MHz	0	0	2	E8H
137.5 bit/s	11.0592 MHz	0	0	2	1DH
19.2 kbit/s	6 MHz	0	0	1	FEH
9.6 kbit/s	6 MHz	0	0	2	FDH
4.8 kbit/s	6 MHz	0	0	2	FDH
2.4 kbit/s	6 MHz	0	0	2	FAH
1.2 kbit/s	6 MHz	0	0	2	F4H
0.6 kbit/s	6 MHz	0	0	2	E8H

表 6-3 有两点需要注意。

1）当系统的振荡频率为 12 MHz 或 6 MHz 时，表中的初值 X 和相应的波特率之间存在一定的误差。例如，当系统振荡频率为 6 MHz 时，定时器初值为 FDH 的对应波特率的理论值是 10416 bit/s，与 9600 bit/s 相差 816 bit/s。为了保证通信的准确性，通常两个相互通信系统的波特率误差应不大于 ±2.5%。消除误差可以通过调整时钟振荡频率 f_{osc} 来实现，如当系统采用时钟振荡频率为 11.0592 MHz，定时器 T1 的计数初值为 FDH 时，产生的波特率是没有误差的。

2）如果串行通信选用很低的波特率，可将定时器 T1 设置成方式 1。但是，在这种工作方式下，T1 溢出时，需在定时器中断服务程序中重装计数初值。中断响应时间和指令执行时间将会使波特率产生一定的误差，可通过调整计数初值来调整波特率。

例 6-1 若 8051 单片机的时钟振荡频率为 11.0592 MHz，工作在方式 2 的定时器 T1 作为波特率发生器，波特率为 9600 bit/s，计算定时器 T1 的计数初值。

设 T1 工作在方式 2，选 SMOD = 0。

$$波特率 = \frac{2^{\text{SMOD}}}{32} \times \frac{f_{osc}}{12(256 - X)} = 9600 \text{ bit/s}$$

可以解得定时器的计数初值：$X = 253 = $ FDH

上述结果也可直接从表 6-3 中查到。

6.5.2 串行口应用

1. 单机通信

串行口的 4 种工作方式中的方式 0 是移位寄存器工作方式，主要用于扩展 I/O，并不用于串行通信。下面主要介绍串行口在串行通信中的应用。串行口数据发送/接收程序的基本结构如图 6-12 所示。

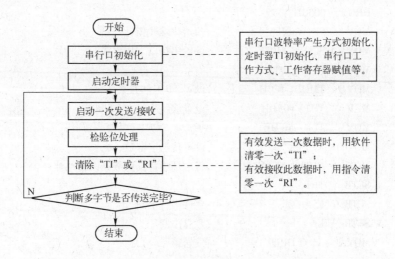

图 6-12 串行口数据发送/接收程序的基本结构

例 6-2 采用查询方式编写数据块发送程序。设时钟振荡频率为 11.0592 MHz，串行口工作在方式 1，波特率为 9600 bit/s；设 SMOD 为 "0"，则定时器 T1 的计数初值为 FDH。

程序如下：

```
MAIN:   MOV    SP, #60H        ;给堆栈指针赋初值
        MOV    SCON, #40H      ;设置串行口工作方式
        MOV    PCON, #00H
        MOV    TMOD, #20H      ;设置 T1 工作方式
        MOV    TH1, #0FDH      ;设置波特率为 9600 bit/s
        MOV    TL1, #0FDH
        MOV    R7, #n          ;设置传送字节数
        MOV    DPTR, #TDATA    ;将地址指针指向数据区首地址
        SETB   TR1
LOOP:   MOVX   A, @DPTR
        MOV    SBUF, A         ;启动数据发送
        JNB    TI, $           ;判断是否发送完一帧数据
        CLR    TI              ;清零"TI"
        INC    DPTR            ;指向下一个数据
        DJNZ   R7,LOOP         ;判断是否传送结束,未完则继续
        END
```

例 6-3 采用中断方式编写数据块发送程序。设时钟振荡频率为 11.0592 MHz，串行口

工作在方式 1，波特率为 9600 bit/s；设 SMOD 为"0"，则定时器 T1 的计数初值为 FDH。

程序如下：

```
                ORG     0000H
                AJMP    MAIN
                ORG     0023H
                LJMP    UART_int
                ORG     0030H
        MAIN:   MOV     SP, #60H            ;初始化堆栈指针
                MOV     SCON, #40H          ;设置串行口工作方式
                MOV     PCON, #00H
                MOV     TMOD, #20H          ;设置 T1 工作方式
                MOV     TH1, #0FDH          ;设置波特率为 9600 bit/s
                MOV     TL1, #0FDH
                MOV     R7, #n              ;设置传送字节数
                MOV     DPTR, #TDATA        ;将地址指针指向数据区首地址
                SETB    TR1
                SETB    ES                  ;允许串行中断
                SETB    EA                  ;开总中断
                MOVX    A, @DPTR            ;发送第一个数据
                MOV     SBUF, A
                SJMP $
        UART_int:
                JNB     TI, RETU            ;判断是否是发送中断
                CLR     TI                  ;是发送中断,则清零"TI"
                DJNZ    R7, LOOP            ;判断是否传送结束,未完则继续
                AJMP    RETU                ;发送完,则返回
        LOOP:   INC     DPTR                ;发送下一个数据
                MOVX    A, @DPTR
                MOV     SBUF, A
        RETU：  RETI
                END
```

例 6-4 采用查询方式编写数据块接收程序。设时钟振荡频率为 11.0592 MHz，串行口工作在方式 1，波特率为 9600 bit/s；设 SMOD 为"0"，则定时器 T1 的计数初值为 FDH。

程序如下：

```
        MAIN:   MOV     SP, #60H            ;给堆栈指针赋初值
                MOV     SCON, #50H          ;设置串行口工作方式,并允许接收
                MOV     PCON, #00H
                MOV     TMOD, #20H          ;设置 T1 工作方式
                MOV     TH1, #0FDH          ;设置波特率为 9600 bit/s
                MOV     TL1, #0FDH
                MOV     R7, #n              ;设置传送字节数
```

```
              MOV     DPTR, #RDATA      ;指向接收存储数据区首地址
              SETB    TR1
LOOP:         JNB     RI, $             ;判断是否接收完一帧数据
              CLR     RI                ;清零"RI"
              MOV     A, SBUF           ;接收并保存一个数据
              MOVX    @DPTR, A          ;
              INC     DPTR              ;指向下一个存储地址
              DJNZ    R7, LOOP          ;判断是否传送结束,未完则继续
              END
```

例 6-5　采用中断方式编写数据块接收程序。设时钟振荡频率为 11.0592 MHz，串行口工作在方式 1，波特率为 9600 bit/s；设 SMOD 为 "0"，则定时器 T1 的计数初值为 FDH。

程序如下：

```
              ORG     0000H
              AJMP    MAIN
              ORG     0023H
              LJMP    UART_int
              ORG     0030H
MAIN:         MOV     SP, #60H          ;给堆栈指针赋初值
              MOV     SCON, #40H        ;设置串行口工作方式
              MOV     PCON, #00H
              MOV     TMOD, #20H        ;设置 T1 工作方式
              MOV     TH1, #0FDH        ;设置波特率为 9600 bit/s
              MOV     TL1, #0FDH
              MOV     R7, #n            ;设置传送字节数
              MOV     DPTR, #RDATA      ;将地址指针指向数据区首地址
              SETB    TR1
              SETB    ES                ;允许串行中断
              SETB    EA                ;开总中断
              SJMP    $
UART_int:
              JNB     RI, RETU          ;判断是否是接收中断
              CLR     RI                ;若是接收中断,则清零"RI"
              DJNZ    R7, LOOP          ;判断是否接收结束,未完则继续
              AJMP    RETU              ;接收完,则返回
LOOP:         MOV     A, SBUF
              MOVX    @DPTR, A
              INC     DPTR              ;接收下一个数据
RETU:         RETI
              END
```

2. 多机通信

串行口控制寄存器（SCON）中的 SM2 位是串行口在方式 2 和方式 3 工作时进行多机通

信的控制位。多机通信的一般形式为"一台主机，多台从机"系统，主机发送的信息可被从机接收，而从机只能对主机发送信息，从机间互相不能直接通信。

在串行口以方式 2（或方式 3）接收时，若 SM2 = 1，这时出现两种可能的情况。

1）当接收到的第 9 位数据为 1 时，数据装入 SBUF，置中断标志 RI = 1，向 CPU 发出中断请求。

2）当接收到的第 9 位数据为 0 时，则不产生中断标志，信息被丢弃。

若 SM2 = 0，则接收的第 9 位数据不论是 0 还是 1，都产生中断标志 RI = 1，接收到的数据装入 SBUF。

运用 8051 单片机串行口的这一功能，可实现 MCS51 的多机通信。

一个由一个主机和 3 个从机构成的多机通信系统如图 6-13 所示。

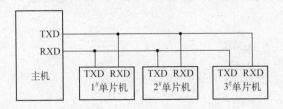

图 6-13　多机通信系统示意图

从机系统由初始化程序将串行口设置成方式 2 或方式 3，SM2 = 1，REN = 1，处于接收状态。当主机和某一从机进行通信时，主机先发出一帧地址帧给各从机，接着才发送数据或命令。当各从机接收到主机发出的地址帧后，将地址帧中的地址和本从机的地址号相比较，若地址相等，将本从机的 SM2 清零，为接收主机发送的数据帧（第 9 位数据为 0）作准备。与地址号不同的从机仍然保持 SM2 = 1 状态不变，从而不接收主机后面发送的数据帧，直至与主机发出的地址帧相符后，将 SM2 清零，才能接收主机发送的数据帧。因此，在多机通信中，SM2 控制位起着极为重要的作用。

6.6　思考题及习题

1. 串行口数据传送的主要优点和用途是什么？

2. 简述串行口接收数据和发送数据的过程。

3. 帧格式位有一个起始位、8 个数据位和一个停止位的异步串行通信方式是哪种方式？

4. 串行口有几种工作方式？有几种帧格式？各种工作方式的波特率如何确定？

5. 假定串行口串行发送的字符格式为一个起始位、8 个数据位、一个奇效验位和一个停止位，请画出传送字符"A"的帧格式。

6. 判断下列说法是否正确，正确的在后面括号中画"√"，错误的画"×"。

1）串行口通信的第 9 数据位的功能可由用户定义。（　　　）

2）发送数据的第 9 数据位的内容在 SCON 的 TB8 位中预先准备好的。（　　　）

3）串行通信帧发送时，指令把 TB8 位的状态送入发送 SBUF 中。（　　　）

4）串行通信接收到的第 9 位数据送 SCON 的 RB8 中保存。（　　　）

5）串行口方式 1 的波特率是可变的，通过定时/计数器 T1 的溢出率设定。（　　　）

7. 通过串行口发送或接收数据是在程序中使用（　　　）。

A. MOVC 指令　　　B. MOVX 指令　　　C. MOV 指令　　　D. XCHD 指令

8. 为什么定时/计数器 T1 用做串行口波特率发生器时，常采用方式 2？若已知时钟频率、通信波特率，如何计算其初值？

9. 串行口工作于方式 1 的波特率是（　　　）。

A. 固定的，为 $f_{osc}/32$

B. 固定的，为 $f_{osc}/16$

C. 可变的，通过定时/计数器 T1 的溢出率设定

D. 固定的，为 $f_{osc}/64$

10. 在串行通信中，收发双方对波特率的设定是固定的还是可变的？

11. 若晶体振荡器为 11.0592 MHz，串行口工作于方式 1，波特率为 4800 bit/s，写出用 T1 作为波特率发生器的方式控制字和计数初值。

12. 简述利用串行口进行多机通信的原理。

13. 使用 8031 的串行口按工作方式 1 进行串行数据通信，假定波特率为 2400 bit/s，以中断方式传送数据，请编写全双工通信程序。

14. 使用 8031 的串行口按工作方式 3 进行串行数据通信，假定波特率为 1200 bit/s，第 9 位数据位作奇偶效验位，以中断方式传送数据，请编写通信程序。

第7章　单片机的系统扩展

MCS51 系列单片机片内部已经集成了数据、程序存储器（8031 除外）和基本的 I/O 接口功能部件，一般情况下作为独立计算机使用，以发挥单片机体积小、功耗低、重量轻、价格低廉的优势。但是，有时根据实际应用系统的具体需求，单片机内部集成的上述资源由于容量和数量等的限制常常还不能满足需要，这时就需要在单片机外部扩展相应的数据、程序存储器及相应的 I/O 接口等功能部件，即单片机的系统扩展。本章对常用的存储器和 I/O 接口的扩展方法进行介绍。

通过本章的学习，可以对 MCS51 单片机的硬件体系作进一步全面、深入的了解，从单片机系统设计的角度，掌握如何设计和应用单片机外部资源。

7.1　单片机的系统扩展概述

单片机的系统扩展主要包括外部程序存储器、数据存储器和 I/O 接口功能部件的扩展。MCS51 系列单片机具有很强的扩展功能，采用常见的集成电路芯片，按照典型的电路连接，就能方便地构成各种不同需求的单片机应用系统。

7.1.1　单片机系统总线

所谓总线，就是连接单片机各相关部件的公共信号线。在进行系统扩展时，单片机的公共信号线可分为三总线结构，即地址总线（AB）、数据总线（DB）和控制总线（CB），如图 7-1 所示。单片机各种扩展电路的外围芯片都是通过该三总线连接的，所以学习和掌握单片机的三总线结构是掌握单片机的系统扩展的关键。

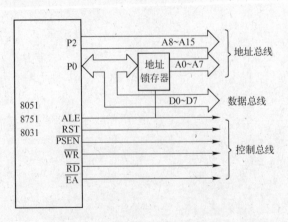

图 7-1　MCS51 单片机的系统扩展时的三总线结构

1. 地址总线

地址总线用于传送单片机发出的地址信号，以便进行外部存储器和 I/O 接口的地址选择。地址总线是单向的，对单片机而言，属于输出信号。地址总线的数目决定了可以直接访问的存储器存储单元的容量。

MCS51 单片机的地址总线宽度为 16 位，在片外可扩展的存储器最大容量为 64 KB，相应的地址空间为 0000H ~ FFFFH。

2. 数据总线

数据总线用于在单片机和外部存储器或者 I/O 接口单元之间传送数据，它是单片机应用系统中使用最为频繁的通道。数据总线是双向的，对单片机而言，通过数据总线可以进行数据、指令和信息等信号的输入和输出操作。数据总线通常同时连接到多个外围芯片上，而在同一时间只能有一个有效的数据传送通道，这就由相应的芯片片选信号和具体的控制信号来选择决定。

MCS51 单片机的数据总线是 8 位的，对应了单片机的 8 位字长。

3. 控制总线

控制总线用于单片机和外部扩展系统（部件）之间进行联络和控制。控制总线是单向的，但对具体不同的控制线而言，相对单片机来说，既有片外信号对单片机的输入控制线，也有单片机控制片外系统的输出控制线。

由于 MCS51 单片机系统采用了上述并行三总线结构形式，所以使系统扩展简单、规范，提高了系统扩展的可靠性和灵活性。

7.1.2　单片机系统总线构造

由于单片机要兼顾最小系统和系统扩展的应用，所以其引脚数目受到限制，多数引脚处于多功能复用状态。为此，当必须进行系统扩展时，首先要重新构造系统总线，然后再往系统总线上"挂"接各种存储器和 I/O 接口等功能部件，从而实现单片机系统的扩展。

1. 地址总线构造

在第 2 章中，介绍了 MCS51 单片机的 P0 口是数据总线和低 8 位的地址总线分时复用的。因此，当构造地址总线时，首先要增加一个 8 位的地址锁存器用于分离地址信号和数据信号。用做单片机地址锁存器的芯片一般有两类：一类是 8D 触发器，如 74LS273、74LS377 等；另一类是 8 位锁存器，如 74LS373、8282 等。不同的地址锁存器由于结构不同，使用时接法也略有不同。当实际应用时，低 8 位地址信号从 P0 口送出后先送到地址锁存器暂存，P0 口送出的低 8 位地址信号在控制线 ALE（地址锁存允许）信号的上升沿时同步出现，并在 ALE 信号的下降沿时实现锁存，构成低 8 位地址总线。当芯片的输出控制端 $\overline{OE}$ 为低电平时，输出三态门打开，锁存器中的地址信号由三态门输出。采用 74LS373 地址锁存器的低 8 位地址总线扩展电路如图 7-2 所示。图 7-2 中，$\overline{OE}$ 引脚接地，锁存器的地址信号始终输出，提供给扩展芯片使用。

单片机的 P2 口具有准双向 I/O 口和提供高 8 位地址的功能，当单片机需要扩展高位地址，从而构造 16 位地址总线时，由于 P2 口具有输出锁存功能，故无需外加地址锁存器，其 8 位地址信号线 A15 ~ A8 可以直接使用，与图 7-2 所示地址锁存器输出的低 8 位地址 A7 ~ A0 一起构成 MCS51 单片机的 16 位地址总线，使单片机最大寻址空间达到 64 KB。P0 和 P2 口在系统扩展用做地址线后，一般不能再作为 I/O 接口使用。当实际应用时，如果不需要 16 位的地址总线，则可以按实际需要选择。

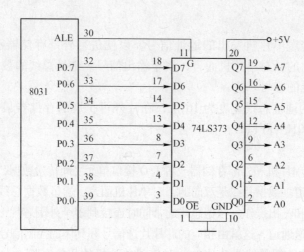

图 7-2 MCS51 单片机低 8 位地址总线扩展电路

2. 数据总线构造

单片机数据总线由 P0 口提供。P0 口内部为三态双向口,具有数据总线和低 8 位地址总线分时复用的功能,其电路设计已经考虑了这种应用需求,因此作为数据总线使用时,无须外接任何器件,可以直接外接构成 8 位数据总线。单片机绝大多数与外界交换的数据、指令和信息都是经由 P0 口传送的。

3. 控制总线构造

为了实现单片机系统扩展的功能,还需要相关的控制信号来对系统进行控制和管理,控制总线包括片外系统扩展用控制线和片外信号对单片机的控制线。根据扩展功能的不同,MCS51 单片机控制总线主要包括:

1)ALE 信号线:低 8 位地址锁存信号。通常在 P0 口输出地址期间,用其下降沿控制地址锁存器锁存地址数据。

2)$\overline{PSEN}$:扩展程序存储器时的读信号(取指信号)。

3)$\overline{EA}$:内外程序存储器的选择控制信号。当 $\overline{EA}=0$ 时,只访问片外程序存储器。

4)$\overline{RD}$:外部数据存储器和 I/O 接口的读选通信号。当执行片外数据存储器"读"操作时,信号自动生效。

5)$\overline{WR}$:外部数据存储器和 I/O 接口的写选通信号。当执行片外数据存储器"写"操作时,信号自动生效。

6)$\overline{INT0}$($\overline{INT1}$):外部中断 0(外部中断 1)入口信号。

7)T0(T1):定时器 0(定时器 1)输入信号。

8)RST:系统复位信号。

结合第 2 章的介绍可以看出,MCS51 单片机的控制总线有的属于单片机引脚的第一功能信号,有的属于单片机引脚的第二功能信号。

虽然 MCS51 单片机理论上有 P0、P1、P2 和 P3 4 个 I/O 接口,但由于实际系统扩展的需要,P0 往往用做数据总线/低 8 位地址总线,P2 口往往用做高 8 位地址总线,部分 P3 口用做控制总线,所以在单片机中能真正用于 I/O 口使用的通常就只有 P1 口和 P3 口的部分引脚。

7.1.3 单片机系统总线驱动能力扩展

1. 总线的驱动能力

在单片机应用系统中，所有扩展的外部数据存储器、程序存储器和I/O接口芯片等外围电路都要通过单片机的三总线驱动，由于总线的驱动电流总是有限的，所以只能驱动一定数量的电路。例如，MCS51单片机的P0口可以驱动8个LSTTL电路，而P1、P2和P3口则只能驱动4个LSTTL电路。当应用系统规模过大，扩展所接的外围芯片过多，超过了系统总线的驱动能力时，就必须进行总线驱动，否则，系统将有可能无法正常可靠地工作。

2. 总线的驱动扩展方法

所谓总线驱动，通常是指通过外接一些相应的驱动电路，在电路逻辑不变的前提下，增加总线驱动负载的能力。

由于地址总线和控制总线是单向的，所以扩展驱动能力时，可采用单向总线驱动器。而数据总线是双向的，必须采用双向三态驱动器进行数据总线驱动能力的扩展。

常用的单向总线驱动器有74LS244、74LS240（带反向输出）等，其中74LS244引脚如图7-3a所示。74LS244单向总线驱动器内部有8个三态驱动器，分成两组，每组4个，分别由控制端 $\overline{1G}$ 和 $\overline{2G}$ 控制。图7-3b为MCS51单片机P2口的驱动能力扩展电路，由于P2口只作为地址输出口，所以74LS244的驱动门控制端 $\overline{1G}$ 和 $\overline{2G}$ 接地。对于其他扩展的单向控制总线 $\overline{RD}$、$\overline{WR}$ 等的驱动扩展方法与此相同。

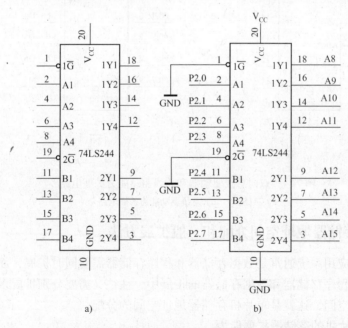

图7-3 单向总线驱动器和总线驱动能力扩展电路

a) 74LS244 b) MCS51单片机P2口的驱动能力扩展电路

常用的双向总线驱动器有74LS245，其引脚如图7-4a所示。74LS245双向总线驱动器内部有16个三态驱动器，分成两组，8对，每个方向是8个，每对由不同方向的驱动器组成。驱动方向由 $\overline{G}$ 和 DIR 两个控制端控制，$\overline{G}$ 控制端用于控制总线驱动器有效（工作）或高阻态，在 $\overline{G}$

控制端有效时（$\overline{G}=0$），DIR 控制端控制总线驱动器的驱动方向。当 DIR = 0 时，驱动方向从 B 至 A，当 DIR = 1 时则方向相反，从 A 至 B。由于 MCS51 单片机 P0 口要复用为数据总线，所以其扩展的总线驱动器应该是双向的，其驱动能力扩展电路如图 7-4b 所示。74LS245 的控制端 $\overline{G}$ 接地，保证驱动器芯片始终处于工作状态，而驱动方向则由单片机的控制总线中数据存储器的"读"控制线（$\overline{RD}$）和程序存储器的取指控制线（$\overline{PSEN}$）通过逻辑与后，控制总线驱动器的 DIR 引脚实现。无论单片机是"读"数据存储器中的数据（$\overline{RD}$ 有效，为低电平），还是从程序存储器取指（$\overline{PSEN}$ 有效，为低电平），这种逻辑连接方法都能保证数据总线 P0 口的输入驱动，数据可从外部送向 P0，从而送进 CPU，而其余时间 DIR = 1（$\overline{PSEN}$ 和 $\overline{RD}$ 均失效，为高电平），保证 P0 口的输出驱动，数据自 P0 口经总线驱动器 74LS245 向外输出。

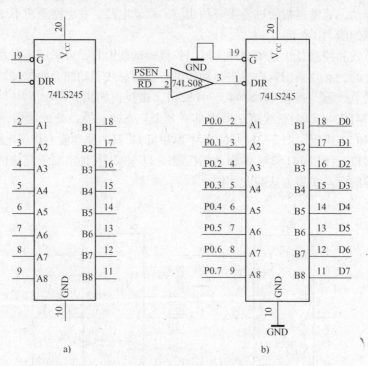

图 7-4　双向总线驱动器和总线驱动能力扩展电路

a) 74LS245　b) 总线驱动能力扩展电路

7.1.4　单片机存储器地址空间分配和一般扩展方法

实际的单片机应用系统通常是数据存储器和程序存储器需要同时扩展，而由于存储器芯片容量的不同，在程序存储器和数据存储器的扩展中，往往又需要分别扩展多片。如何设计和分配相应的存储空间，这就是单片机存储器地址空间的分配。

1. MCS51 单片机的存储器扩展能力

由于 MCS51 系列单片机的外部存储器是按哈佛结构设计，即程序存储器的空间和数据存储器的空间是物理分开、分别寻址的结构，允许二者的地址空间重叠。因此，MCS51 单片机片外可扩展的程序存储器与数据存储器容量都是 64 KB。扩展后，应用系统形成了两个并行的 64 KB 的外部存储器空间，各自地址都是 0000H ~ FFFFH。同时，在 MCS51 单片机系统中，外部 I/O 接口和外部数据存储器是统一编址的，也即 I/O 接口资源需要占用数据存储器的地址空间，其总容量为 64 KB。

对于程序存储器和数据存储器的扩展，从硬件上看，它们具有不同的控制总线，读片外程序存储器的控制信号为 $\overline{\text{PSEN}}$（取指），读写外部数据存储器的控制信号分别为 $\overline{\text{RD}}$ 和 $\overline{\text{WR}}$；从软件上看，访问不同存储器采用不同的访问指令，读片外程序存储器的指令为 MOVC，读写外部数据存储器的指令为 MOVX。

2. 存储器的一般扩展方法

存储器尽管根据不同的功能、结构和特性，有不同的分类，但就目前常用的存储器而言，特别是对应 MCS51 单片机系统扩展的存储器来说，程序存储器和数据存储器的主要区别在于控制总线不同，而不同容量的同一类存储器的主要区别则在于地址总线数目的不同。在扩展时，无论是数据存储器还是程序存储器，无论容量的大小，存储器芯片与单片机扩展连接都具有相同的规律，即存储器引脚都呈三总线结构，与单片机的连接都是按三总线模式连接，这是在学习存储器扩展时要始终牢记的问题。

存储器芯片的数据线：数据线的数目由存储器芯片的字长决定。常用的数据存储器芯片字长为 8 位，对应有 8 根芯片数据线，与单片机字长相一致。当扩展时，存储器芯片的 8 位数据线（D0 ~ D7）与单片机的数据总线（P0.0 ~ P0.7）按由低位到高位的顺序依次相连即可。也有极少数存储器芯片是 4 位字长的，这时需要扩展两块芯片，每块芯片各有一个 4 位字长的存储单元组合成一个 8 位字长的存储单元使用。

存储器芯片的控制线：对于程序存储器，一般来说，其控制线为"指令读"信号（$\overline{\text{OE}}$）（也称为输出使能端），它与单片机的 PSEN 信号线相连。对于数据存储器和 I/O 接口，一般来说，其控制线为"读"（$\overline{\text{RD}}$）和"写"（$\overline{\text{WR}}$），分别与单片机的 $\overline{\text{RD}}$ 和 $\overline{\text{WR}}$ 信号线相连。

存储器芯片的地址线：存储器芯片地址线的数目由该芯片的容量决定。

单片机外部最大可扩展 64 KB 的程序存储器和数据存储器。当要扩展较大容量的存储器时，有时需要多片存储器芯片构成，此时芯片的数目和片选的数量主要根据选用的芯片容量和位数以及待扩展的存储容量来确定。

若所选存储器芯片字长与单片机字长一致（对 MCS51 单片机而言为 8 位），则只需要扩展容量。所需芯片数目和片选信号数量按下式确定。

$$芯片数目 = \frac{系统待扩展容量}{单片存储器芯片容量}$$

$$片选数目 = 芯片数目$$

若所选存储器芯片字长与单片机字长不一致（少于单片机字长，如为 4 位），则此时不仅需要扩展存储器容量，还需要扩展字长。所需芯片数目和片选信号数量按下式确定。

$$芯片数目 = \frac{系统待扩展容量}{单片存储器芯片容量} \times \frac{系统字长}{存储器芯片字长}$$

$$片选数目 = \frac{系统待扩展容量}{单片存储器芯片容量}$$

3. 存储器地址分配方法

在存储器扩展时，常用的存储器地址分配的方法有两种，即线选法和译码法。

（1）线选法

线选法就是直接利用单片机的高位地址线作为存储器芯片的片选信号，即把单独的高位地址线接到某一个存储器芯片的片选信号引脚,只要这一根地址线为低电平,就选中该存储器芯片。线选法的优点是简单、不需要额外增加硬件、体积小和成本低。缺点是可扩展寻址的空间小、地址资源浪费多、可用地址不连续、对程序设计有一定的不便,主要用于简单的系统扩展。

（2）译码法

译码法就是利用译码器对 MCS51 单片机的高位地址进行译码,其输出提供给存储器芯片作为片选信号用。这是最常用的存储器地址分配方法。

译码法又分两种:部分译码法和全译码法。

部分译码是指单片机空余的高位地址线仅用一部分参加译码,另一部分不用,可悬空。其特点与线选法类似,存在地址空间有重叠以及系统存储器空间浪费的不足;但是与线选法相比,由于进行了部分译码,通常可扩展的存储器地址空间会更大一些。

全译码就是单片机系统的地址总线与存储器芯片的地址线按由低至高的顺序依次相连后,剩余的所有高位地址线全部参加译码,译出的信号作为存储器芯片的片选信号。全译码方法产生的存储器芯片的地址空间是唯一的,能够扩展的存储器空间也是最大的,各芯片地址可以连续,但译码电路相对复杂,硬件开销略有增大。

4. 地址译码电路

译码电路可以使用现有的译码器芯片。常用的译码器芯片有 74LS138（3－8 线译码器）、74LS139（双 2－4 线译码器）和 74LS154（4－16 线译码器）。下面就常用的译码器芯片进行介绍。

（1）74LS138

74LS138 是一种 3－8 线译码器,有 3 个数据输入端,经译码产生 8 种状态对应 8 个片选信号。3 个使能端 G1、$\overline{G2A}$ 和 $\overline{G2B}$ 必须同时输入有效电平时译码器才能工作,即 $G1\ \overline{G2A}\ \overline{G2B}$ = 100 时选通该译码器,否则该译码器无效。其引脚如图 7-5 所示,译码功能见表 7-1。由表 7-1 可见,当译码器的输入为某一个编码时,就有一个固定的引脚输出为低电平,其余的为高电平。

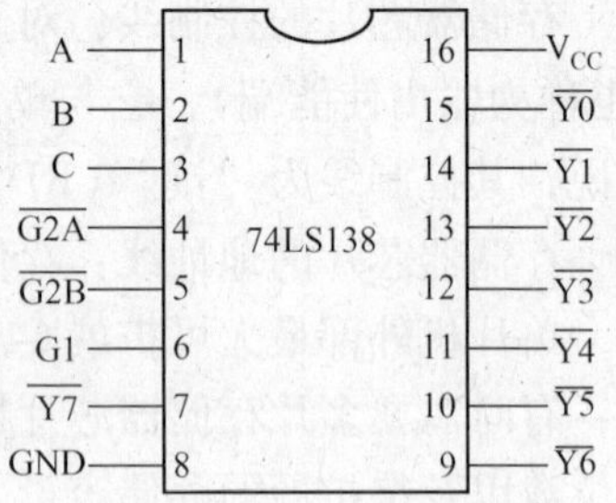

图 7-5　74LS138 引脚图

表 7-1　74LS138 真值表

输　　入						输　　出							
G1	$\overline{G2A}$	$\overline{G2B}$	C	B	A	$\overline{Y7}$	$\overline{Y6}$	$\overline{Y5}$	$\overline{Y3}$	$\overline{Y3}$	$\overline{Y2}$	$\overline{Y1}$	$\overline{Y0}$
1	0	0	0	0	0	1	1	1	1	1	1	1	0
1	0	0	0	0	1	1	1	1	1	1	1	0	1
1	0	0	0	1	0	1	1	1	1	1	0	1	1
1	0	0	0	1	1	1	1	1	1	0	1	1	1
1	0	0	1	0	0	1	1	1	0	1	1	1	1
1	0	0	1	0	1	1	1	0	1	1	1	1	1
1	0	0	1	1	0	1	0	1	1	1	1	1	1
1	0	0	1	1	1	0	1	1	1	1	1	1	1
其他状态	×	×	×			1	1	1	1	1	1	1	1

（2）74LS139

74LS139 是一种双 2–4 线译码器。这两个译码器完全独立，分别有一个使能端，为低电平时选通；各自的两个数据输入端对应 4 个译码器输出，输出低电平有效。其引脚如图 7–6 所示，译码功能见表 7–2（只给出其中的一组）。

表 7–2　74LS139 真值表

输　入　端			输　出　端			
允　许	选　择					
$\overline{G}$	B	A	$\overline{Y3}$	$\overline{Y2}$	$\overline{Y1}$	$\overline{Y0}$
1	×	×	1	1	1	1
0	0	0	1	1	1	0
0	0	1	1	1	0	1
0	1	0	1	0	1	1
0	1	1	0	1	1	1

图 7–7 是采用 74LS138 译码器进行地址译码的电路。

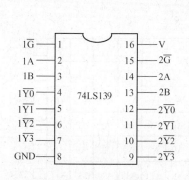

图 7–6　74LS139 引脚图　　　　图 7–7　74LS138 地址译码电路

在图 7–7 中，根据控制逻辑，74LS138 译码器的控制端分别接在高电平和低电平上，确保其始终处于工作状态。单片机高 8 位地址线的最高 3 位 P2.7、P2.6 和 P2.5 分别对应接在译码器的 C、B 和 A 输入端。此时，对应的译码输出地址分别如下：

$\overline{Y0}$：0000H ~ 1FFFH

$\overline{Y1}$：2000H ~ 3FFFH

$\overline{Y2}$：4000H ~ 5FFFH

$\overline{Y3}$：6000H ~ 7FFFH

$\overline{Y4}$：8000H ~ 9FFFH

$\overline{Y5}$：0A000H ~ 0BFFFH

$\overline{Y6}$：0C000H ~ 0DFFFH

$\overline{Y7}$：0E000H ~ 0FFFFH

由上述分析可见，存储器的地址空间分配实际上就是将单片机的地址总线与存储器芯片的地址引脚按一定规律连接，最终达到一个物理存储单元对应一个存储地址的要求。

7.2 程序存储器的扩展及应用

在 MCS51 单片机应用系统中，程序存储器的扩展对于片内无 ROM 的单片机（如 8031）是必不可少的工作；对于片内有 EPROM 的芯片来说，如果容量不够，也需要扩展。程序存储器扩展的容量随应用系统的要求可随意设置，最大为 64 KB。

程序存储器一般采用只读存储器（ROM），因为这种存储器在电源关断后依然能保存数据信息，符合程序存储器的特点。根据编程方式的不同，ROM 分为掩膜 ROM，可编程 ROM（PROM）、EPROM、EEPROM 和 Flash ROM 等。

在单片机程序存储器扩展中，常用的存储器类型是 EPROM，本节就此进行介绍。

7.2.1 常用 EPROM 芯片介绍

EPROM 的典型芯片是 Intel 公司的 27 系列产品，如 2716（2 KB×8）、2732（4 KB×8）、2764（8 KB×8）、27128（16 KB×8）、27256（32 KB×8）、27512（64 KB×8），型号名称"27"后面的数字表示其位存储容量。

随着大规模集成电路技术的发展，大容量存储器芯片的价格不断下降，它们的引脚功能基本类似，均向下兼容。其芯片的引脚如图 7-8 所示。

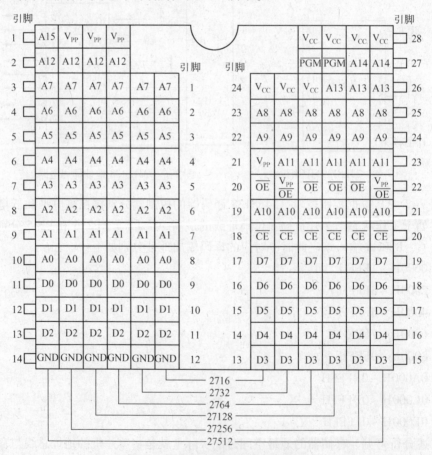

图 7-8　常用的 EPROM 芯片引脚图

96

在图 7-8 中，芯片的引脚功能如下：

A0 ~ A15：地址线引脚。地址线引脚的数目由芯片的存储容量来定，用来进行单元选择。不同容量的存储器，其地址线引脚的数目不同。

D0 ~ D7：数据线引脚，为 8 位。

$\overline{CE}$：片选输入端，低电平有效。

$\overline{OE}$：输出允许控制端，低电平有效。

$\overline{PGM}$：编程时，加编程脉冲的输入端。

V_{PP}：编程时，编程电压（ + 12V 或 + 25V）输入端。

V_{CC}： + 5V，芯片工作电压。

GND：数字地。

NC：无用端。

过去，24 引脚的 2716 和 2732 用得较多，随着集成电路技术的发展和大容量芯片价格的下降，现已多采用 28 个引脚的 2764、27128、27256 等大容量存储器芯片。

7.2.2　EPROM 芯片的工作方式

EPROM 芯片一般都有 5 种工作方式，分别是程序读出、未选中、编程、程序校验和编程禁止。它们由 $\overline{CE}$、$\overline{OE}$ 和 $\overline{PGM}$ 各信号的状态组合来确定。5 种工作方式见表 7-3。

表 7-3　EPROM 的 5 种工作方式

方式 \ 引脚	$\overline{CE}/\overline{PGM}$	$\overline{OE}$	V_{PP}	D7 ~ D0
程序读出	0	0	+ 5 V	程序读出
未选中	1	×	+ 5 V	高阻
编程	50 ms 正脉冲	1	+ 25 V（或 + 12 V）	程序写入
程序校验	0	0	+ 25 V（或 + 12 V）	程序读出
编程禁止	0	1	+ 25 V（或 + 12 V）	高阻

注：表中，×表示可以为"0"，也可以为"1"。

7.2.3　程序存储器的扩展

程序存储器的扩展同样是按三总线模式来进行的，用到的单片机三总线分别如下：

1）数据总线：D0 ~ D7。

2）地址总线：A0 ~ A15（根据不同容量，地址总线数量有所不同）。

3）控制总线：ALE——用于低 8 位地址锁存控制；$\overline{PSEN}$——外部程序存储器取指控制信号，接 EPROM 的 $\overline{OE}$ 端；$\overline{EA}$——片内和片外程序存储器访问的控制信号，访问外部程序存储器时接地。

1. 单片程序存储器的扩展

例 7-1　　以目前常用的 28 个引脚 EPROM 2764 为例，扩展 8 KB 的 EPROM 程序存储器。

2764 是 8 KB × 8 位 EPROM 程序存储器，芯片的地址引脚线有 13 条，顺次和单片机的地址总线 A0 ~ A12 相接。因为只扩展一片程序存储器，所以可以将 2764 芯片的片选信号直接接地。这时，由于不采用地址译码器，所以高 3 位地址线 P2.7、P2.6 和 P2.5 悬空不接，故有 $2^3 = 8$ 个重叠的 8 KB 地址空间。其连接电路如图 7-9 所示。

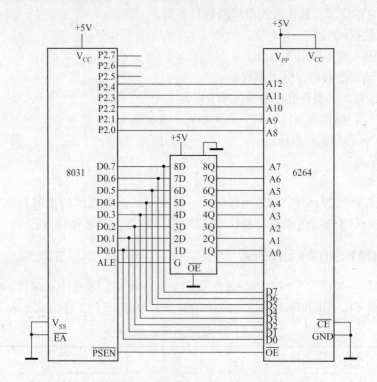

图 7-9   单片 2764 EPROM 与 8031 单片机的扩展电路

在图 7-9 所示扩展电路中，由于不采用地址译码器，所以对该 2764 而言，有 8 个重叠的地址范围，具体为：

0000000000000000 ~ 0001111111111111，即 0000H ~ 1FFFH；

0010000000000000 ~ 0011111111111111，即 2000H ~ 3FFFH；

0100000000000000 ~ 0101111111111111，即 4000H ~ 5FFFH；

0110000000000000 ~ 0111111111111111，即 6000H ~ 7FFFH；

1000000000000000 ~ 1001111111111111，即 8000H ~ 9FFFH；

1010000000000000 ~ 1011111111111111，即 0A000H ~ 0BFFFH；

1100000000000000 ~ 1101111111111111，即 0C000H ~ 0DFFFH；

1110000000000000 ~ 1111111111111111，即 0E000H ~ 0FFFFH。

如果扩展 8 KB 存储单元不够，可将 2764 改为 27128、27256 等容量更大的 EPROM。在只扩展一片 EPROM 的情况下，每递升一档，多使用一根地址线。

2. 采用线选法的多片程序存储器的扩展

例 7-2   使用两片 2764 扩展 16KB 的程序存储器，采用线选法选择存储器芯片。

与单片 EPROM 扩展电路相比，多片 EPROM 的扩展除片选线 $\overline{CE}$ 以外，其他的三总线均与单片扩展电路相同。图 7-10 给出了利用两片 2764 EPROM 扩展 16 KB 程序存储器的方法。图 7-10 中采用线选的方式连接，以 P2.5 作为片选，当 P2.5 = 0 时，选中 2764（1）；当

98

P2. 5 = 1 时，选中 2764（2）。

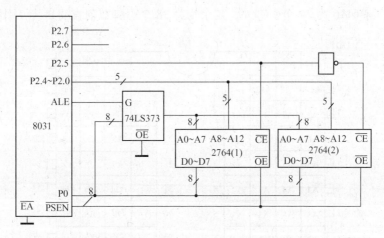

图 7-10　两片 2764 EPROM 与 8031 的扩展电路（线选方式）

因为两根地址线 P2. 7 和 P2. 6 未用，所以两个芯片各有 $2^2 = 4$ 个重叠的地址空间，它们分别为

2764（1）：0000000000000000 ~ 0001111111111111，即 0000H ~ 1FFFH；
　　　　　0100000000000000 ~ 0101111111111111，即 4000H ~ 5FFFH；
　　　　　1000000000000000 ~ 1001111111111111，即 8000H ~ 9FFFH；
　　　　　1100000000000000 ~ 1101111111111111，即 0C000H ~ 0DFFFH；

2764（2）：0010000000000000 ~ 0011111111111111，即 2000H ~ 3FFFH；
　　　　　0110000000000000 ~ 0111111111111111，即 6000H ~ 7FFFH；
　　　　　1010000000000000 ~ 1011111111111111，即 0A000H ~ 0BFFFH；
　　　　　1110000000000000 ~ 1111111111111111，即 0E000H ~ 0FFFFH。

在多片程序存储器扩展时还可以采用译码的方式进行，这与前面介绍的扩展电路主要在于片选信号的产生方式不同。关于采用译码方式的片选信号产生将在数据存储器和 I/O 接口的扩展电路设计中进行介绍。

随着单片 EPROM 容量的逐渐增大，线选法设计简单、硬件少的优点越来越明显，应用也越来越多，对于单片机应用系统来说，多片 EPROM 的扩展已经越来越少用。

7.3　数据存储器的扩展及应用

MCS51 单片机内部一般只有 256 B 的数据存储器，RAM 的容量在实际应用中往往不够，必须扩展外部数据存储器，扩展的最大容量可达 64 KB。在单片机应用系统中，外扩的数据存储器通常都采用静态数据存储器，所以本节仅讨论静态数据存储器与 MCS51 单片机的接口。

7.3.1　常用的静态数据存储器芯片介绍

常用于单片机扩展的静态数据存储器芯片有 6116（2 KB × 8 位）、6264（8 KB × 8 位）、

62128（16 KB×8 位）、62256（32 KB×8 位）等，其引脚如图 7-11 所示。它们都使用单一的 +5V 电源，除 6116 为 24 个引脚外，其余均为 28 个引脚双列直插封装，引脚向下兼容。

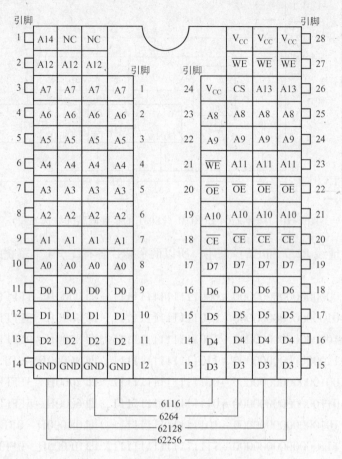

图 7-11　常用的数据存储器芯片引脚

7.3.2　RAM 芯片的工作方式

静态 RAM 有 3 种工作方式，分别是输出、输入和维持。3 种工作方式见表 7-4。

表 7-4　静态数据存储器的工作方式

方式 ＼ 信号	$\overline{CE}$	$\overline{OE}$	$\overline{WE}$	D0 ~ D7
输出	0	0	1	存储器数据输出
输入	0	1	0	存储器数据输入
维持	1	×	×	高阻态

注：表中，×表示随意，即可为高电平"1"，也可为低电平"0"。

静态数据存储器芯片的各引脚功能介绍如下：

A0 ~ A14：地址输入线。

D0 ~ D7：双向三态数据线。

$\overline{CE}$：片选信号输入线。对于 6264 芯片，它有两个片选控制端 $\overline{CE}_1$、$\overline{CE}_2$，只有当两个信

号同时为低电平时才能选中该芯片。

$\overline{OE}$：读选通信号输入线。

$\overline{WE}$：写允许信号输入线。

V_{CC} 和 GND：分别为工作电压（+5 V）和地线。

7.3.3 数据存储器的扩展

与程序存储器扩展类似，静态数据存储器扩展依然是三总线的扩展，它们分别如下：

1）数据总线：D0 ~ D7。

2）地址总线：A0 ~ A15（根据不同容量，地址总线数量有所不同）。

3）控制总线：ALE——用于低8位地址锁存控制；$\overline{RD}$——外部数据存储器"读"控制信号，接 RAM 的 $\overline{OE}$ 端；$\overline{WR}$——外部数据存储器的"写"控制信号，接 RAM 的 $\overline{WE}$ 端。

在扩展数据存储器时，除了"读"、"写"控制信号外，其他信号线与单片机的连接与程序存储器的扩展完全相同。

访问片外数据存储器可采用低8位地址线寻址，此时可寻址空间为256B，具体指令如下：

    MOVX　A, @ Ri　　(i = 0,1)

    MOVX　@ Ri, A　　(i = 0,1)

8位寻址指令具有占字节少、执行速度快的优点。

当采用16位地址线寻址时，可寻址空间为64 KB，具体指令如下：

    MOVX　A, @ DPTR

    MOVX　@ DPTR, A

例7-3　采用全译码方式用4片62128芯片扩展64 KB数据存储器。

用全译码方式扩展64 KB的外部数据存储器电路如图7-12所示。数据存储器62128为

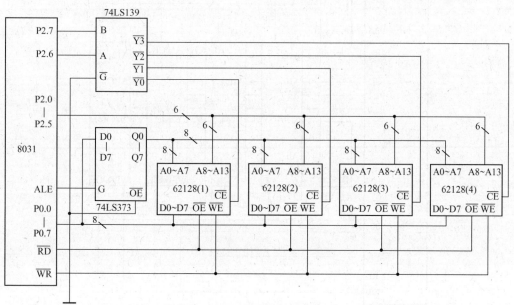

图7-12　4片数据存储器扩展电路（全译码方式）

16 KB 容量，该芯片地址线为 A0 ~ A13，顺次和单片机的地址总线 A0 ~ A13 相接，剩余的高两位地址线 P2.6 和 P2.7 提供给 74LS139 译码器译码，译码后输出的 4 个译码信号作为片选，分别提供给 4 个存储器芯片。各个 62128 芯片地址分配见表 7-5。

表 7-5　62128 芯片地址分配表

B	A	译码器有效输出	选中芯片	地址范围	有效容量
0	0	$\overline{Y0}$	62128（1）	0000H ~ 3FFFH	16 KB
0	1	$\overline{Y1}$	62128（2）	4000H ~ 7FFFH	16 KB
1	0	$\overline{Y2}$	62128（3）	8000H ~ 0BFFFH	16 KB
1	1	$\overline{Y3}$	62128（4）	0C000H ~ 0FFFFH	16 KB

7.4　程序存储器和数据存储器的综合扩展

在单片机应用系统设计中，经常既要扩展程序存储器（EPROM），也要扩展数据存储器（RAM），即进行存储器的综合扩展。下面举例说明。

例 7-4　利用译码方法采用 2764 和 6264 芯片在 8031 片外分别扩展 16 KB 程序存储器和 16 KB 数据存储器。

由于数据存储器和程序存储器是各自独立空间，分别编址的，二者的综合扩展可以理解为各自独立扩展的简单"并联"，具体扩展电路如图 7-13 所示。

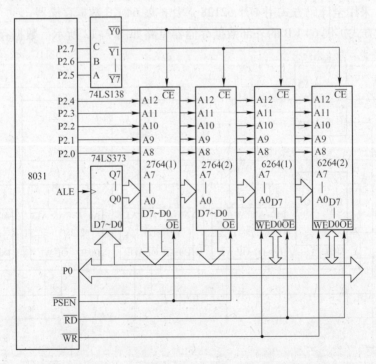

图 7-13　采用译码法的数据存储器和程序存储器的综合扩展电路

由图 7-13 可见，数据存储器和程序存储器的数据总线和地址总线公用。在控制总线中，片外 EPROM 用到 PSEN，RAM 用到 $\overline{RD}$、$\overline{WR}$。图 7-13 中采用 74LS138 译码器对 P2.7、P2.6 和 P2.5 译码得到 8 个片选信号 $\overline{Y_0}$，$\overline{Y_1}$，…，$\overline{Y_7}$，由于只扩展两片数据存储器和两片程序存储器，所以片选信号只用两根，即 $\overline{Y_0}$ 和 $\overline{Y_1}$。其中，$\overline{Y_0}$ 同时提供给 2764（1）和 6264（1），$\overline{Y_1}$ 同时提供给 2764（2）和 6264（2），即 2764（1）和 6264（1）芯片相同的地址单元将会同时选通。但是，由于片外数据存储器（RAM）的"读"和"写"由 8031 的 $\overline{RD}$ 和 $\overline{WR}$ 信号控制，而片外程序存储器（EPROM）的输出允许端由读选通 PSEN 信号控制，即两者的控制信号不同，且不会同时有效。因此，尽管 RAM 与 EPROM 共处同一地址空间，也不会发生总线冲突。

访问片外数据存储器（I/O 接口）的指令如下：

MOVX　A，@ Ri　　　（i = 0,1）

MOVX　A，@ DPTR

MOVX　@ Ri，A　　　（i = 0,1）

MOVX　@ DPTR，A

当执行前两条指令时，单片机的 $\overline{RD}$ 信号端产生"读"脉冲输出；当执行后两条指令时，单片机的信号端产生"写"脉冲输出。

图 7-13 中各芯片的地址范围见表 7-6。

表 7-6　综合扩展时的地址分配

芯　片	地址范围
2764(1)	0000H ~ 1FFFH
2764(2)	2000H ~ 3FFFH
6264(1)	0000H ~ 1FFFH
6264(2)	2000H ~ 3FFFH

7.5　并行 I/O 口的扩展

单片机的 I/O 接口是单片机与外部设备交换信息的桥梁和通道。MCS51 单片机本身提供给用户的 I/O 接口并不多，只有 P0、P1、P2 和 P3 4 个 I/O 接口，但由于单片机系统扩展的需要，P0、P2 和 P3 通常都只能用做第二功能，而不能用做一般 I/O 接口使用。因此，在大部分单片机应用系统设计中都不可避免地要进行 I/O 接口的扩展。

I/O 口扩展也是单片机系统扩展的一种。通过数据总线扩展 I/O 接口，是采用外部数据存储器映射方式进行输入和输出的。从 MCS51 单片机结构来看，其扩展方法与单片机数据存储器扩展完全相同，占用数据存储器 64KB 地址空间的部分空间，共用数据存储器的"读"（输入）和"写"（输出）操作指令。单片机像访问外部数据存储器一样访问外部接口芯片，对其进行"读"和"写"操作。

单片机 I/O 接口的扩展方法主要包括多功能接口芯片的扩展、使用 TTL 芯片的扩展和采用串行口的扩展等。其中，目前最常用的方法是采用可编程并行 I/O 接口芯片进行扩展，常见的可编程并行 I/O 接口芯片主要包括 8155、8255、8755 等。本文以 8155 为例，介绍单片机并行 I/O 接口的扩展并对其简单应用进行介绍。

7.5.1　8155 芯片介绍

Intel 8155 是一种多功能的可编程接口芯片，芯片内含 256×8 位的静态数据存储器，两个可编程的 8 位并行 I/O 接口（A 口和 B 口），一个可编程的 6 位并行 I/O 接口（C 口）以及一个可编程 14 位的定时/计数器，具有地址锁存功能，能方便地进行 I/O 扩展和 RAM 扩展。因其功能较为丰富，而得到了广泛的应用。

1. 8155 引脚功能

8155 为 40 个引脚双列直插封装，各引脚功能如图 7-14 所示。

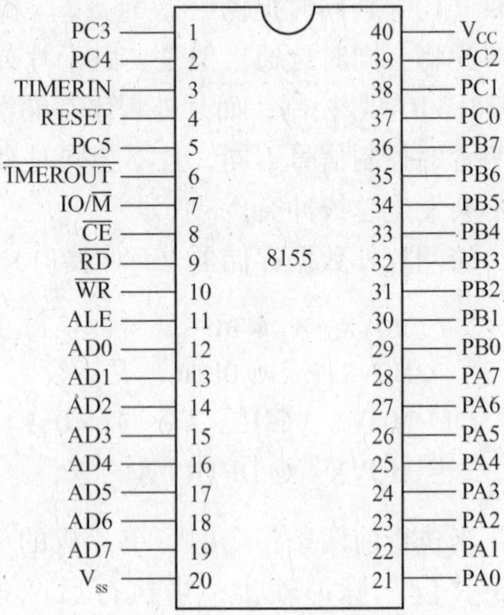

8155 各引脚功能如下：

（1）AD0 ~ AD7（8 条）

AD0 ~ AD7 为三态地址/数据总线，采用分时方法区分数据及地址信息，常和 MCS51 单片机的 P0 口相接，用于分时传送地址/数据信息。

（2）I/O 总线（22 条）

PA0 ~ PA7 为 8 位通用 I/O 线，用于传送 A 口上的外设数据，数据传送方向由 8155 命令字决定，如图 7-15 所示。PB0 ~ PB7 为 8 位通用 I/O 线，用于传送 B 口上的外设数据，数据传送方向也由 8155 命令字决定。PC0 ~ PC5 为 6 位数据/控制线，共有 6 条，在通用 I/O 方式下，用做传送 I/O 数据；在选通 I/O 方式下，用做传送命令/状态信息。

（3）控制总线（8 条）

图 7-14　8155 芯片引脚图

RESET：复位信号输入线，高电平有效。当在 RESET 线上输入一个大于 600 ns 宽的正脉冲时，8155 立即处于复位状态，置 A、B 和 C 3 口为输入。

$\overline{CE}$ 和 IO/$\overline{M}$ 为 8155H 片选信号输入线和 RAM 或 I/O 接口选择线。若 $\overline{CE}$ = 0，则 CPU 选中该 8155 芯片工作；否则，8155 芯片不工作。IO/$\overline{M}$ 为 I/O 端口或 RAM 存储器的选通信号输入线。当 IO/$\overline{M}$ = 0 时，单片机选中 8155 的 RAM 存储器进行数据存取的操作；当 IO/$\overline{M}$ = 1 时，单片机选中 8155 片内某一 I/O 端口进行信息的输入输出操作。

$\overline{RD}$ 和 $\overline{WR}$：$\overline{RD}$ 是 8155 的"读"信号输入线，而 $\overline{WR}$ 为"写"信号输入线。当 $\overline{RD}$ = 0 和 $\overline{WR}$ = 1 时，8155 处于读出数据（信号输入）状态；当 $\overline{RD}$ = 1 和 $\overline{WR}$ = 0 时，8155 处于写入数据（信号输出）状态。

ALE：为地址锁存允许输入线，其下降沿使单片机总线上 P0 口输出的地址锁存到 8155 内部的地址锁存器；否则 8155 的地址锁存器处于封锁状态，8155 的 ALE 和 MCS51 单片机的同名端 ALE 相连。

TIMERIN 和 $\overline{TIMEROUT}$：TIMERIN 是 8155 定时计数器输入线，其脉冲上跳沿用于对 8155 片内 14 位计数器减 1。$\overline{TIMEROUT}$ 是 8155 定时计数器输出线，当 14 位计数器减回零时就可以在该引线上输出脉冲或方波，输出信号的形状由所选的计数器工作方式决定。

（4）电源线（两条）

V_{CC} 为 +5 V 电源输入线，V_{SS} 为接地线。

2. CPU 对 8155 端口的控制

（1）8155 端口地址分配

8155 端口地址分配见表 7-7。

表 7-7　8155 端口地址分配

$\overline{CE}$	IO/$\overline{M}$	AD7	AD6	AD5	AD4	AD3	AD2	AD1	AD0	所选端口
0	1	×	×	×	×	×	0	0	0	命令/状态寄存器
0	1	×	×	×	×	×	0	0	1	A 口寄存器
0	1	×	×	×	×	×	0	1	0	B 口寄存器
0	1	×	×	×	×	×	0	1	1	C 口寄存器
0	1	×	×	×	×	×	1	0	0	计数器低 8 位
0	1	×	×	×	×	×	1	0	1	计数器高 6 位
0	0	×	×	×	×	×	×	×	×	RAM 单元

（2）8155 命令字

在 8155 内部设置有一个控制命令寄存器和一个状态标志寄存器。8155 的 PA、PB 和 PC 这 3 个 I/O 端口的工作方式都是通过对 8155 内部的控制命令寄存器送命令字来实现的。控制命令寄存器由 8 位锁存器组成，只能写入不能读出，该命令寄存器的低 4 位用来设置 PA 口、PB 口和 PC 口的工作方式。D4 和 D5 位用来确定 A 口和 B 口以选通输入/输出方式工作时是否允许中断请求。D6 和 D7 位用来设置定时/计数器的操作。

8155 内部控制寄存器的命令字的格式如图 7-15 所示。

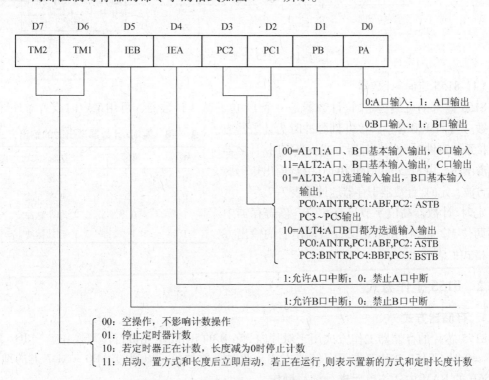

图 7-15　8155 内部控制寄存器的命令字格式

（3）8155 状态字

8155 内部还设置有一个状态标志寄存器，用来存入 PA 口和 PB 口的状态标志。状态标志寄存器的地址与控制命令寄存器的地址相同，但与控制寄存器相反，状态标志寄存器只能读出，不能写入。状态寄存器的格式如图 7-16 所示。CPU 可以直接查询该状态寄存器的内容。

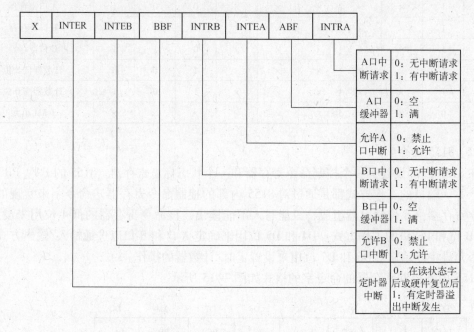

图 7-16　8155 状态寄存器的格式

（4）8155 定时/计数器

8155 内部的可编程定时/计数器是一个 14 位的减法计数器，可用来定时或者对外部事件计数。当 TIMERIN 引脚接外部脉冲时为计数器方式，接系统时钟时则为定时器方式。当定时/计数器计满溢出时，由 8155 的 $\overline{\text{TIMEROUT}}$ 引脚输出矩形脉冲或方波，定时/计数器寄存器地址见表 7-7。

定时/计数器高位字节只有 6 位，该寄存器中的高两位 M2 和 M1 用来定义计数溢出后的输出方式，格式见表 7-8。

表 7-8　定时/计数器溢出时的输出方式

M2	M1	方　式
0	0	单次方波
0	1	连续方波
1	0	单个脉冲
1	1	连续脉冲

7.5.2　8155 工作方式

1. 存储器方式

8155 芯片的存储器工作方式用于对片内 256 B 的 RAM 单元进行读写操作。当 IO/$\overline{\text{M}}$ =0 且 $\overline{\text{CE}}$ =0 时，8155 芯片工作于存储器方式。此时，单片机可以通过 AD0～AD7 上的地址选择 256B 的 RAM 中任一单元进行读写操作。

2. I/O 方式

8155 的 I/O 工作方式又可分为基本 I/O 方式和选通 I/O 方式两种（见表 7-9）。当 8155 工作于 I/O 方式时，单片机可选择对 8155 片内任一 I/O 寄存器读写，端口地址由 AD2、AD1 和 AD0 3 位决定（见表 7-7）。

表 7-9　C 口在两种 I/O 工作方式下各位意义

C 口	基本 I/O 方式		选通 I/O 方式	
	ALT1	ALT2	ALT3	ALT4
PC0	输入	输出	AINTR（A 口中断）	AINTR（A 口中断）
PC1	输入	输出	ABF（A 口缓冲器满）	ABF（A 口缓冲器满）
PC2	输入	输出	$\overline{ASTB}$（A 口选通）	$\overline{ASTB}$（A 口选通）
PC3	输入	输出	输出	BINTR（B 口中断）
PC4	输入	输出	输出	BBF（B 口缓冲器满）
PC5	输入	输出	输出	$\overline{BSTB}$（B 口选通）

（1）基本 I/O 方式

当 8155 工作于基本 I/O 方式时，PA、PB 和 PC 3 个口均用做输入/输出，由图 7-15 所示的控制字决定。其中，PA 和 PB 两口的输入输出由 D1 和 D0 决定，PC 口各位由 D3 和 D2 状态决定。例如，若把 02H 的命令字送到 8155 的控制命令寄存器，则 8155 A 口和 C 口各位设定为输入方式，B 口设定为输出方式。

（2）选通 I/O 方式

8155 控制字寄存器中 D3 和 D2 两位的状态决定 PA 口和 PB 口工作于这种方式。此时，PA 口和 PB 口用做数据接口，而 PC 口则用做 PA 口和 PB 口的联络控制信号，PC 口各位联络控制线的定义见表 7-9。

7.5.3　8155 与单片机的接口及应用

1. 8155 与单片机的接口电路

MCS51 单片机可以和 8155 直接连接而不需要任何外加逻辑电路。在扩展 8155 时，仍然是对应三总线的连接。

（1）数据总线的连接

单片机的数据总线 P0.7 ~ P0.0 对应依次与 8155 数据总线 AD7 ~ AD0 连接。

（2）地址总线的连接

由于 8155 内部地址线与数据线和 8031 单片机一样，是分时复用的，其内部有地址锁存器，所以扩展时单片机无须外加地址锁存器，单片机地址总线低 8 位（也是单片机的数据总线）与 8155 地址总线（也是 8155 数据总线）依次相连，即上面介绍的数据总线的连接。此外，本例中 8155 的片选信号采用线选法直接与单片机地址总线的 P2.7 相连，8155 的 I/O 由 P2.0 地址线选择。

（3）控制总线的连接

8155 芯片扩展时用到的单片机控制总线主要有以下 3 种。

ALE：地址锁存信号，直接与 8155 的地址锁存信号 ALE 相连。

$\overline{RD}$、$\overline{WR}$：“读”、“写”控制信号线，直接与 8155 的 $\overline{RD}$、$\overline{WR}$ 相连。

RESET：复位信号线，直接与 8155 的 RESET 相连。

8155 与 MCS51 单片机的接口电路如图 7-17 所示。

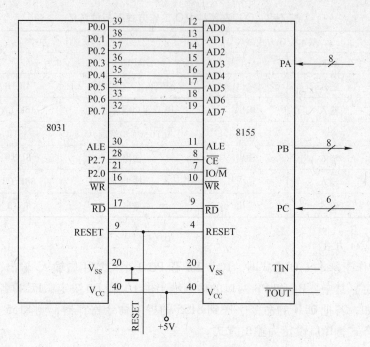

图 7-17 8155 和单片机的接口电路

根据图 7-17 所示的单片机扩展系统,其扩展的 RAM 和 I/O 端口地址如下(由于采用线选法,有地址重叠现象,为简化起见,全部未用地址线均设为0):

1)片外 RAM:0000H ~ 00FFH。

2)RAM 单元地址:7E00H ~ 7EFFH。

3)控制/命令寄存器:0100H。

4)PA 口寄存器:0101H。

5)PB 口寄存器:0102H。

6)PC 口寄存器:0103H。

7)定时器低字节寄存器:0104H。

8)定时器高字节寄存器:0105H。

根据上述电路与分析可以看出,I/O 接口芯片的扩展实质上与存储器的扩展类似。从某种意义上说,一个 I/O 端口可以看做是一个数据存储单元,这样 I/O 端口的扩展就与数据存储器的扩展完全相同。

例 7-5 如图 7-17 所示,要求 8155A 口、B 口作为基本输入口,C 口作为基本输出口,不要求中断请求,不启动定时、计数器,编写初始化程序。

分析:命令字为 0C0H,地址为 0100H。程序如下:

```
MOV   DPTR, #0100H
MOV   A, #0C0H
MOVX @DPTR, A
```

2. 利用 8155 接口芯片扩展打印机

打印机输出是计算机系统最基本的输出形式,打印机分为击打式和非击打式两类。

击打式打印机利用打印钢针撞击色带和纸，从而打印出点阵组成的字符图形，在单片机应用系统中使用较为普遍。单片机系统常用的击打式打印机是微型打印机，主要有 GP16、TP16A、TP40A 等，型号中有数字 16 的表示每行打印 16 个字符，数字 40 表示每行打印 40 个字符。它们也可以打印简单的图形。

微型打印机实质就是一个单片机应用系统，由单片机根据接收的命令来控制打印头工作，并把打印状态通过接口反馈到外部。

GP16 微型打印机与 centronic8 位并行接口兼容，其与单片机接口的接口信号见表 7-10。其中，I/O 0 ~ I/O 7 是双向三态数据总线，是 GP16 与单片机间命令、数据和状态信息的传输线；$\overline{RD}$、$\overline{WR}$ 为读、写信号线；$\overline{CS}$ 为片选信号线，为"忙"状态信号线，当"忙"时，打印机不能从单片机接收命令或数据。

表 7-10　GP16 微型打印机接口信息表

接口引脚号	1	2	3	4	5	6	7	8	9	10	11	12	13	14	15	16
接口信号	+5 V	+5 V	I/O 0	I/O 1	I/O 2	I/O 3	I/O 4	I/O 5	I/O 6	I/O 7	$\overline{CS}$	$\overline{WR}$	$\overline{RD}$	BUSY	GND	GND

GP16 微型打印机与单片机的接口电路如图 7-18 所示。

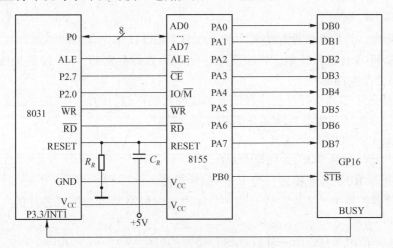

图 7-18　GP16 微型打印机与单片机的接口电路

例 7-6　以图 7-18 电路为例，编写打印字符"A"的程序。

在图 7-18 中，8155 控制口地址为 0100H，PA 口地址为 0101H，PB 口地址为 0102H，PA、PB 口均为输出状态，打印机"BUSY"信号采用查询方式识别，命令字格式为 01H。

程序如下：

```
START: MOV   DPTR, #0100H
       MOV   A, #01H
       MOVX  @ DPTR, A
       INC   DPTR
       MOV   A,#0
       MOVX  @ DPTR, A          ;选通信号
       NOP
       NOP
```

```
            MOV     A, #1
            MOVX    @ DPTR, A
            MOV     DPTR, #0100H
WAIT:       JB      P3.3, WAIT              ;查询 BUSY,等待
            MOV     A, #'A'
            MOVX    @ DPTR, A
            RET
```

7.6　思考题与习题

1. 试编写一个程序，如将 05H 和 0AH 拼为 5AH。设原始数据存放在片外数据存储区 2000H 和 2001H 单元中，按顺序拼装后的单字节数据存入 2002H。

2. 假设外部数据存储器 3000H 单片机的内容是 80H，执行下列指令后，累加器 A 中的内容为（　　）。

```
    MOV   P2, #30H
    MOV   R0, #00H
    MOVX  A, @ R0
```

3. 编写程序，将片外数据存储器中的 4000H ~ 40FFH 单元全部清零。

4. 在 MCS51 单片机系统中，外接程序存储器和数据存储器共 16 位地址线和 8 位数据线，为什么不会产生冲突？

5. 区分 MCS51 单片机片外程序存储器和片外数据存储器的最可靠的办法是（　　）。

A. 看其位于地址范围的低端还是高端

B. 看其离 MCS51 芯片的远近

C. 看其芯片的型号是 ROM 还是 RAM

D. 看其是与 $\overline{RD}$ 信号连接还是与 $\overline{PSEN}$ 信号连接

6. 在存储器扩展中，无论是线选法还是译码法，最终都是为扩展芯片的（　　）端提供信号。

7. 起始地址范围为 0000H ~ 3FFFH 的存储器的容量是（　　）KB。

8. 在 MCS51 单片机中，PC 和 DPTR 都是用于提供地址，但 PC 是为访问（　　）存储器提供地址，而 DPTR 是为访问（　　）存储器提供地址。

9. 11 根地址线可选（　　）个存储单元，16 KB 存储单元需要（　　）根地址线。

10. 32 KB RAM 的存储器的首地址若为 2000H，则末地址为（　　）。

11. 现有 8031 单片机、74LS373、一片 2764 EPROM 和两片 6116 RAM，请使用它们组成一个单片机应用系统，要求：

1）画出硬件电路连线图，并标注主要引脚。

2）指出该应用系统程序存储器和数据存储器各自的地址范围。

12. 使用 89C51 芯片扩展一片 E2PROM 2864，要求 2864 兼做程序存储器和数据存储器，且其首地址为 8000H。要求：

1）确定 2864 芯片的末地址。

2）画出 2864 片选段的地址译码电路。

3）画出该应用系统的硬件连线图。

第8章 单片机接口技术

在单片机应用系统中，为实现人机对话，常需要配置一些基本的输入、输出设备，如键盘、显示器等。一些非电物理量（温度、压力、流量、速度等）经传感器转换成模拟电信号（电压或电流），单片机要采集和处理这些物理量，就必须把这些模拟信号转换成数字信号，完成这一功能的器件是 A/D 转换器（ADC）；作为输出，也常常需要把单片机处理后的数字信号转换为模拟信号，完成这一功能的器件是 D/A 转换器（DAC）。本章将着重从应用的角度，分别介绍上述几种功能的典型器件及其与单片机的接口技术。

8.1 键盘接口

键盘可以实现向单片机输入数据、传送命令、切换功能等，它是人工干预单片机系统的主要手段。下面介绍键盘的组成及工作原理，键值的识别过程及方法以及键盘与单片机的接口技术和编程。

8.1.1 键盘的组成

一个键实际就是一个开关，可以用一根 I/O 线判断它是否闭合，从而得到两种相反的逻辑状态，即逻辑"0"或逻辑"1"，这种类型的键盘被称为独立式键盘。但是，如果系统键盘有许多键，如 64 键，每键对应一根 I/O 线，显然占用了过多的 I/O 资源，此时常将键盘排成矩阵形式，如 3×3、2×8、3×8 等，这种类型的键盘被称为矩阵式键盘。

在矩阵式键盘中，连在横线上的称为行信号，连在竖线上的称为列信号，通过用行信号对键进行控制，用列信号标识是否有键闭合，从而完成对键的识别。

1. 键盘输入的键抖动

通常按键开关是机械触点式的，每次闭合一个键的瞬间都会伴随有一连串的机械抖动，然后才稳定到闭合状态。键释放时也会出现类似情况，如图 8-1 所示。

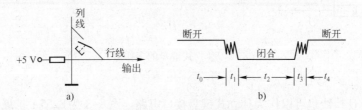

图 8-1 按键开关及键抖动示意图

a）接键开关 b）键闭合时行线输出电压波形

图 8-1 中 t_0、t_4 为断开期；t_1 和 t_3 分别为闭合和断开过程中的抖动期，通常不会大于 10 ms；t_2 为稳定的闭合期，其时间由按键动作所确定，持续时间不小于 100 ms。键抖动会

给输入带来不利的影响，导致闭合键的多次读入。

2. 按键的确认

通过检测行线逻辑电平，便可确认按键是否按下。如图 8-1b 所示，行线呈高电平则表示键断开，呈低电平则表示键闭合。

3. 按键抖动的消除

常用软件来消除按键抖动。最方便的方法就是当有键按下后，不是立即进行键值识别，而是延时 10 ms 后再进行。由于键按下的时间持续上百毫秒，延时后再识别键值也不迟。例如，检测到有键按下，键对应的行线为低电平，软件延时 10 ms 后，行线如仍为低电平，则确认该行有键按下。当键松开时，行线变高电平，软件延时 10 ms 后，行线仍为高电平，说明按键已松开。

采取以上措施，避开了两个抖动期 t_1 和 t_3 的影响，从而确保按键可靠识别。

8.1.2 键盘接口的工作原理

1. 独立式键盘接口

独立式键盘就是各键相互独立，每个按键各接一根输入线，通过检测输入线的电平状态可以判断是哪个键被按下。此种接口适用于键数较少或操作速度较高的场合。

图 8-2a 为中断方式的独立式键盘电路，当任何一个按键按下时，通过与门电路都会向 CPU 申请中断。在中断服务程序中，读入 P1 口的值，从而判断是哪一个按键被按下。图 8-2b 为查询方式的独立式键盘电路，平时所有的数据输入线都通过上拉电阻被连接到高电平；当任何一个键闭合时，与之连接的数据输入线将被拉成低电平。8031 通过读 I/O 口，判断各 I/O 口线的电平状态，即可识别出闭合的键值。

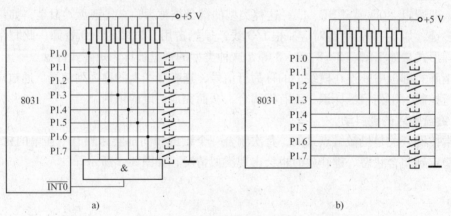

图 8-2 独立式键盘的工作方式

a) 中断方式 b) 查询方式

用扩展的 I/O 口线也可以作为独立式键盘接口电路。图 8-3 为 8255A 扩展 I/O 口的独立式按键接口电路，图 8-4 为用三态缓冲器扩展的 I/O 口按键接口电路。这两种接口电路都是把键当做外部 RAM 某一工作单元的位来对待，通过读片外 RAM 的方法来识别按键的状态。

下面是对图 8-4 独立式键盘的编程，采用软件消除抖动的方法，以查询方式检测各按键的状态。当仅有一个键按下时才有效并进行识别处理。程序如下：

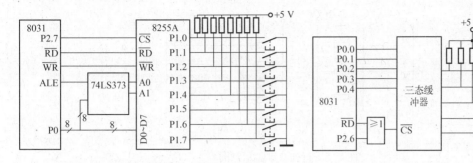

图 8-3　8255A 扩展的 I/O 口按键接口电路　　　图 8-4　三态缓冲器扩展的 I/O 口按键接口电路

KEYIN:	MOV	DPTR,#0BFFFH	;键盘端口地址 BFFFH
	MOVX	A,@DPTR	;读键盘状态
	ANL	A,#1FH	;屏蔽高 3 位
	MOV	R3,A	;保存键盘状态值
	LCALL	DELAY10	;延时 10 ms 消除按键抖动
	MOVX	A,@DPTR	;再读键盘状态
	ANL	A,#1FH	;屏蔽高 3 位
	CJNE	A,R3,RETURN	;两次不同,抖动引起转 RETURN
	CJNE	A,#1EH,KEY2	;相等,有键按下,不等转 KEY2
	LJMP	PKEY1	;是 S1 键按下,转 S1 键处理子程序 PKEY1
KEY2:	CJNE	A,#1DH,KEY3	;S2 键未按下,转 KEY3
	LJMP	PKEY2	;S2 键按下,转 PKEY2 处理
KEY3:	CJNE	A,#1BH,KEY4	;S3 未按下,转 KEY4
	LJMP	PKEY3	;S3 按下,转 PKEY3 处理
KEY4:	CJNE	A,#17H,KEY5	;S4 键未按下,转 KEY5
	LJMP	PKEY4	;S4 按下,转 PKEY4 处理
KEY5:	CJNE	A,#0FH,RETURN	;S5 未按下,转 RETURN
	LJMP	PKEY5	;S5 按下,转 PKEY5 处理
RETURN:	RET		;重键或无键按下,从子程序返回

PKEY1，PKEY2，…分别是 S1，S2，…键的处理程序，DELAY10 是延时 10 ms 子程序。可见独立式键盘的识别和编程简单，可用在按键数较少的场合。

2. 行列式键盘接口

行列式键盘又称为矩阵式键盘，适用于按键数目较多的场合。如图 8-5 所示，用 I/O 线组成行、列结构，各个按键位于行、列线的交叉点上。与独立式键盘相比，可以节省 I/O 口线。

（1）行列式键盘工作原理

习惯上，行线通过上拉电阻接至 +5 V，钳位在高电平状态，按键开关两端分别连接在处于交叉点的行线和列线上。当没有键按下时，该行线为高电平；当有键按下时，行线电平由列线的电平来决定。由于行、列线为多键共用，所以必须将行、列线信号配合起来综合处理，才能确定闭合键的位置。

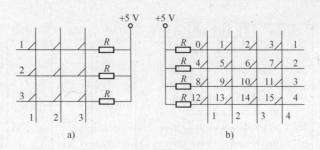

图 8-5 行列式键盘示意图

a) 3×3 键盘 b) 4×4 键盘

（2）按键的识别方法

1）扫描法。图 8-5b 中 3 号键被按下为例，来说明此键的识别过程。

识别键盘按键的方法，分两步进行。

第 1 步：识别键盘有无键闭合。

CPU 先通过输出口使所有列线输出为低电平，然后从输入口读入所有行线的状态。若行线的状态都为高电平，则说明没有键闭合；若行线中有低电平，则表明有键被按下。

第 2 步：如有键闭合，识别出具体的按键。

CPU 通过输出口使列线从低位至高位逐位变低电平输出，同时每次均读入行线的状态，以确定哪条列线为"0"状态。如果某行线电平为低电平，由行、列线的状态就可判断是哪一个键被按下（行、列交叉处）。

上述方法称为扫描法，当判断出哪个键闭合后，程序转入相应的键处理程序。

2）线反转法。线反转法的原理如图 8-6 所示，只需两步便能获得此按键所在的行列值。

第 1 步：列线输出为全低电平，则行线中电平由高变低的行为闭合键所在行。

第 2 步：行线输出为全低电平，则列线中电平由高变低的列为闭合键所在列。

结合上述两步，可确定按键所在行和列。

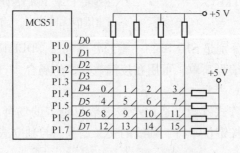

图 8-6 线反转法识别键盘电路图

（3）键盘的编码

对于独立键盘，由于按键数目较少，所以可根据实际需要灵活编码。对于行列式键盘，按键的位置由行号和列号唯一确定，所以常常采用排列键号的方式对键盘进行编码。以 4×4 键盘为例，键号可以编码为 00H，01H，02H，…，0EH 和 0FH 共 16 个。

8.1.3 键盘的工作方式

键盘工作的基本原则是既要保证能及时响应按键操作，又不要过多占用 CPU 的工作时间。通常，键盘工作方式有 3 种，即程控扫描、定时扫描和中断扫描。

利用 MCS51 单片机的 I/O 口具有输出锁存和输入缓冲的功能，将它们组成键盘电路时，可以省掉输出锁存器和输入缓冲器。图 8-7 所示的是由 MCS51 单片机本身的 P1 口来构成 4×4 矩阵式键盘，键盘的 4 根行线连到 P1 口的高 4 位，而 4 根列线连到 P1 口的低 4 位，并通过与门连到外部中断 0 输入端。现在分别对 3 种工作方式进行分析。

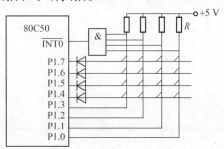

图 8-7　利用单片机自身
I/O 口的键盘电路

1. 程控扫描方式

当 CPU 在监控程序中空闲时，它将调用键盘扫描子程序，反复不断地扫描键盘，等待输入命令或数据。工作过程如下：

1）在键盘扫描子程序中，首先判断有无键按下。如图 8-7 所示，其方法为 P1 口的高 4 位输出全"0"，读 P1 口的低 4 位状态，若 P1.0 ~ P1.3 为全"1"，则说明键盘无键按下；若不全为"1"，则说明键盘可能有键按下。

2）用软件延时的方法来消除按键抖动的影响。如果有键闭合，则进行下一步。

3）求闭合键的键号。根据前面介绍的扫描法，逐行置 0 扫描，读入列线的状态，最后确定按键位置。

4）等待按键释放后，再进行按键功能的处理操作。

2. 定时扫描方式

在初始化程序中，对定时/计数器进行编程，使之产生 10 ms 的定时中断，CPU 响应定时中断，执行中断服务程序，即对键盘扫描一遍，检查键盘的状态，实现对键盘的定时扫描。

3. 中断扫描方式

当没有键压下时，P1.0 ~ P1.3 为高电平；当有任何一个键闭合时，P1.0 ~ P1.3 之一变为低电平，通过与门产生中断信号，向 CPU 发中断请求。若 CPU 开放外部中断 0，则响应中断、执行中断服务程序，扫描键盘，判断闭合键的键号，根据键的定义（数字键或功能键）进行相应的处理。

8.2　显示器接口

8.2.1　LED 显示器接口原理

LED（Light Emitting Diode）是发光二极管的英文名称缩写。LED 显示器是由发光二极管显示字段的显示器件，在单片机系统中应用非常普遍。

1. LED 显示器的结构

常用的 LED 显示器为 8 段，每一段对应一个发光二极管，这种显示器有共阳极和共阴极两种，如图 8-8 所示。共阴极 LED 显示器的发光二极管的阴极连接在一起，通过公共阴极管脚输出接地，当某段的发光二极管的阳极为高电平时，相应段就被点亮。同样，共阳极 LED 显示器的发光二极管的阳极连接在一起，通过公共阳极管脚输出接正电压，当某段的发光二极管的阴极为低电平时，相应段就被点亮。

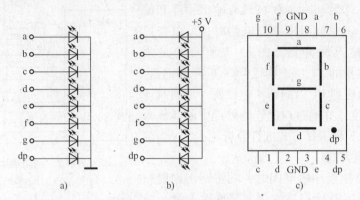

图 8-8　LED 显示器结构
a) 共阴极　b) 共阳极　c) 外形及引脚

为使 LED 显示不同的符号或数字，就要把不同段的发光二极管点亮，这样就要为 LED 显示器提供段码（或称字形码）。这些代码可使 LED 显示器相应的段发光，显示相应的字符。

8 段 LED 显示器的段码（字形码）正好是一个字节。各段与字节中各位对应关系如下：

代码位	D7	D6	D5	D4	D3	D2	D1	D0
显示段	dp	g	f	e	d	c	b	a

按上述格式，8 段 LED 的段码见表 8-1。

表 8-1　LED 段码（8 段）

显 示 字 符	共阴极段码	共阳极段码	显 示 字 符	共阴极段码	共阳极段码
0	3FH	C0H	c	39H	C6H
1	06H	F9H	d	5EH	A1H
2	5BH	A4H	E	79H	86H
3	4FH	B0H	F	71H	8EH
4	66H	99H	P	73H	8CH
5	6DH	92H	U	3EH	C1H
6	7DH	82H	T	31H	CEH
7	07H	F8H	y	6EH	91H
8	7FH	80H	H	76H	89H
9	6FH	90H	L	38H	C7H
A	77FH	88H	"灭"	00H	FFH
b	7CH	83H	…	…	…

表 8-1 只列出了部分段码，可根据实际情况选用。

另外，段码是相对的，它由各字段在字节中所处的位决定。例如，表 8-1 中 8 段 LED 段码是按格式如下：

dp	g	f	e	d	c	b	a

而形成的，而对于"0"的段码为 3FH（共阴）。反之，如果将格式改为如下：

dp	a	b	c	d	e	f	g

则字符"0"的段码变为 7EH（共阴）。总之，字形及段码由设计者自行设定，不一定要按照表 8-1 的形式，习惯上还是以"a"段对应段码的最低位。

8.2.2　LED 显示器工作原理

图 8-9 是 4 位 LED 显示器的结构原理图，由 N 个 LED 显示块可以构成 N 位 LED 显示器。N 个 LED 显示块有 N 位位选线和 $8 \times N$ 根段码线。段码线控制显示的字型，而位选线控制该显示位的亮或暗。

LED 显示器显示方式分为静态和动态两种。

1. 静态显示方式

静态显示方式的特点是：各位的公共端连接在一起（共阴接地或共阳接 +5 V），每位的段码线（a~dp）分别与一个 8 位的锁存器输出相连。所谓静态显示方式，就是当显示字符一旦确定，相应锁存器的段码输出将维持不变，直到送入另一个段码为止，所以静态显示方式下显示的亮度都较高。

图 8-10 为一个 4 位静态 LED 显示器电路。该电路各位可独立显示。只要在该位的段码线上保持段位电平，该位就能保持相应的显示字符。

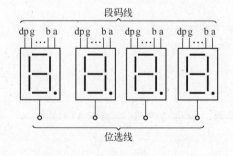

图 8-9　LED 显示器工作原理

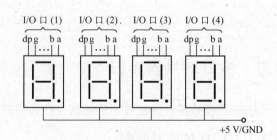

图 8-10　LED 静态显示方式

2. 动态显示方式

动态显示方式的特点是：所有位的段码线相应段并在一起，由一个 8 位 I/O 口控制，形成段码线的多路复用，而各位的公共阳极或公共阴极则分别由相应的 I/O 口线控制，实现各位的分时选通，即同一时刻只有被选通位能显示相应的字符，而其他所有位都是熄灭的。由于人眼的视觉暂留现象，只要每位显示间隔足够短，就会造成多位同时点亮的现象。这就需要单片微型计算机不断地对显示进行控制，消耗 CPU 时间来换取元件的减少以及显示功耗的降低。图 8-11 是一个 4 位 8 段 LED 动态显示电路。其中，段码线占用一个 8 位 I/O 口，而位选线占用一个 4 位 I/O 口。

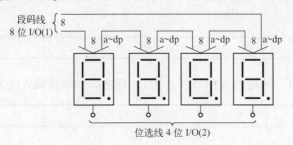

图 8-11　LED 动态显示方式

图 8-12 为 8 位 LED 动态显示 2003.10.10 的工作过程。先将字形代码送入字形锁存器锁存，这时所有的显示块都有可能显示同样的字符，再将需要显示的位置代码送入字位锁存器锁存。为防止闪烁，每位显示时间在 1～2 ms，然后显示另一位，CPU 需要不断地进行显示刷新。图 8-12a 是显示过程，某一时刻，只有一位 LED 被选通显示，其余位则是熄灭的；图 8-12b 是实际显示结果，人眼看到的是 8 位稳定的同时显示的字符。

显示字符	段　码	位显码	显示器显示状态（微观）	位选通时序
0	3FH	FEH	▯▯▯▯▯▯▯0	T_1
1	06H	FDH	▯▯▯▯▯▯1▯	T_2
0	BFH	FBH	▯▯▯▯▯0.▯▯	T_3
1	06H	F7H	▯▯▯▯1▯▯▯	T_4
3	CFH	EFH	▯▯▯3.▯▯▯▯	T_5
0	3FH	DFH	▯▯0▯▯▯▯▯	T_6
0	3FH	BFH	▯0▯▯▯▯▯▯	T_7
2	5BH	7FH	2▯▯▯▯▯▯▯	T_8

a)

2	0	0	3.	1	0.	1	0

b)

图 8-12　8 位 LED 动态显示工作过程

a)．8 位 LED 动态显示过程　b) 人眼看到的显示结果

8.3　A/D 转换器接口

能够把模拟量转换成数字量的器件称为模数转换器，简称 A/D 转换器（ADC）。

8.3.1　A/D 转换器原理

1. A/D 转换器的分类

A/D 转换器根据转换原理可分成两大类：直接型 A/D 转换器和间接型 A/D 转换器。

A/D 转换器的分类如图 8-13 所示。

目前使用较广泛的有逐次逼近式转换器、双积分式转换器、Σ－Δ 式转换器和 V/F 转换器。跟踪计数式 A/D 转换线路比较简单，但转换速度较慢，已基本被淘汰。双积分式 A/D 转换精度高、抗干扰性好、价格低廉，多用于数据采集及精度要求比较高的场合，但转换速度很慢。V/F 变换型 A/D 转换器主要应用在远距离串行传送。并行 A/D 转换电路复杂，成本

高，只用在一些对转换速度要求较高的场合。逐次逼近式 A/D 转换器既照顾了转换速度，又具有一定的精度，所以是目前应用较多的一种 A/D 转换器结构。Σ–Δ 式 A/D 转换器具有积分式与逐次比较式 A/D 转换器的双重优点，对工业现场的串模干扰具有较强的抑制能力，不亚于双积分 A/D 转换器，它比双积分 A/D 转换器的转换速度快，与逐次逼近式 A/D 转换器相比，有较高的信噪比，分辨率高，线性度好，不需采样保持电路。因此，Σ–Δ 式 A/D 转换器得到重视。

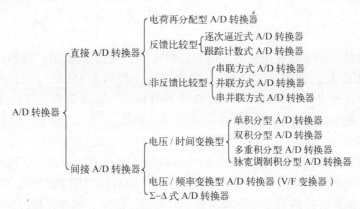

图 8-13　A/D 转换器分类

2. A/D 转换的基本原理

逐次逼近式 A/D 转换原理框图如图 8-14 所示。

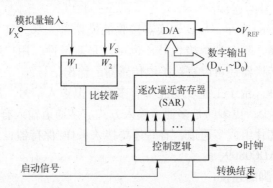

图 8-14　逐次逼近式 A/D 转换原理

这种转换器的主要结构是以 N 位 D/A 转换器为主，加上比较器、N 位逐次逼近寄存器、控制逻辑及时钟 4 部分。其转换原理如下：

当转换开始时，将逐次逼近寄存器清零；这时 D/A 转换器输出电压 V_S 也为 0。当 A/D 转换器接到启动脉冲后，在时钟的作用下，控制逻辑首先使 N 位逐次逼近寄存器的最高位 D_{N-1} 置 1（其余 $N-1$ 位均为 0），经 D/A 转换器转换后，得到一个模拟输出电压 V_S。把这个 V_S 与输入的模拟量 V_X 在比较器中进行比较，由比较器给出比较结果。当 $V_X \geqslant V_S$ 时，保留最高位 D_{N-1} 为 1；否则，该位清零。然后，再把 D_{N-2} 位置 1；与上一位 D_{N-1} 一起进入 D/A 转换器，经 D/A 转换后得到的模拟输出电压 V_S 再次与模拟量 V_X 进行比较，由 $V_X \geqslant V_S$，或 $V_X < V_S$ 决定是否保留这一位的"1"。如此继续，经过 N 次比较，直至最后一位 D_0 比较完

成为止。此时，N 位逐次逼近寄存器中的数字量即为模拟量所对应的数字量。当 A/D 转换结束后，由控制逻辑发出转换结束信号，表明转换结束，可以读取数据。

3. A/D 转换器的主要技术指标

（1）转换时间和转换速率

A/D 转换器完成一次转换所需要的时间称为转换时间。转换时间的倒数为转换速率。并行式 A/D 转换器的转换速率为 50 ~ 20 M 次/s；逐次比较式 A/D 转换器的转换速率一般为 2.5 M 次/s。

（2）分辨率

A/D 转换器的分辨率通常用输出二进制位数或 BCD 码位数表示。例如，AD574 A/D 转换器输出二进制 12 位，即用 2^{12} 个数进行量化，其分辨率为 1LSB，用百分数表示 $1/2^{12}$ = 0.24‰；双积分式输出 BCD 码的 A/D 转换器 MC14433，其分辨率为三位半，若满字位为 1999，用百分数表示其分辨率为 $1/1999 \times 100\%$ = 0.05%。

（3）转换精度

转换精度为实际 A/D 转换器与理想 A/D 转换器在量化值上的差值，可用绝对误差或相对误差表示。精度和分辨率的不同在于：精度是指转换后所得结果相对于实际值的准确度，而分辨率指的是能对转换结果发生影响的最小输入量。即使分辨率很高，也可能由于温度漂移、线性不良等原因而并不具有很高的精度。

4. A/D 转换器接口应注意的几个问题

将 A/D 转换器与单片机接口连接时，主要应考虑有以下几个方面问题。

（1）模拟量输入信号的连接

1）输入极性与量程的选择。A/D 转换器接收的模拟量大都为 0 ~ 5 V 的标准电压信号，但有些 A/D 转换器的输入除允许单极性外，也可以是双极性，用户可通过改变外接线路来改变量程。有的 A/D 转换器还可以直接拾取传感器的输出信号。

2）输入通道的选择。由于工业现场经常有多个模拟输入信号，所以在模拟量输入通道中，单通道输入方式较少，更多的是多通道输入方式。多通道输入有两种方法：一是采用多路开关与单通道 A/D 芯片组成多通道，有些还要接入采样/保持器；二是直接采用带多路开关的 A/D 转换器，如 ADC0809 等。

（2）数字量输出引脚的连接

A/D 转换器一般有两种输出方式：一是数字量输出端具有可控的输出三态门，可直接与系统总线相连，转换结束后，单片机通过执行一条输入指令产生读信号，选通三态门，读取转换结果。二是芯片数字量输出端无输出三态门，或者虽然有，但输出三态门不受外部控制，而是由转换电路在转换结束时自动选通。对于这种 A/D 转换器来说，不能直接与系统总线相连，一般要通过锁存器或 I/O 接口与单片机相连。常用的接口及锁存器有 Intel 8155、8255 以及 74LS273、74LS373、8212 等。

（3）启动信号的产生

A/D 转换器在开始转换前，都必须经过启动才能开始转换工作。不同的芯片，启动信号也不相同。A/D 转换器的启动信号有两种：脉冲启动信号和电平启动信号。

脉冲启动型的 A/D 转换器芯片，只要在启动转换输入端引入一个启动脉冲即可。电平启动转换的 A/D 转换器芯片，则要在 A/D 转换器的启动引脚加上要求的电平，才开始 A/D

转换。在整个转换过程中，必须保持这一电平，否则将停止转换。

（4）转换结束后的数据读取

当 A/D 转换结束后，A/D 转换器芯片内部的转换结束触发器置位，同时输出转换结束标志信号，通知单片机读取转换的数据。

一般来说，单片机可以通过中断、查询和软件延时等 3 种方式来联络 A/D 转换器以实现对转换数据的读取。

（5）参考电源的连接

在 A/D 转换器中，参考电源的作用是供给其内部 D/A 转换器的标准电源。它直接关系到 A/D 转换的精度，因而对该电源的要求较高，一般要求由稳压电源供电。

参考电源往往有两个引脚：V_{REF}（+）和 V_{REF}（-）。当模拟量信号为单极性时，V_{REF}（-）端接模拟地，V_{REF}（+）端接参考电源正端。当模拟量信号为双极性时，则 V_{REF}（+）端和 V_{REF}（-）端分别接至参考电源的正、负极性端。

（6）接地问题

在 A/D 转换器组成的数据采集系统中，有许多接地点。这些接地点通常被看做逻辑电路的返回端（数字地）、模拟电路返回端（模拟地）。在连接时，必须将模拟电源、数字电源分别连接，模拟地和数字地也要分别连接。有些 A/D 转换器和 D/A 转换器还单独提供了模拟地和数字地接线端，两种"地"各有独立的引脚。在连接时，应将这两种接地引脚分别接至系统的数字地和模拟地上，然后再把这两种"地"用一根导线连接起来。在整个系统中仅有一个共地点，避免形成回路，防止数字信号通过数字地线干扰微弱的模拟信号。正确的地线连接方法如图 8-15 所示。

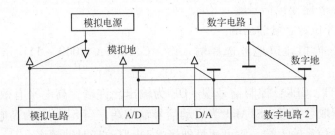

图 8-15　A/D 转换地线连接示意图

8.3.2　A/D 转换器应用

A/D 转换器的应用设计包括接口电路硬件设计和完成转换功能的软件程序设计。接口电路硬件设计在前面已经介绍。为了完成 A/D 转换功能，还必须进行相应的软件程序设计。

A/D 转换器的程序设计主要分 3 步：①启动 A/D 转换；②查询或等待 A/D 转换结束；③读取转换结果。在程序设计时，要充分结合硬件电路中 A/D 转换器的特点和实际应用的要求。对于 8 位 A/D 转换器，一次读数即可。一旦位数超过 8 位，则要分两次（或 3 次）读入。本文以 8 位 A/D 转换器 ADC0809 为例来对 A/D 转换器的应用方法进行介绍。

1. 8位 A/D 转换器 ADC0809 的电路组成及转换原理

ADC0809 是一个 8 位 8 通道逐次逼近式的 A/D 转换器，由 CMOS 电路组成。其结构原理如图 8-16 所示。

ADC0809 转换器芯片内部主要由一个 8 位逐次逼近式 A/D 转换器和一个 8 路的模拟转换开关以及相应的通道地址锁存与译码电路两部分组成。由于多路开关的地址输入部分能够进行锁存和译码，而且内部有三态输出数据锁存器，所以 ADC0809 可与单片机接口直接相连。这种转换器芯片无须进行零位和满量程调整。

2. ADC0809 引脚及功能

ADC0809 引脚如图 8-17 所示，共有 28 个引脚，双列直插式封装。主要引脚功能如下：

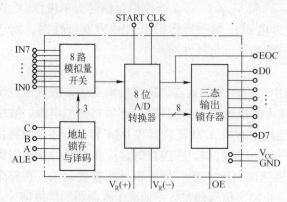

图 8-16　ADC0809 A/D 转换器结构

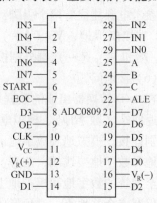

图 8-17　ADC0809 引脚图

1）IN0 ~ IN7：8 路模拟信号输入端。

2）D0 ~ D7：8 位数字量输出端。

3）C、B、A：模拟通道地址选择输入端，C、B、A = 000 ~ 111 分别对应 IN0 ~ IN7 通道。

4）OE、START、CLK：控制信号端。OE 为输出允许端，高电平有效，允许从 A/D 转换器的锁存器中读取数字量。START 为启动信号输入端，当 START 为高电平时，A/D 转换开始。CLK 为时钟信号输入端，它可通过外接 RC 电路改变时钟频率。

5）EOC：转换结束信号。当 A/D 转换结束后，发出一个正脉冲，表示 A/D 转换完毕。此信号可用做 A/D 转换是否结束的检测信号，或向单片机申请中断的信号。

6）ALE：地址锁存允许信号，高电平有效。当 ALE 为高电平时，允许 C、B、A 所示的通道被选中，并把该通道的模拟量接入 A/D 转换器。

7）V_{REF}（+），V_{REF}（−）：参考电压输入端。用以提供 D/A 转换器权电阻的标准电平。对于一般单极性模拟量输入信号，V_{REF}（+）为 +5 V，V_{REF}（−）为 0 V。

8）V_{CC}：电源端子。接 +5 V。

9）GND：接地端。

ADC0809 完成一次转换需 100 μs 左右，可对 0 ~ 5 V 信号进行转换。

3. ADC0809 的工作时序图

ADC0809 的工作时序如图 8-18 所示。

从图 8-18 可以看出，ALE 是地址锁存选通信号。该信号上升沿把地址状态选通接入地址锁存器。该信号也可以用做开始转换的启动信号，但此时要求信号有一定的宽度，典型值为 100 ns，最大值为 200 ns。START 为启动转换脉冲输入端，其上跳沿复位转换器，下降沿启动转换，该信号宽度应大于 100 ns，它也可以由程序或外部设备产生。若希望自动连续转换，则可将 START 与 EOC 短接。EOC 转换结束信号从 START 信号上升沿开始经 1 ~ 8 个时钟周期后由高电平变为低电平，这一过程表示正在进行转换。该信号也可作为中断请求信号。CLOCK 是时钟信号输入端，最高可达 1280 kHz。

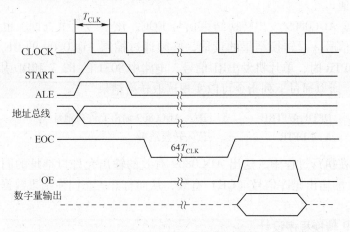

图 8-18　ADC0809 的工作时序图

启动脉冲 START 和地址锁存允许脉冲 ALE 的上升沿将地址送给地址总线，经 C、B、A 选择开关所指定通道的模拟量被送至 A/D 转换器。在 START 信号下降沿的作用下，逐次逼近过程开始，直到转换结束（EOC 呈高电平）。此时，若单片机发出一个允许命令（OE 呈高电平），即可读出数据。

4. ADC0809 与 MCS51 单片机的接口

ADC0809 与 MCS51 单片机的接口电路比较简单，其典型的接口电路如图 8-19 所示。

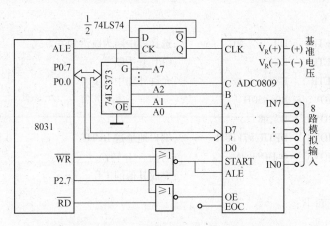

图 8-19　ADC0809 与 MCS51 单片机的接口电路

在图 8-19 中，模拟信号输入 IN7 ~ IN0，通道的地址为 7FF8H ~ 7FFFH。锁存通道地址和启动转换可用下列指令完成。首先用指令选择 ADC0809 的一个模拟输入通道，当执行指令 MOVX@ DPTR, A 时，单片机的 $\overline{WR}$ 信号有效，产生一个启动信号给 ADC0809 的 START

脚，对选中通道转换。

```
MOV      DPTR,#7FF8H          ;送入 ADC0809 的口地址
MOVX     @DPTR,A              ;启动转换
```

注意：通道地址锁存和启动转换必须执行片外端口写操作指令来实现，原因是锁存通道地址和启动转换都是通过 8031 的控制信号进行控制的。此处累加器 A 中的内容与 A/D 转换无关，可为任意值。

转换结束后，ADC0809 发出转换结束信号 EOC，该信号可供查询，也可作为向单片机发出的中断请求信号。对转换结果的读取，必须通过控制 ADC0809 的 OE 引脚，当执行指令 MOVX A,@DPTR 时，单片机发出 $\overline{RD}$ 信号，电路中 8031 的 P2.7 和 $\overline{RD}$ 引脚相连或后连至 ADC0809 的 OE，所以通过下列指令可以实现读取转换结果。

```
MOV      DPTR,#7FF8H          ;送入 ADC0809 输出允许口地址
MOVX     A,@DPTR              ;读入转换结果
```

这两条指令在执行过程中，送出 ADC0809 有效的输出允许口地址的同时，发出有效信号，使 ADC0809 的输出允许信号（OE）有效，从而打开三态门使结果数据从数据输出引脚上送给累加器 A。

5. ADC0809 转换程序设计

ADC0809 与单片机接口的转换程序，根据硬件接口电路的不同可以分为 3 种方式：中断方式、查询方式和软件延时方式。设 8 路转换数据分别存放在片内数据存储器 50H ~ 57H 处，下面逐一进行介绍。

（1）中断方式

只需要将图 8-19 中的 EOC 引脚经非门连接到 8031 的 $\overline{INT1}$ 引脚即可。当转换结束时，EOC 发出一个脉冲向单片机提出中断申请，单片机响应中断请求，由外部中断 1 的中断服务程序读 A/D 转换结果，并启动 ADC0809 的下一次转换，外部中断 1 采用跳沿触发。

程序如下：

```
MAIN:   SETB     IT1              ;选择外中断为跳沿触发方式
        SETB     EA               ;CPU 开中断
        SETB     EX1              ;允许外部中断 1
        MOV      R0,#50H
        MOV      R7,#8
        MOV      DPTR,#7FF8H      ;端口地址送 DPTR
        MOVX     @DPTR,A          ;启动 A/D 转换
        …                         ;完成其他的工作
```

中断服务程序如下：

```
PINT1:
        MOVX     A,@DPTR
        MOV      @R0,A
        DJNZ     R7,LOOP
        MOV      R7,#8
```

```
            MOV       R0,#50H
            AJMP      RETURN_AD
LOOP:  INC       R0                    ;指向下一个存储单元
            INC       DPTR                  ;指向下一个通道
RETURN_AD:
            MOVX      @DPTR,A               ;启动 A/D 转换
            RETI      ;返回
```

（2）查询方式

当采用查询方式时，需要把 EOC 与 8031 的一条 I/O 接口线相连。本例中用 P1.7 连 EOC，因此，8031 通过对 P1.7 的状态进行不断的查询，来判断 A/D 转换是否结束。实现查询方式的具体程序如下：

```
MAIN:  MOV       R1,#50H               ;置转换结果存放数据区首地址
            MOV       DPTR,#7FF8H           ;DPTR 指向 ADC0809 的通道 IN0 地址
            MOV       R7,#08H               ;置转换通道数
LOOP:  MOVX      @DPTR,A               ;启动 A/D 转换
WAIT:  JNB       P1.7,WAIT             ;未转换完,继续查询
            MOVX      A,@DPTR               ;读取转换结果
            MOV       @R1,A                 ;转换结果存入结果数据区
            INC       DPTR                  ;指向下一个通道
            INC       R1                    ;修改结果数据区指针
            DJNZ      R7,LOOP               ;8 路模拟信号是否都已转换完成
            SJMP      $
```

（3）软件延时方式

对于确定的 A/D 转换器来说，转换时间是明确的。假设 8031 系统时钟为 6 MHz，则 ADC0809 的时钟是由 8031 的 ALE 经过二分频后获得，其转换时间大致为 120 μs。因此，启动转换后，通过执行一段时间超过 120 μs 的延时程序后，接着就可读取转换后的结果数据。读者可根据工作原理试着写出具体程序。

注意： 当采用软件延时方式时，程序中没有涉及对 ADC0809 的转换结束引脚 EOC 的状态判别。在这种方式下，接口电路中的 EOC 输出连线可以不接。

8.4　D/A 转换器接口

能够把数字量转换成模拟量的器件称为数/模转换器，简称 D/A 转换器（DAC）。

8.4.1　D/A 转换器原理

1. D/A 转换器概述

D/A 转换器输入的是数字量，经转换后输出模拟量。转换过程是先将 MCS51 单片机送到 D/A 转换器的各位二进制数，按其权的大小转换为相应的模拟分量，再把各模拟分量叠加，其和就是 D/A 转换的结果。

当使用 D/A 转换器时，要注意区分 D/A 转换器的输出形式和内部是否带有输入锁存器。

（1）电压与电流输出形式

D/A 转换器有两种输出形式，一种是电压输出，即 D/A 转换器经转换后输出电压；另一种是电流输出，在实际应用中，电流输出的 D/A 转换器，如果需要模拟电压输出，则可在其输出端加一个 $I-V$ 转换电路，将电流转换为电压输出。

（2）D/A 转换器内部是否带有锁存器

由于 D/A 转换需要一定时间，这段时间内输入端的数字量应该是稳定的，所以应在数字量输入端设置锁存器，以提供数据锁存功能。根据芯片内是否带有锁存器，可分为内部无锁存器的和内部有锁存器的两类。

1）内部无锁存器的 D/A 转换器。这种内部无锁存器的 D/A 转换器内部结构简单，可与 MCS51 单片机的 P1 口和 P2 口直接相接（因为 P1 口和 P2 口的输出有锁存功能），但与 P0 口相接，需要增加锁存器。

2）内部带有锁存器的 D/A 转换器。这种 D/A 转换器内部不仅有锁存器，还包括地址译码电路，有的还有双重或多重的数据缓冲电路，可与 MCS51 单片机的 P0 口直接相接。

2. D/A 转换器原理

一般来说，D/A 转换器由参考电源、数字开关控制、模拟转换、数字接口及放大器组成，其原理框图如图 8-20 所示。

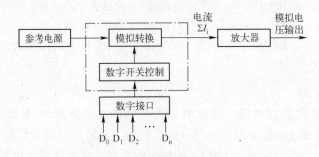

图 8-20　D/A 转换器原理框图

从图 8-20 可以看出，待转换的数字量经数字接口控制模拟二进制位切换开关，从而接通或断开各位的解码电阻，使标准参考电源经电阻解码网络所产生的总电流 $\sum I_i$ 发生改变。总电流 $\sum I_i$ 经放大器放大后，输出与数字量相对应的模拟电压。

3. 主要技术指标

（1）分辨率

输入给 D/A 转换器的单位数字量变化引起的模拟量输出的变化，通常定义为输出满刻度值与 2^n 之比。显然，二进制位数越多，分辨率越高。例如，若满量程为 10 V，根据定义则分辨率为 $10\ \mathrm{V}/2^n$。设 8 位 D/A 转换，即 $n=8$，分辨率为 $10\ \mathrm{V}/2^8 = 39.1\ \mathrm{mV}$，该值占满量程的 0.391%，用符号 1LSB 表示。使用时，应根据对 D/A 转换器分辨率的需要来选定 D/A 转换器的位数。

（2）建立时间

它是描述 D/A 转换器转换快慢的参数，表明转换速度，定义为从输入数字量到输出达到终值误差（1/2）LSB（最低有效位）时所需的时间。电流输出时间较短，电压输出的要加上完成 $I-V$ 转换的时间，因此建立时间要长一些。快速 D/A 转换器可达 1 μs 以下。

（3）精度

在理想情况下，精度与分辨率基本一致，位数越多精度越高。但是，由于电源电压、参考电压、电阻等各种因素存在着误差，精度与分辨率并不完全一致。位数相同，分辨率则相同，但相同位数的不同转换器精度会有所不同。例如，某型号的 8 位 D/A 转换器精度为 0.19%，另一型号的 8 位 D/A 转换器精度为 0.05%。

（4）输出电平

不同型号的 D/A 转换器的输出电平相差较大。一般为 5～10 V，也有一些高压输出型的为 24～30 V，还有一些电流输出型，低的为 20 mA，高的可达 3 A。

（5）输入编码

输入编码有多种形式，如二进制码、BCD 码、双极性时的符号 – 数值码、补码、偏移二进制码等。

4. D/A 转换接口技术

（1）数字量输入端的连接

D/A 转换器数字量输入端与单片机接口的连接需要考虑两个问题，一是位数，二是 D/A 转换器的内部结构。根据这两点来决定 D/A 转换器与单片机之间是否需要输入锁存器。

1）当 D/A 转换器内部有输入锁存器，且 D/A 转换器的位数不大于单片机的数据线的位数时，可把 D/A 转换器直接与单片机连接。最常用的，也是最简单的连接是 8 位 D/A 转换器与 MCS51 单片机接口的连接。这时，只要将 P0 口的 8 位口线与 D/A 转换器的 8 位数字输入端一一对应相接即可。

2）当 D/A 转换器内部没有输入锁存器，或 D/A 转换器的位数大于单片机的数据线的位数时，必须在单片机与 D/A 转换器之间增设锁存器或 I/O 接口。

（2）模拟输出端的连接

模拟输出端的连接主要解决两方面的问题，即电流输出转换成电压输出和单极性与双极性电压输出形式。

1）电流输出转换成电压输出。D/A 转换器的输出有电流和电压两种方式。对于一些 D/A 转换器来说，输出的是电流，但实际应用需要模拟电压，因此要把 D/A 转换器的输出电流转换成电压。通常，转换的方法是在输出端外接运算放大器。图 8-21 所示的就是常用的两种转换电路。在图 8-21a 中，转换后输出的电压 $V_{OUT} = -iR$，为反相输出。在图 8-21b 中，转换后输出的电压 $V_{OUT} = -iR(1 + R_2/R_1)$，为同相输出且增益可调。

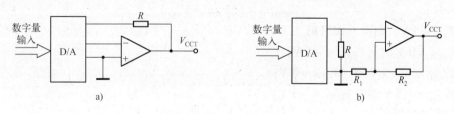

图 8-21　D/A 转换器输出的电流/电压转换电路

a）反相输出　b）同相输出

2）单极性与双极性电压输出形式。

A. 单极性电压输出

在实际应用中，对 D/A 转换器的输出有时只需要改变电压的大小而不改变极性，这就是单极性输出。一般来说，单极性输出的极性由参考电压极性决定。以典型的 D/A 转换器 DAC0832 为例，其单极性电压输出电路如图 8-22 所示。

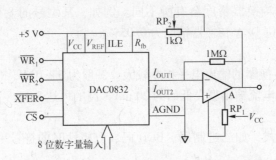

图 8-22　D/A 转换器的单极性电压输出电路

由图 8-22 可知，DAC0832 的电流输出端 I_{OUT1}，接至运算放大器的反相输入端，I_{OUT2} 端接地。因此，输出电压 V_{OUT1} 与参考电压 V_{REF} 极性反相。

B. 双极性电压输出

在单片机控制系统中，有时需要的电压是双极性的，即不但能改变电压的大小而且要能改变极性。在这种情况下，要求 D/A 转换器输出电压为双极性。只要在单极性电压输出的基础上再加一级电压放大器，并配以相关的电阻网络，就可以构成双极性电压输出。以典型的 D/A 转换器 DAC0832 为例，其双极性电压输出的电路如图 8-23 所示。

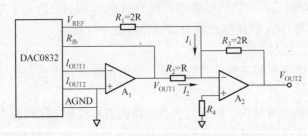

图 8-23　D/A 转换器的双极性电压输出电路

运算放大器 A_2 的作用是把运算放大器 A_1 的单极性输出电压转变为双极性输出。D/A 转换器的总输出电压 V_{OUT2} 与 V_{REF} 及 A_1 运算放大器的输出电压 V_{OUT1} 的关系是

$$V_{OUT2} = -(2V_{OUT1} + V_{REF})$$

设 $V_{REF} = 5\ \text{V}$，则由上式可得

当 $V_{OUT1} = 0\ \text{V}$ 时，$V_{OUT2} = -5\ \text{V}$；

当 $V_{OUT1} = -2.5\ \text{V}$ 时，$V_{OUT2} = 0\ \text{V}$；

当 $V_{OUT1} = -5\ \text{V}$ 时，$V_{OUT2} = +5\ \text{V}$。

（3）参考电压源

参考电压源是 D/A 转换接口中的重要电路。要保证 D/A 转换电路的转换精度，以及改变输出模拟电压的电压范围和极性，参考电压源的选择非常重要。

有的 D/A 转换器（如 AD563/565A）内部带有低漂移精密参考电压源，不但可以有较好的转换精度，而且简化了接口电路。目前，常用的 D/A 转换器大多数是不带内部参考电压源的，所以要在 D/A 转换接口设计时进行配置设计。

（4）外部控制信号的连接

外部控制信号主要是片选信号、写信号及启动转换信号。它们一般由单片机或译码器提供，其连接方法与 D/A 转换器的结构有关。

一般来说，片选信号主要由地址线或地址译码器提供，写信号多由单片机提供。启动信号一般为片选信号与写信号的合成。值得一提的是，在 D/A 转换器的设计中，为了简便，有时把某些控制信号接成直通的形式（接地或接 +5 V）。

8.4.2 D/A 转换器应用

1. MCS51 单片机与 8 位 DAC0832 的接口

（1）DAC0832 芯片介绍

1）DAC0832 的特性。DAC0832 为美国国家半导体公司产品，具有两个输入数据寄存器的 8 位 DAC，能直接与 MCS51 单片机相连。主要特性如下：

- 分辨率为 8 位。
- 电流输出，稳定时间为 1 μs。
- 可双缓冲输入、单缓冲输入或直接数字输入。
- 单一电源供电（ +5 ~ +15 V）。

2）DAC0832 的引脚及逻辑结构。DAC0832 的引脚如图 8-24 所示，其逻辑结构如图 8-25 所示。

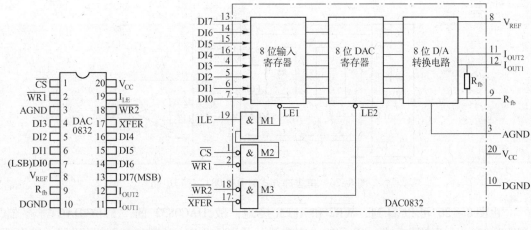

图 8-24 DAC0832 的引脚图   图 8-25 DAC0832 的逻辑结构图

DAC0832 的引脚功能如下：

DI0 ~ DI7：8 位数字信号输入端。

$\overline{CS}$：片选端。

ILE：数据锁存允许控制端，高电平有效。

$\overline{WR1}$：输入寄存器写选通控制端。当 $\overline{CS} = 0$、ILE = 1、$\overline{WR1} = 0$ 时，数据信号被锁存在

输入寄存器中。

$\overline{XFER}$：数据传送控制。

$\overline{WR2}$：DAC 寄存器写选通控制端。当$\overline{XFER}=0$、$\overline{WR2}=0$ 时，输入寄存器状态传入 DAC 寄存器。

I_{OUT1}：电流输出 1 端，当输入数字量全"1"时，I_{OUT1} 最大；当输入数字量全为"0"时，I_{OUT1} 最小。

I_{OUT2}：D/A 转换器电流输出 2 端，$I_{OUT2}+I_{OUT1}=$ 常数。

R_{fb}：外部反馈信号输入端，内部已有反馈电阻 R_{fb}，根据需要也可外接反馈电阻。

V_{CC}：电源输入端，可在 $+5\,V \sim +15\,V$ 范围内。

DGND：数字信号地。

AGND：模拟信号地。

"8 位输入寄存器"用于存放 CPU 送来的数字量，使输入数字量得到缓冲和锁存，由 $\overline{LE1}$控制。

"8 位 DAC 寄存器"存放待转换的数字量，由$\overline{LE2}$控制。

"8 位 D/A 转换电路"由 T 形电阻网络和电子开关组成，T 形电阻网络输出和数字量成正比的模拟电流。

（2）MCS51 单片机与 DAC0832 的接口电路

1）单缓冲方式。DAC0832 内部的两个数据缓冲器有一个处于直通方式，另一个处于受控的锁存方式。

在实际应用中，如果只有一路模拟量输出，或虽是多路模拟量输出但并不要求多路输出同步的情况下，可采用单缓冲方式。

单缓冲方式的接口如图 8-26 所示。

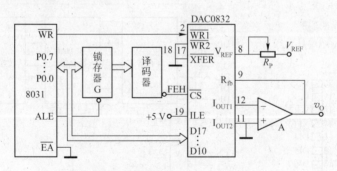

图 8-26　单缓冲方式的 DAC0832 接口电路

由图 8-26 可以看到，$\overline{WR2}$ 和 $\overline{XFER}$ 接地，故 DAC0832 的"8 位 DAC 寄存器"（图 8-25）处于直通方式。"8 位输入寄存器"受$\overline{CS}$和$\overline{WR1}$端控制，$\overline{CS}$与译码器的输出端连接，DAC 的地址为 0FEH。因此，8031 执行如下两条指令就可在$\overline{WR1}$和$\overline{CS}$上产生低电平信号，使 0832 接收 8031 送来的数字量。

```
MOV      R0,#0FEH              ;DAC 的地址 0FEH→R0
MOVX     @R0,A                ;WR和CS有效
```

现举例说明 DAC0832 单缓冲方式的应用。

例8-1　DAC0832用做波形发生器。分别写出产生锯齿波、三角波和矩形波的程序。

A. 锯齿波的产生

程序如下：

```
        ORG    2000H
START： MOV    R0,#0FEH          ;DAC 的地址#0FEH→ R0
        MOV    A,#00H            ;数字量→A
LOOP：  MOVX   @ R0,A            ;数字量→D/A 转换器
        INC    A                ;数字量逐次加1
        SJMP   LOOP
```

输入数字量从0开始，逐次加1，模拟量输出逐次加大；当输入数字量由0FEH再加1变为0时，然后又循环，输出锯齿波，如图8-27所示。

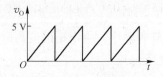

图8-27　DAC 产生的锯齿波示意图

由图8-27可以看出，每一上升斜边分256个小台阶，每个小台阶暂留时间为执行后3条指令所需要的时间。

B. 三角波的产生

程序如下：

```
        ORG    2000H
START： MOV    R0,#0FEH
        MOV    A,#00H
UP：    MOVX   @ R0,A            ;三角波上升边
        INC    A
        JNZ    UP
DOWN：  DEC    A                 ;当 A =0 时,再减1又为FFH
        MOVX   @ R0,A
        JNZ    DOWN             ;三角波下降边
        SJMP   UP
```

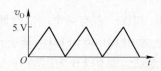

图8-28　DAC 产生的三角波示意图

C. 矩形波的产生

程序如下：

```
        ORG    2000H
START： MOV    R0,#0FEH
```

```
LOOP:  MOV    A,#data1
       MOVX   @R0,A                    ;置矩形波上限电平
       LCALL  DELAY1                   ;调用高电平延时程序
       MOV    A,#data2
       MOVX   @R0,A                    ;置矩形波下限电平
       LCALL  DELAY2                   ;调用低电平延时程序
       SJMP   LOOP                     ;重复进行下一个周期
```

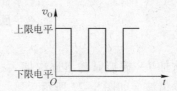

图 8-29　DAC 产生的矩形波示意图

DELAY1 和 DELAY2 为两个延时程序，决定矩形波高电平和低电平时的持续时间。频率也可采用延时长短来改变。

2）双缓冲方式。多路同步输出，必须采用双缓冲同步方式。接口电路如图 8-30 所示。

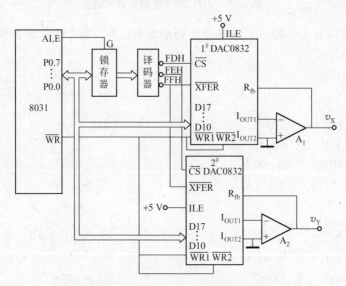

图 8-30　双缓冲方式的 DAC0832 接口电路

1# DAC0832 因和译码器 0FDH 相连，占有两个端口地址 0FDH 和 0FFH。

2# DAC0832 的两个端口地址为 0FEH 和 0FFH。其中，0FDH 和 0FEH 分别为 1# 和 2# DAC0832 的数字量输入控制端口地址，而 0FFH 为启动 D/A 转换的端口地址。

在图 8-30 中，DAC 输出的 v_X 和 v_Y 信号要同步，控制 X - Y 绘图仪绘制的曲线光滑，否则绘制的曲线是阶梯状。

例 8-2　设内部 RAM 中两个长度为 20 的数据块，起始地址分别为 addr1 和 addr2。编写能把 addr1 和 addrr2 中的数据从 1#DAC0832 和 2#DAC0832 同步输出的程序。addr1 和 addr2 中的数据为绘制曲线的 X、Y 坐标点。

DAC0832 各端口地址如下：

0FDH：1#DAC0832 数字量输入控制端口；

0FEH：2#DAC0832 数字量输入控制端口；

0FFH：1#和 2#DAC0832 启动 D/A 转换端口。

工作寄存器 0 区的 R1 指向 addr1；1 区的 R1 指向 addr2；0 区的 R2 存放数据块长度；0 区和 1 区的 R0 指向 DAC 端口地址。控制程序如下：

```
          ORG      2000H
          addr1    DATA   20H            ;定义存储单元
          addr2    DATA   40H            ;定义存储单元
DTOUT:   MOV      R1,#addr1             ;0 区 R1 指向 addr1
          MOV      R2,#20               ;数据块长度送 0 区 R2
          SETB     RS0                  ;切换到工作寄存器 1 区
          MOV      R1,#addr2            ;1 区 R1 指向 addr2
          CLR      RS0                  ;返回 0 区
NEXT:    MOV      R0,#0FDH             ;0 区 R0 指向 1#DAC0832 数字量控制端口
          MOV      A,@R1                ;addr1 中数据送 A
          MOVX     @R0,A                ;addr1 中数据送 1#DAC0832
          INC      R1                   ;修改 addr1 指针 0 区 R1
          SETB     RS0                  ;转 1 区。
          MOV      R0,#0FEH             ;1 区 R0 指向 2#DAC0832 数字量控制端口
          MOV      A,@R1                ;addr2 中数据送 A
          MOVX     @R0,A                ;addr2 中数据送 2#DAC0832
          INC      R1                   ;修改 addr2 指针 1 区 R1
          INC      R0                   ;1 区 R0 指向 DAC 的启动 D/A 转换端口
          MOVX     @R0,A                ;启动 DAC 进行转换
          CLR      RS0                  ;返回 0 区
          DJNZ     R2,NEXT              ;若未完,则跳 NEXT
          LJMP     DTOUT                ;若送完,则循环
          END
```

2. MCS51 单片机与 12 位 DAC1208 的接口

（1）DAC1208 系列的结构引脚及特性

DAC1208 为双缓冲结构，内部用一个 8 位锁存器和一个 4 位锁存器完成 12 位数据的锁存功能，以便和 8 位数据线相连。

引脚功能如下：

CS：片选信号。

WR1：写信号，低电平有效。

BYTE1/BYTE2：字节顺序控制信号。1：开启 8 位和 4 位两个锁存器，将 12 位全部输入锁存器。0：仅开启 4 位输入锁存器。

WR2：辅助写。该信号与 XFER 信号相结合。当同为低电平时，把锁存器中数据输入 DAC 寄存器。当为高电平时，DAC 寄存器中的数据被锁存起来。

$\overline{\text{XFER}}$：传送控制信号，与$\overline{\text{WR2}}$信号结合，将输入锁存器中的 12 位数据送至 DAC 寄存器。

DI0 ~ DI11：12 位数据输入。

I_{OUT1}：D/A 转换电流输出 1。当 DAC 寄存器全"1"时，输出电流最大，全"0"时输出为 0。

I_{OUT2}：D/A 转换电流输出 2。$I_{OUT1} + I_{OUT2} =$ 常数。

R_{fb}：反馈电阻输入。

V_{REF}：参考电压输入。

V_{CC}：电源电压。

DGND、AGND：数字地和模拟地。

DAC1208 系列的主要特性如下：

- 输出电流稳定时间：1 μs。
- 基准电压：$V_{REF} = -10 \sim +10$ V。
- 单工作电源：$+5 \sim +15$ V。
- 低功耗：20 mW。

DAC1208 系列的引脚如图 8-31 所示。

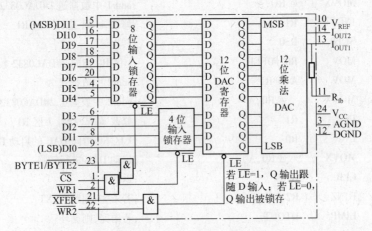

图 8-31　DAC1208 内部结构图

（2）接口电路设计及软件编程

1）接口电路设计。MCS51 单片机与 DAC1208 的接口如图 8-32 所示。

高 8 位输入寄存器端口地址：4001H；

低 4 位寄存器端口地址：　4000H；

DAC 寄存器的端口地址：　6000H。

由于 8031 的 P0.0 分时复用，所以用 P0.0 与 DAC1208 的 BYTE1/$\overline{\text{BYTE2}}$相连时，要有锁存器 74LS377。外接 AD581 作为 10V 基准电压源。模拟电压输出接为双极性。采用双缓冲方式。先送高 8 位数据 DI11 ~ DI4，再送入低 4 位数据 DI3 ~ DI0，而不能按相反的顺序传送。如果先送低 4 位后送高 8 位，则结果会不正确。

在 12 位数据分别正确地进入两个输入寄存器后，再打开 DAC 寄存器。

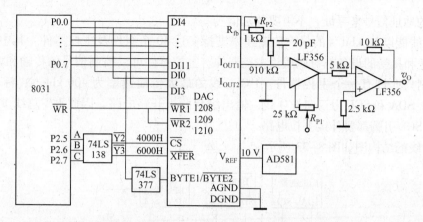

图 8-32　MCS51 单片机与 DAC1208 的接口电路

在图 8-32 中，DAC1208 的电流输出端外接两个运算放大器 LF356，其中运算放大器 1 用做 I/V 转换，运算放大器 2 实现双极性电压输出（-10～+10 V）。电位器 W1 设定零点，电位器 W2 设定满度。

2）软件编程。设 12 位数字量存放在内部 RAM 的两个单元，12 位数的高 8 位在 DIGIT 单元，低 4 位在 DIGIT+1 单元的低 4 位。按图 8-32 的电路将 12 位数据送到 DAC1208 去转换，D/A 转换的程序如下：

```
    MOV     DPTR,#4001H          ;8 位输入寄存器地址
    MOV     R1,#DIGIT            ;高 8 位数据地址
    MOV     A,@R1               ;取出高 8 位数据
    MOVX    @DPTR,A             ;高 8 位数据送 DAC1208
    DEC     DPL                 ;DPTR 修改为 4 位输入寄存器地址
    INC     R1                  ;低 4 位数据地址
    MOV     A,@R1               ;取出低 4 位数据
    MOVX    @DPTR,A             ;低 4 位数据送 DAC1208
    MOV     DPTR,#6000H          ;DAC 寄存器地址
    MOVX    @DPTR,A             ;12 位同步输出完成 12 位 D/A 转换
```

8.5　I²C 总线接口

8.5.1　I²C 总线概述

I²C 总线（Inter Integrated Circuit Bus）是 Philips 公司推出的二线制串行总线标准，总线上扩展的外围器件及外设接口通过总线寻址，它是具备总线仲裁和高低速设备同步等功能的高性能多主机总线。

I²C 总线是由数据线 SDA 和时钟 SCL 构成的串行总线，可发送和接收数据，允许若干兼容器件共享总线。所有挂接在总线上的器件和接口电路都应有 I²C 总线接口，且所有 SDA 和 SCL 同名端相连。I²C 总线理论上可以允许的最大设备数是以总线上所有器件的电容总和不超过 400 pF 为限（其中包含连线本身的电容和与它连接的引出电容），总线上所有器件由

SDA 发送的地址信号来寻址，不需要片选信号。

I²C 总线能以 10 kbit/s 的最大传输速率支持多达 40 个组件及主控器件。其中，任何能够进行发送和接受的设备都可以成为主控器件。主控器件可以控制信号的传输和始终频率，在任何时刻只允许有一个主控器件。I²C 总线的最大传输速率为 400 kbit/s，标准速率为 100 kbit/s。SDA 和 SCL 为双向 I/O 线，输出级是漏极开路电路，因此 I²C 总线上所有设备的 SDA 和 SCL 引脚都要外接上拉电路。

I²C 总线的结构图如图 8-33 所示。

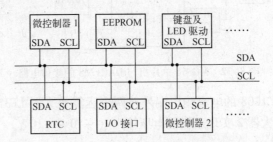

图 8-33　I²C 总线结构图

I²C 总线在传送数据过程中共有 3 种类型信号，它们分别是开始信号、结束信号和应答信号。

开始信号：当 SCL 为高电平时，SDA 由高电平向低电平跳变，开始传送数据。出现开始信号后，总线被认为"忙"。

结束信号：当 SCL 为低电平时，SDA 由低电平向高电平跳变，结束传送数据。在停止信号后，总线被认为"空闲"。

应答信号：接收数据的 I²C 设备在接收到 8 bit 数据后，向发送数据的设备发出特定的低电平脉冲，表示已收到数据。CPU 向受控设备发出一个信号后，等待受控设备发出一个应答信号，CPU 接收到应答信号后，根据实际情况作出是否继续传递信号的判断。若未收到应答信号，则可以判断为受控设备出现故障。

I²C 总线只有在总线空闲时才允许启动数据传送。在数据传送过程中，当时钟线为高电平时，数据线必须保持稳定状态，不允许有跳变。当时钟线为高电平时，数据线的任何电平变化将被看做是总线的起始或停止信号。I²C 总线数据传输过程如图 8-34 所示。

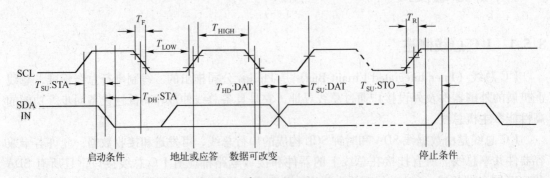

图 8-34　I²C 总线数据传输过程

主控和被控之间传输数据是交互进行的，除了起始位、结束位和数据外，还应包含被叫对象地址、操作性质（读/写）、应答等信息，即一次信息传输过程传输的信息包含以下几个部分。

1）起始位：表示信息传输的开始。

2）目标地址：7位，被寻址的设备的地址。

3）操作性质：即读写控制位，1位，该位为1表示主控器件进行读操作，为0表示主控器件进行写操作。

4）应答信号：1位，由被叫设备产生，低电平表示应答信号，高电平表示非应答信号。数据接收方可以接收数据时，产生应答信号；不能接收数据时，产生非应答信号。

5）数据部分：以8位数据为一个数据单位，进行数据传输。根据信息传输方式的不同，传输的数据单位数不同。数据接收方每接收一个数据单位都产生一个应答信号。

6）停止位：由主控器件产生，表示此次通信过程的结束。

1. I^2C 总线的写操作

I^2C 总线的写操作分为字节写和页面写两种操作。对于页面写，根据芯片的一次装载的字节不同而有所不同。字节写操作的时序如图8-35所示。

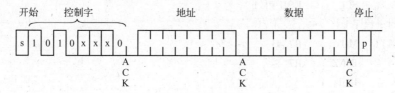

图8-35 I^2C 总线字节写操作时序图

2. I^2C 总线的读操作

I^2C 总线读操作的初始化方式和写操作时一样，仅把读写控制位置为1，有3种不同的读操作方式，即立即地址读、选择读和连续读。

选择读操作允许主器件对从器件的任意子地址中的数据进行读操作。主器件首先通过发送起始信号，从器件地址和它想读取的字节数据的地址执行一个伪写操作，在从器件应答之后主器件重新发送起始信号和从器件地址，此时R/W位置1。从器件响应并发送应答信号，然后输出所要求的一个8位字节数据，主器件不发送应答信号，但产生一个停止信号。图8-36给出的是选择读操作的时序图。

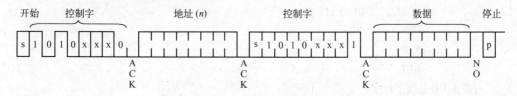

图8-36 I^2C 总线选择读操作的时序图

8.5.2 单片机的 I^2C 总线接口及应用

在单片机应用系统中，广泛地应用 I^2C 接口器件，其中包括 EEPROM、RTC、键盘及显示管理等外围器件，所有这些 I²C 接口器件可以直接连接到 I²C 总线上。由于 MCS51 单片机没有 I²C 总线接口，所以可以通过 I/O 口模拟 I²C 总线。

当使用单片机 I/O 口模拟 I²C 总线时，硬件连接非常简单，只需要用两条 I/O 口线，在软件中分别定义为 SDA 和 SCL。

24C02 属于 24CXX 系列串行 EEPROM 器件，同 I²C 总线兼容，容量为 2 KB。MCS51 单片机与 24C02 的接口电路如图 8-37 所示。

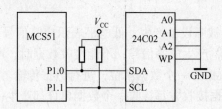

图 8-37　MCS51 单片机与 24C02 的接口电路

24C02 的读写子程序如下：

```
            SDA     EQU P1. 0
            SCL     EQU P1. 1
;延时子程序 1
DELAY1：MOV     R7,#3
            DJNZ    R7, $
            RET
;延时子程序 2
DELAY2：MOV     7,#4
            DJNZ    R7, $
            RET
;启动 I²C 总线子程序
I²C_START:
            SETB    SDA
            NOP
            SETB    SCL
            LCALL   DELAY1
            CLR     SDA
            LCALL   DELAY1
            CLR     SCL
            NOP
            RET
;停止 I²C 总线子程序
I²C_STOP: CLR     SDA
            NOP
            SETB    SCL
            LCALL   DELAY1
            SETB    SDA
```

```
                   LCALL      DLEAY1
                   RET
;发送应答子程序
MACK：        CLR        SDA
                   NOP
                   NOP
                   SETB       SCL
                   LCALL      DELAY1
                   CLR        SCL
                   NOP
                   NOP
                   RET
;发送非应答子程序
MNACK：      SETB       SDA
                   NOP
                   NOP
                   SETB       SCL
                   LCALL      DELAY1
                   CLR        SCL
                   NOP
                   NOP
                   RET
;检查应答子程序,有应答时 ACK = 1
CACK：        SETB       SDA
                   NOP
                   NOP
                   SETB       SCL
                   CLR        ACK
                   NOP
                   NOP
                   MOV        C,SDA
                   JC         CEND
                   SETB       ACK                      ;检查应答位
CEND：        NOP
                   CLR        SCL
                   NOP
                   RET
;发送字节子程序
I²C_WRBYTE：
                   MOV        R0,#08H
WLP：          RLC        A                        ;取数据位
                   JC         WR1
                   SJMP       WR0                      ;判断数据位
```

```
WLP1：     DJNZ      R0,WLP
           NOP
           RET
WR1：      SETB      SDA                    ;数据位为1
           NOP
           SETB      SCL
           LCALL     DELAY1
           CLR       SCL
           SJMP      WLP1
WR0：      CLR       SDA                    ;数据位为0
           NOP
           SETB      SCL
           LCALL     DELAY1
           CLR       SCL
           SJMP      WLP1
```

;读字节子程序,读出值存入 ACC,每读取一个字节发送一次应答/非应答位

```
I²C_RDBYTE：
           MOV       R0,#08H
RLP：      SETB      SDA
           LCALL     DELAY1
           SETB      SCL                    ;置 SCL 为高,接收数据位
           LCALL     DELAY2
           MOV       C,SDA                  ;读数据位
           MOV       A,R2
           CLR       SCL                    ;将 SCL 拉低
           RLC       A                      ;处理数据位
           MOV       R2,A
           LCALL     DEALY2
           DJNZ      R0,RLP                 ;是否读完8位
           RET
```

;向无子地址器件写字节数据;入口参数有 ACC 和器件从地址 SLA

```
I²C_WR_BYTE：
           PUSH      ACC
           LCALL     I²C_START              ;启动总线
           MOV       A,SLA
           LCALL     I²C_WRBYTE             ;写从地址
           LCALL     CACK
           JNB       ACK,RETWB              ;判断是否有应答
           POP       ACC                    ;有应答,则写数据
           LCALL     I²C_WRBYTE
           LCALL     CACK
           LCALL     I²C_STOP
           RET
```

```
RETWB:   POP       ACC
         LCALL     I²C_STOP
         RET
;从无子地址器件读字节数据;入口参数为器件从地址 SLA;出口参数为 ACC
I²C_RD_BYTE:
         LCALL     I²C_START
         MOV       A,SLA             ;写从地址
         INC       A
         LCALL     I²C_WRBYTE
         LCALL     CACK
         JNB       ACK,RETRB
         LCALL     I²C_RDBYTE        ;读数据
         LCALL     MNACK             ;发送非应答
RETRB:   LCALL     I²C_STOP          ;停总线
         RET
;向器件子地址写字节数据,入口参数有器件从地址 SLA、器件子地址 SUBA 和数据存放的单元 DATA
I²C_WRBYTE_A:
         LCALL     I²C_START
         MOV       A,SLA             ;写器件从地址
         LCALL     I²C_WRBYTE
         LCALL     CACK
         JNB       ACK,RETWRN        ;写器件子地址
         LCALL     A,SUBA
         LCALL     I²C_WRBYTE
         LCALL     CACK
         JNB       ACK,RETWRN
         MOV       A,DATA
         LCALL     I²C_WR_BYTE       ;写字节数据
RETWRN:  LCALL     I²C_STOP
         RET
;从器件指定地址读出字节数据,入口参数有器件从地址 SLA 和器件子地址 SUBA;出口参数为数
据数据缓冲单元 DATA
RDBYTE_A:
         LCALL     I²C_START
         MOV       A,SLA             ;写器件从地址
         LCALL     I²C_WRBYTE
         LCALL     CACK
         JNB       ACK,RETRRN        ;写器件子地址
         LCALL     A,SUBA
         LCALL     I²C_WRBYTE
         LCALL     CACK
         JNB       ACK,RETRRN
         LCALL     I²C_START         ;启动总线
```

```
              MOV       A,SLA                    ;准备进行读操作
              INC       A
              LCALL     I²C_WRBYTE
              LCALL     CACK
              JNB       ACK,RETRRN
              LCALL     I²C_RD_BYTE              ;读一个字节数
              MOV       DATA,A                   ;数据缓冲
              LCALL     NMACK
    RETRRN:   LCALL     I²C_STOP
              RET
```

8.6　SPI 总线接口

串行外设接口（Serial Peripheral Interface，SPI）是一种高速的、全双工、同步的通信总线，允许单片机（MCU）与各外围设备以串行方式进行通信和交换信息。由 SPI 连接成的串行总线是一种串行同步总线，总线可以连接各种外设（如 WDT 定时器、LCD 显示驱动、A/D 转换器和 MCU 等）。

SPI 总线接口一般使用 4 条线，即时钟线（SCLK）、主机接收/从机发送数据线（MISO）、主机发送/从机接收数据线（MOSI）和从机选择线。典型的 SPI 总线系统结构如图 8-38 所示。

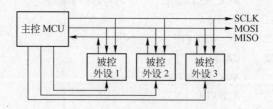

图 8-38　典型 SPI 总线系统结构图

MCS51 单片机没有 SPI 总线接口，可以通过 I/O 模拟 SPI 的总线时序来扩展 SPI 总线接口的外设。SPI 总线接口子程序设计如下：

```
              MOSI      EQU P1.7
              MISO      EQU P1.6
              SCLK      EQUP1.5
              CS        EQUP1.4
    ;延时程序
    DELAY1:   MOV       R7,#3
              DJNZ      R7,$
              RET
    ;SPI 总线字节数据写子程序,入口参数为数据存放的单元 DATA
    SPI_WRBYTE:
              MOV       A,DATA
```

```
            MOV     R6,#8                   ;8 位数据
            CLR     CS
LOOP：       CLR     C
            CLR     SCLK
            LCALL   DELAY1
            RLC     A
            MOV     MOSI,C
            SETB    SCLK
            LCALL   DELAY1
            DJNZ    R6,LOOP
            RET
;SPI 总线字节数据读子程序,出口参数为数据存放的单元 DATA
SPI_RDBYTE：
            CLR     A
            MOV     R6,#8
            CLR     CS
LOOP1：      SETB    SCLK
            LCALL   DELAY1
            CLR     SCLK
            LCALL   DELAY1
            MOV     C,MISO
            RLC     A
            DJNZ    R6,LOOP1
            RET
```

A/D 采样芯片采用 TI 公司的 8 位串行芯片 TLC549,该芯片采用 SPI 接口,仅用 3 条线即可实现采集控制和数据传输;具有 4MHz 的片内系统时钟和软、硬件控制电路,转换时间小于 17μs,采样速率达 40 kbit/s。MCS51 单片机与 TLC549 的接口电路如图 8-39 所示。

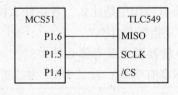

图 8-39　MCS51 单片机与 TLC549 的接口电路

读 TLC549 的子程序如下:

```
            MISO    EQU P1.6
            SCLK    EQU P1.5
            CS      EQU P1.4
RD_TLC549：
            CLR     A
            CLR     SCLK
            CLR     CS
```

```
            MOV      R6,#8
LOOP3：    SETB     SCLK
            LCALL    DELAY1
            MOV      C,MISO
            RLC      A
            CLR      SCLK
            LCALL    DELAY1
            DJNZ     R6,LOOP3
            SETB     CS
            SETB     SCLK
            RET
```

8.7 思考题及习题

1. 为什么要消除按键的机械抖动？消除按键的机械抖动的方法有哪几种？原理是什么？

2. 键盘接口主要需要解决一些什么问题？

3. 什么是独立式按键？什么是行列式按键？

4. 说明矩阵式键盘按键按下的识别原理。

5. 对于图 8-6 所示的键盘，采用线反转法原理来编写识别某一按键按下并得到其键号的程序。

6. 键盘有哪 3 种工作方式，它们各自的工作原理及特点是什么？

7. 一个完整的键处理程序应完成那些任务？

8. 简述 LED 显示器的结构与工作原理。

9. LED 的静态显示方式于动态显示方式有何区别？各有什么优缺点？

10. 写出表 8-1 中仅显示小数点 "." 的段码。

11. 若要用共阳极 LED 数码管输出数字 "7"，则其字段码为什么？

12. D/A 转换器和 A/D 转换器的作用是什么？各在什么场合下使用？

13. A/D 转换器的两个最重要指标是什么？

14. 目前应用较广泛的 A/D 转换器主要有哪几种类型？

15. D/A 转换器的主要指标都有哪些？设某 DAC 为二进制 12 位，满量程输出电压为 5 V，试问它的分辨率是多少？

16. 说明 DAC 用做程控放大器的工作原理。

17. 对于电流输出的 D/A 转换器，为了获得电压的转换效果，应采取什么措施？比较 DAC0832 的单缓冲方式与双缓冲方式电路的异同。

18. 在 DAC 和 ADC 的主要技术指标中，量化误差、分辨率和精度有何区别？

19. 什么是 I^2C 总线？I^2C 总线理论上可以允许的最大设备数是如何规定的？叙述 I^2C 总线的工作原理。

20. 叙述 I^2C 总线在传送数据过程中 3 种类型的信号。

21. 什么是 SPI 总线接口？SPI 总线接口由哪几条线组成？

第 9 章 MCS51 单片机的 C51 程序设计

9.1 C51 编程概述

9.1.1 概述

MCS51 单片机支持现有 4 种语言，即汇编、PL/M、C 和 BASIC。

C 语言是一种源于编写 UNIX 操作系统的语言，是一种结构化语言，可产生紧凑代码。C 语言可以进行许多机器级函数控制而不用汇编语言。与汇编语言相比，C 语言具有以下优点：

- 对单片机的指令系统不要求详细了解，仅要求对 8051 的存储器结构有初步了解。
- 寄存器的分配、不同的存储器的寻址和数据类型等细节可由编译器管理。
- 程序有规范的结构，可分为不同的函数，这种方式可使程序结构化。
- 具有将可变的选择和特殊操作组合在一起的能力，改善了程序的可读性。
- 关键字及运算函数可用类似人的思维过程方式使用。
- 编程及程序调试时间显著缩短，从而提高效率。
- 提高的库函数包括许多的标准子程序，具有较强的数据处理能力。
- 已编好的程序可容易地植入新程序，因为 C 语言具有方便的模块化编程技术。

C 语言程序本身不依赖于机器硬件系统，基本上不作修改就可以在不同的硬件系统中移植应用，所以 C 语言使用非常方便得到广泛的支持。

9.1.2 KEIL 8051 开发工具

KEIL 8051 开发工具套件可用于编译 C 源程序、汇编源程序、链接和定位目标文件及库、创建 HEX 文件以及调试目标程序。

- μVision2 for windows：它是一个集成开发环境。它将项目管理、源代码编辑和程序调试等组合在一个功能强大的环境中。
- Cx51 国际标准优化 C 交叉编译器：从 C 源程序产生可重定位的目标模块。
- Ax51 宏汇编器：从 8051 汇编源代码产生可重定位的目标模块。
- BL51 链接/定位器：组合由 Cx51 和 Ax51 产生的可重定位的目标模块，生成绝对目标模块。
- LIB51 库管理器：从目标模块生成链接器可以使用的库文件。
- OH51 目标文件至 HEX 格式的转换器：从绝对目标模块生成 Intel HEX 文件。
- RTX-51 实时操作系统：简化了复杂的实时应用软件项目的设计。

9.1.3 C51 程序开发过程

当使用 KEIL 的软件工具时，项目的开发流程和使用其他软件开发项目的流程基本一致。

项目的开发流程如下：

1）创建一个项目，选择目标芯片，并配置工具软件的设置。

2）创建源程序。

3）用项目管理器构建（Build）应用。

4）纠正源程序的错误。

5）调试链接后的应用。

9.1.4　C51 程序结构

C51 的程序结构与标准 C 语言相同。总的来说，一个 C51 程序就是许多函数的集合，在这个集合当中，有且只有一个名为 main 的函数（主函数）。主函数是程序的入口，主函数中的所有语句执行完毕，则总的程序执行结束。

C51 函数定义的一般格式如下：

```
类型 函数名(参数表)
参数说明；
{
    数据说明部分；
    执行语句部分；
}
```

一个函数在程序中可以有 3 种形态，即函数定义、函数调用和函数说明。函数定义和函数调用不分先后，但若调用在定义之前，那么在调用前必须先进行函数说明。函数说明是一个没有函数体的函数定义，而函数调用则要求有函数名和实参数表。

C51 中函数分为两大类，一类是库函数，一类是用户定义函数，这与标准 C 语言是一致的。库函数是 C51 在库文件中已定义的函数，其函数说明在相关的头文件中。对于这类函数，用户在编程时只要用 include 预处理指令将头文件包含在用户文件中，直接调用即可。用户函数是用户自己定义和调用的一类函数。

9.2　C51 的数据类型及存储类型

9.2.1　C51 的基本数据类型

任何程序设计都离不开对数据的处理，数据在计算机内存中的存放情况由数据结构决定。C 语言的数据结构是以数据类型出现的，数据类型可分为基本数据类型和复杂数据类型，复杂数据类型由基本数据类型构造而成。对于 C51 编译器来说，short 类型与 int 类型相同，double 类型与 float 类型相同。

C 语言中的数据类型有以下几种。

1. 位类型（bit）

位类型是 KEIL C51 编译器的一种扩充数据类型，利用它可以定义一个位变量，但不能定义位指针，也不能定义位数组。位类型数据的值是 1（true）或 0（false）。与 MCS51 单片机硬件特性操作有关的位变量必须定位在单片机片内数据存储区（RAM）的可位寻址空间中。

2. 字符型（char）

有 unsigned char（无符号字符型）和 signed char（有符号字符型）之分，默认值为 signed char。它们的长度均为一个字节，用于存放一个单字节的数据。对于 signed char 类型数据，数据的最高位表示该数据的符号，"1"表示负数，"0"表示正数。对于一个 unsigned char 类型数据，数据的取值范围为 0～255；对于一个 signed char 类型数据，数据的取值范围为 − 128～127。

3. 整型（int）

有 unsigned int（无符号整型）和 signed int（有符号整型）之分，默认为 signed int。它们的长度均为两个字节，用于存放一个双字节数据。signed int 类型数据的最高位是该数据的符号位，"1"表示负数，"0"表示正数。对于一个 unsigned int 类型数据，数据的取值范围为 0～65535；对于一个 signed int 类型数据，数据的取值范围为 − 32768～32767。

4. 长整型（long）

有 unsigned long（无符号长型）和 signed long（有符号长型）之分，默认为 signed long。它们的长度均为 4 个字节。signed long 类型数据的最高位是该数据的符号位，"1"表示负数，"0"表示正数。对于一个 unsigned long 类型数据，其取值范围为 0～4294967295；对于一个 signed long 类型数据，其取值范围为 − 2147483648～2147483647。

5. 浮点型（float）

符合 IEEE-754 标准的单精度浮点型数据，在十进制数中具有 7 位有效数字。float 类型数据占用 4 个字节。

6. 指针类型（∗）

指针类型数据不同于其他数据类型，它本身是一个变量，但这个变量中存放的不是普通数据，而是指向另一个数据的地址。指针变量要占用一定的内存单元，在 C51 中指针变量的长度一般为 1～3 个字节。指针变量也具有数据类型，其表示方法是在指针符号"∗"的前面加数据类型符号，如 unsigned char ∗ pt 表示 pt 是一个无符号字符型的指针变量。指针变量的数据类型表示该指针所指向地址中数据的类型。使用指针型变量可以方便地对 8051 单片机各部分的物理地址直接进行操作。

7. 空类型

在调用函数时，通常应向调用者返回一个函数值。这个返回的函数值是具有一定数据类型的，应在函数定义及函数声明中予以说明。但也有一类函数，调用后并不需要向调用者返回函数值，这种函数可以定义为"空类型"，类型说明符为 void。

8. 特殊功能寄存器（sfr）

这也是 KEIL C51 编译器的一种扩充数据类型，利用它可以定义 8051 单片机的所有内部 8 位特殊功能寄存器。sfr 型数据占用一个内存单元，其取值范围是 0～255。

9. 16 位特殊功能寄存器（sfr16）

它占用两个字节，取值范围为 0～65535，利用它可以定义 8051 单片机内部 16 位特殊功能寄存器。

9.2.2 C51 的数据存储类型和存储模式

在介绍 KEIL C51 的数据类型时，必须同时提及它的存储类型以及它与 MCS51 单片机存储器结构的关系，因为 KEIL C51 是面向 MCS51 单片机及其硬件控制系统的开发工具。它所定义的任何数据类型必须以一定的存储类型的方式定位在单片机的某一存储区中，否则就没有任何实际意义。

KEIL C51 编译器完全支持 8051 单片机的硬件结构，它可以完全访问 8051 硬件系统的所有部分。该编译器通过将变量和常量定义成不同的存储类型（data、bdata、idata、pdata、xdata 和 code）的方法，将它们定位在单片机系统中不同的存储区中。

存储类型与 8051 单片机实际存储空间的对应关系见表 9-1。

表 9 -1　C51 存储类型与 8051 单片机存储空间的对应关系

存 储 类 型	说　　明
data	直接寻址的片内数据存储区，访问速度最快（128 B）
bdata	可位寻址的片内数据存储区，允许位与字节混合访问（16 B）
idata	间接寻址的片内数据存储区，可访问片内全部 RAM 地址空间（256 B）
pdata	分页寻址的片外数据存储区（256 B），由 MOVX　@R0 访问
xdata	片外数据存储区（64KB），由 MOVX　@DPTR 访问
code	程序存储器区（64KB），由 MOVC @ A + DPTR 访问

存储模式决定了变量的默认存储类型、参数传递区和没有明确说明存储类型变量的存储类型。定义变量时如果省略存储类型，则按照编译时使用的存储模式 SMALL、COMPACT 或 LARGE 来规定默认存储类型，确定变量的存储空间。函数中不能采用寄存器传递的参数变量和过程变量也保存在默认的存储空间。在 SMALL 模式下，参数传递是在片内数据存储区中完成的。LARGE 和 COMPACT 模式允许参数在外部存储器中传递。同时，KEIL C51 也支持混合模式，如在 LARGE 模式下，生成的程序可以将一些函数放入 SMALL 模式中，从而加快执行速度。

1. SMALL 模式

变量被定义在 8051 单片机的片内数据存储区中，对这种变量的访问速度最快。另外，所有的对象，包括堆栈，都必须位于片内数据存储器中，而堆栈的长度很重要，实际栈长取决于不同函数的嵌套深度。

2. COMPACT 模式

变量被定义在分页寻址的片外数据存储器中，每一页片外数据存储器的长度为 256 B。这时对变量的访问是通过寄存器间接寻址（MOVX @ Ri）进行的，堆栈位于单片机片内数据存储器中。当采用这种编译模式时，变量的高 8 位地址由 P2 口确定，低 8 位地址由 R0 或 R1 的内容确定。当采用这种模式时，必须适当修改 STARTUP. A51 文件中的参数：PDATASTART 和 PDATALEN；在用 BL51 进行链接时还必须采用链接命令"PDATA"对 P2 口地址进行定位，才能确保 P2 口是所需的高 8 位地址。

3. LARGE 模式

变量定义在片外数据存储器中，使用数据指针 DPTR 来进行寻址（MOVX @ DPTR）。用此数据指针进行访问效率较低，尤其是对两个或多个字节的变量，因为这种数据类型的访问机制直接影响代码的长度；另一不方便之处在于这种数据指针不能对称操作。

9.2.3　单片机特殊功能寄存器及其 C51 定义

为了能直接访问单片机内部的特殊功能寄存器（SFR），KEIL C51 编译器扩充了关键字 sfr 和 sfr16，利用这种扩充关键字可以在 C 语言源程序中直接对 8051 单片机的特殊功能寄存器进行定义。定义方法如下：

> sfr 特殊功能寄存器名 = 地址常数；

例如，

> sfr　TMOD = 0x89；　　　　/* 定时/计数器方式控制寄存器地址 89H */
> sfr　P0 = 0x80；　　　　　/* 定义 I/O 口 P0,其地址为 80H */

注意： sfr 后面必须跟一个特殊功能寄存器名；" = "后面的地址必须是常数，不允许带有运算符的表达式，这个常数值的范围必须在特殊功能寄存器地址范围内，位于 0x80 ~ 0xFF 之间。

在单片机应用系统中，经常需要访问特殊功能寄存器中的某些位，KEIL C51 编译器为此提供了一个扩充的 sbit 关键字，利用它定义可位寻址对象。定义方法有如下 3 种。

1. sbit 位变量 = 位地址

这种方法将位的绝对地址赋给位变量，位地址必须位于 0x80 ~ 0xFF 之间。例如，

> sbit　PSW = 0xD0；　　　/* 定义 PSW 寄存器的地址为 0xD0 */
> sbit　CY = 0xD7；

2. sbit 位变量名 = 特殊功能寄存器名 ^ 位位置

当可寻址位位于特殊功能寄存器中时可采用这种方法，"位位置"是一个 0 ~ 7 之间的常数。

3. sbit 位变量名 = 字节地址 ^ 位位置

这种方法以一个常数（字节地址）作为基地址，该常数必须在 0x80 ~ 0xFF 之间。"位位置"是一个 0 ~ 7 之间的常数。例如，

> sbit　OV = 0xD0 ^ 2；
> sbit　CY = 0xD0 ^ 7；

除了通常的 C 数据类型外，C51 编译器支持 bit 数据类型。需要注意的是，sbit 是一个独立的关键字，不能将它与关键字 bit 相混淆。bit 用来定义一个普通的位变量。一个函数可以有 bit 类型的参数，函数的返回值也可以是 bit 类型。如果在函数中禁止使用中断（#pragma disable）或函数中包含明确的寄存器组定义（using n），则该函数不能返回位型值，否则编译时会产生编译错误。另外，不能定义位指针，也不能定义位数组。

9.3　C51 的基本运算

9.3.1　C51 的算术运算

1. C51 最基本的 5 种算术运算符

　　+　加法运算符,或正值符号；

  － 减法运算符,或复制符号;

  * 乘法运算符;

  / 除法运算符;

  % 模(求余)运算符。

2. 算术表达式、优先级与结合性

  算术表达式——用算术运算符和括号将运算对象连接起来的表达式。其中,运算对象包括常量、变量、函数、数组和结构等。

  C 语言规定了算术运算符的优先级和结合性。

  算术运算符的优先级规定为先乘除模,后加减,括号最优先。表达式中若出现括号,则括号中的内容优先级最高。

  算术运算符的结合性规定为自左至右的方向,又称为"左结合性",即当一个运算对象两侧的算术运算符优先级相同时,运算对象先与左边的运算符结合。

  例如,

    a + b － c

  式中 b 两边的运算符是优先级相同的"＋""－"运算符,按结合性原则先执行 a + b,再与 c 相减。

  下面介绍强制转换运算符"( )"。

  如果一个运算符两侧的数据类型不同,则必须通过数据类型转换将数据转换成相同的数据类型。转换的方式有两种:一种是自动(默认)类型转换;另一种是强制转换,需使用强制转换运算符,其形式为:(类型名)(表达式);。

  例如,

    (double) a;   / * 将 a 强制转换成 double 类型 * /

    (int) (x + y)   / * 将 x + y 的值转换成 int 类型 * /

  显式类型转换在给指针变量赋值时特别有用,这种方法特别适合于用标识符来存取绝对地址。例如,

    unsigned char xdata * pa;

    unsigned char q;

    pa = (unsigned char xdata *)0x8000;   / * 指针指向单片机片外数据存储区地址 0x8000 * /

    * pa = 0xaa;

    q = * (unsigned char xdata *)0x8000;

    printf("% x", q);

  执行结果:0xaa。

9.3.2　C51 的关系运算

1. C51 提供 6 种关系运算符

   < 小于;

   > 大于;

   <= 小于或等于;

   >= 大于或等于;

      ==   测试等于；

      ！=   测试不等于。

2. 关系运算符的优先级

1）前4种运算符（<、>、<=和>=）优先级相同，后两种也相同；前4种关系运算符优先级高于后两种。

2）关系运算符的优先级低于算术运算符。

3）关系运算符的优先级高于赋值运算符。

9.3.3 C51 的逻辑运算

C51 提供3种逻辑运算符，如下：

    &&   逻辑"与"（AND）；

    ‖   逻辑"或"（OR）；

    ！   逻辑"非"（NO）。

"&&"和"‖"是双目运算符，要求有两个运算对象；而"！"是单目运算符，只要求有一个运算对象。

C51 逻辑运算符与算术运算符、关系运算符和赋值运算符之间的优先级从低至高的次序如下：

    赋值运算符→&& 和‖→关系运算符→算术运算符→!（非）

逻辑表达式的值应该是一个逻辑值"真"或"假"；与关系表达式的值相同，以"0"表示"假"，以"1"表示"真"。

9.3.4 C51 的位运算

C51 提供了位操作运算符，具体如下：

    &   按位与；

    | 按位或；

    ^   按位异或；

    ~   按位取反；

    <<   位左移；

    >>   位右移。

位运算的一般形式为：   变量1   位运算符   变量2。

表9-2列出了按位取反、按位与、或和异或的逻辑真值。

表 9-2　位运算的逻辑真值表

x	y	~x	~y	x&y	x｜y	x ^ y
0	0	1	1	0	0	
0	0	1	1	0	0	
1	1	1	0	0	1	
0	1	1	1	1	0	
0	1	1	0			

位左移、位右移运算符"<<"和">>"，用来将一个数的各个二进制位全部左移或右移若干位，空白位用 0 补充，而溢出的位则舍弃。

例如，

  a = 0xaa55;

  a = a << 2;

将 a 的值按位左移两位后将结果值赋值给变量 a，则 a 的值为 0xa954。

9.3.5 C51 的复合赋值运算符

在赋值运算符"="的前面加上其他运算符就构成了所谓的复合赋值运算符，具体如下：

  + = 加法赋值；

  − = 减法赋值；

  * = 乘法赋值；

  / = 除法赋值；

  % = 取模赋值；

  <<= 左移位赋值；

  >>= 右移位赋值；

  & = 逻辑与赋值；

  | = 逻辑或赋值；

  ^ = 逻辑异或赋值；

  ~ = 逻辑非赋值。

复合赋值运算首先对变量进行某种运算，然后将运算的结果再赋值给该变量。符号运算的一般形式为：   变量 复合赋值运算符 表达式。

例如，a + =3 等价于 a = a +3；x * = y +3 等价与 x = x * （y +3）。

9.4 C51 流程控制语句

C 语言是一种结构化编程语言。这种结构化语言有一套不允许交叉程序流程存在的严格结构。结构化语言的基本元素是模块。它是程序的一个部分，只有一个出口和一个入口，不允许有偶然的中途插入或以模块的其他路径退出。结构化语言在没有妥善保护或恢复堆栈和其他相关寄存器之前，不应随便跳入或跳出一个模块。

结构化程序由若干模块组成，每个模块中包含着若干个基本结构，而每个基本结构中可以有若干条语句。

C 语言有 3 种基本结构：顺序结构、选择结构和循环结构。

9.4.1 选择控制语句

1. if 语句

C 语言的一个基本判断语句是 if 语句，它有 3 种基本形式。

（1）if(表达式) {语句;}

语义是：如果表达式的值为真，则执行语句，否则不执行语句。

（2）if(表达式) {语句 1;}

else

　　{语句 2 ;}

语义是：如果表达式的值为真，则执行语句1，否则执行语句2。

（3）if(表达式1)　　{语句1;}

　　else if(表达式2){语句2;}

　　else if(表达式3){语句3;}

　　　　...

　　else if(表达式n){语句n;}

　　else {语句 m;}

2. switch 语句

C 语言提供了一种用于并行多分支选择的 switch 语句，其一般形式如下：

```
switch(表达式)
    {
    case    常量表达式 1:{语句 1;}   break;
    case    常数表达式 2:{语句 2;}   break;
    ...
    case    常量表达式 n:{语句 n;}   break;
    default:  {语句 n + 1 ;}
    }
```

其语义是：计算表达式的值，并逐个与各常量表达式的值相比较，当两者相等时，执行其后的语句，然后因遇到 break 而退出 switch 语句；当所有 case 后面的常量表达式的值与表达式的值都不相同时，则执行 default 后面的语句。

需注意的是：各个 case 后面的常量表达式必须互不相同，否则会出现混乱局面；各个 case 和 default 出现的次序，不影响程序的执行结构。

9.4.2　循环语句

循环结构是程序中一种很重要的结构。其特点是：在给定的条件满足时，反复执行循环体程序，直至条件不成立。在 C 语言中用来实现循环的语句有以下3种。

1. while 语句

while 语句的一般形式如下：

```
while(表达式)
{语句;}    / * 循环体 * /
```

其语义是：只要表达式的值为真，就反复执行循环体内的语句；反之，则执行循环体以外的下一行语句。

2. do-while 语句

do-while 语句的形式如下：

```
do
{语句;}    / * 循环体 * /
while(表达式);
```

其语义是：先执行循环体内的语句一次，再判断表达式的值，若为真，则继续执行循环体内的语句，否则终止循环。

do-while 语句与 while 语句的区别在于 do-while 语句先执行再判断，所以 do-while 语句的循环体语句至少要被执行一次，而 while 语句则是先判断再执行，当条件不满足时，循环体语句就不会被执行。

3. for 循环语句

在 C 语言中，for 循环语句是循环语句中最灵活，也是最复杂的一种。它既可以用于循环次数已经确定的情况，也可以用于循环次数不确定但已经给出循环条件的情况。它的一般形式如下：

```
for(表达式1;表达式2;表达式3;)
｛语句;｝      /* 循环体 */
```

for 循环语句的执行过程如下：

1）先对表达式 1 赋初值，进行格式化。

2）判断表达式 2 的值，是真则执行循环体内的语句一次，否则跳出循环。

3）然后计算表达式 3 的值，回到第 2）步继续执行。

例如，

```
int i,sum = 0;
for(i = 1; i < = 100; i + + )
        ｛sum = sum + i;｝
Printf("1 + 2 + … + 100 = % d",sum);
```

程序执行结果是

$$1 + 2 + … + 100 = 5050$$

对 for 循环语句的几种特例进行说明。

1）在小括号中无表达式。这意味着没有初值，也没有判断条件，这将导致一个无限循环。MCS51 单片机组成的监控系统中通常需要无限循环，就可以采用这种形式的 for 循环。

2）在 for 语句的 3 个表达式中，有一个或两个表达式默认。

3）没有循环体的 for 语句。

例如，

```
int i;
for(i = 0; i < 2000; i + + );
```

此例在实际应用中起延时作用。

9.5   C51 函数

函数是 C 语言中的一个基本模块。实际上，一个 C 语言程序就是由若干个模块化的函数构成的。C 语言程序总是由主函数 main( )开始。main( )函数是一个程序流程的特殊函数，它是程序的起点。当设计较大的程序时，一般应将程序分解成若干个子程序模块，每个模块完成一种特定的功能。在 C 语言中，子程序是用函数来实现的。由于采用模块化的结构，C 语言易于实现结构化的程序设计，所以使程序的层次清晰，便于编写、阅读和调试。

9.5.1 函数的分类与定义

从用户的角度来看，有两种函数：标准库函数和用户自定义函数。标准库函数是由 KEIL C51 编译器提供的，不需要用户进行定义，可以直接调用。用户自定义函数是根据用户需要编写的能实现特定功能的函数，它必须先进行定义之后才能调用。函数定义的一般形式如下：

```
函数类型  函数名（形式参数表）
    形式参数说明
    {
        局部变量定义；
        函数体语句；
    }
```

其中，"函数类型"说明了自定义函数返回值的类型；"函数名"是由用户定义的标识符；"形式参数表"中列出的是在主调函数和被调函数之间传递数据的形式参数，形式参数的类型必须加以说明。如果定义的是无参函数，可以没有形式参数，但圆括号不能省略。

如果定义函数时，只给出一对{}而不给出其局部变量和函数体语句，则该函数为"空函数"，这种函数也是合法的。

1. 函数的参数

函数的参数分为形参和实参两种。形参和实参的功能是进行数据传递。当发生函数调用时，主调函数把实参的值传递给被调函数的形参，从而实现主调函数向被调函数的数据传递。

2. 函数的值

函数的值是指函数被调用后，执行函数体程序所取得的并返回给主调函数的值。对于函数的值（或函数的返回值）有以下说明。

1）函数的值只能通过 return 语句返回给主调函数。

2）函数值的类型和函数定义中函数的类型应保持一致。如果不一致，则以函数类型为准，自动进行转换。

3）不返回函数值的函数，应明确定义为"空类型"，类型说明符为"void"。

9.5.2 函数的调用

在 C 语言程序中，函数是可以相互调用的。所谓函数调用就是在一个函数体内引用另外一个已经定义的函数，前者称为主调函数，后者称为被调函数。在 C 语言中可以采用 3 种方法完成函数的调用。

1）函数语句。在主调函数中将函数调用作为一条语句。例如，fun1（a，i）;。

2）函数表达式。在主调函数中将函数调用作为一个运算对象直接出现在表达式中，这种表达式称为函数表达式。例如，c = fun1(a,i) + fun2(b,j);。

3）函数参数。在主调函数中将函数调用作为另一个函数调用的实际参数。例如，X = fun1（fun1（a，b），k）;。

1. 函数的嵌套调用

在 C 语言中，函数的定义都是相互独立的，即定义函数时，一个函数的内部不能包含另一个函数。尽管 C 语言中函数不能嵌套定义，但允许嵌套调用，也就是说，在调用一个函数的过程中，允许调用另一个函数。

有些 C 语言编译器对函数嵌套的深度有一定的限制。对于 MCS51 单片机来说，对函数嵌套调用层次的限制是由于单片机片内 RAM 中缺少堆栈空间所致。

2. 函数的递归调用和再入函数

在调用一个函数的过程中，又直接或间接的调用该函数本身。这种情况称为函数的递归调用。

C 语言的强大优势之一就在于它允许函数的递归调用。它通常用于问题的求解，可以把一个解法逐次地用于问题的子集表示的场合。

KEIL C51 编译器采用一个扩展关键字 reentrant，作为定义函数时的选项，只要在函数名后面加上关键字 reentrant，就可以将该函数定义为再入函数。再入函数的一般形式如下：

> 函数类型 函数名 （形式参数表）［reentrant］

再入函数可被递归调用，无论何时，包括中断服务函数在内的任何函数都可调用再入函数。和非再入函数的参数传递和局部变量的存储区分配方法不同，C51 编译器为再入函数生产一个模拟栈，通过模拟栈来完成参数传递和存放局部变量。模拟栈所在的存储空间根据再入函数的存储类型的不同，可以是 DATA、PDATA 或 XDATA 存储器空间。当程序中包含有多种存储器模式的再入函数时，C51 编译器为每种模式单独建立一个模拟栈。

9.5.3 中断服务函数和寄存器组定义

KEIL C51 编译器为了在 C 语言源程序中直接编写 MCS51 单片机的中断服务函数程序，编译器对函数的定义进行了扩展，增加了一个扩展关键字 interrupt，它是函数定义时的一个选项，加上这个选项之后就可以将一个函数定义成中断服务函数。定义中断服务函数的一般形式如下：

> 函数类型 函数名 （形式参数表）［interrupt n］ ［using n］

关键字 interrupt 后面的 n 是中断号，n 的取值范围为 0 ~ 31。编译器从 8n + 3 处产生中断向量，具体的中断号和中断向量取决于 8051 系列单片机芯片型号。常用的中断号和中断向量见表 9 - 3。

表 9 - 3 常用的中断号与中断向量

中 断 源	中 断 号	中 断 向 量
外部中断0	0	0x0003
定时中断0	1	0x000B

中　断　源	中　断　号	中　断　向　量
外部中断1	2	0x0013
定时中断1	3	0x001B
串行口中断	4	0x0023

MCS51 单片机可以在片内 RAM 中使用 4 个不同的工作寄存器组，每个寄存器组中包含 8 个工作寄存器（R0 ~ R7）。KEIL C51 编译器扩展了一个关键字 using，专门用来选择 8051 单片机中不同的工作寄存器组。using 后面的 n 是一个 0 ~ 3 的常整数，分别选择 4 个不同的寄存器组。在定义一个函数时，using 是一个选项，如果不用该选项，则由编译器自动选择一个寄存器组作为绝对寄存器组访问。需注意的是，关键字 using 和 interrupt 的后面都不允许跟带运算符的表达式。

关键字 using 对函数目标代码的影响包括：在函数的入口将当前工作寄存器组保护到堆栈中，指定的工作寄存器内容不会改变；函数退出之前将被保护的工作寄存器组从堆栈中恢复。

关键字 interrupt 也不允许用于外部函数，它对中断函数目标代码的影响包括：在进入中断函数时，单片机的特殊功能寄存器 ACC、B、DPH、DPL 和 PSW 将被保护到堆栈；如果不使用关键字 using 进行工作寄存器组切换，则将中断函数中所用到的全部工作寄存器都入栈保存；函数退出之前将所有寄存器内容出栈恢复。

例如，应用定时器中断的方式产生延时，使 P1.0 输出方波。程序如下：

```
#include    < reg51. h >
sbit    P10 = P1 ^ 0;
void    main( void)
{
        TMOD = 0x01;
        TH0 = 0x3c;
        TL0 = 0xb0;
        TR0 = 1;
        ET0 = 1;
        EA = 1;
        While(1);
}
void timer0_ISR( )interrupt 1
{
        TR0 = 0;
        TH0 = 0x3c;
        TL0 = 0xb0;
        P10 = ~ P10;
        TR0 = 1;
}
```

9.6 预处理器

C 语言与其他高级程序设计语言的一个主要区别就是对程序的编译预处理功能。编译器预处理器是 C 语言编译器的一个组成部分。C 语言的预处理命令类似于汇编语言中的伪指令。编译器在对整个程序进行编译前，先对程序中的编译控制行进行预处理，然后再将预处理结果与整个 C 语言源程序一起进行编译，以产生目标代码。常用的预处理命令有宏定义、文件包含和条件编译命令。为了与一般 C 语言相区分，预处理命令由符号"#"开头。

9.6.1 宏定义

宏定义命令为#define，它的作用是用一个字符串来进行转换，而这个字符串既可以是常数，也可以是其他任何字符串，甚至还可以是带参数的宏。宏定义的简单形式是不带参数的宏定义，复杂形式是带参数的宏定义。

1. 不带参数的宏定义

不带参数的宏定义的一般形式如下：

#define 标识符 常量表达式

其中，"标识符"是所定义的宏符号名。它的作用是在程序中使用所指定的标识符来代替所指定的常量表达式。例如，#define PI 3.1415926 就是用符号 PI 代替常数 3.1415926。使用这个宏定义后，编译器会自动将程序中所有符号 PI 替换成 3.1415926。

通常程序中所有符号定义都集中放在程序的开始处，以便于检查和修改，从而提高程序的可靠性。如果需要修改程序中的常量，则可以不必修改整个程序，而只需要修改宏定义中相应的符号常量定义行。

在实际使用宏定义时，通常将宏符号名用大写字母表示，以区别于其他的变量名。宏定义不是 C 语言的语句，因此在宏定义行的末尾不要加分号"；"，否则在编译时会连同分号一起进行替换而导致语法错误。

宏符号名的有效范围是从宏定义命令 #define 开始的，直到本源文件结束。通常将宏定义命令 #define 写在源程序的开头，函数的外面，作为源文件的一部分，从而在整个源文件范围内有效，需要时可以用命令 #undef 来终止宏定义的作用域。

2. 带参数的宏定义

带参数的宏定义与符号常量定义的不同之处在于：对于源程序中出现的宏符号名不仅进行字符串替换，还进行参数替换。带参数的宏定义的一般形式如下：

#define 宏符号名(参数表) 表达式

其中，"表达式"内包含括号中所指定的参数，这些参数称为形参，在以后的程序中它们将被实际参数所替换。带参数的宏定义将一个带形参的表达式定义为一个带形式参数表的宏符号名，对程序中所有带实际参数的该宏符号名用指定的表达式来替换，同时将实际参数表中的参数替换表达式中的形参。

例如，

```
#define  MIN(x,y)  (((x)<(y))? (x):(y))
```

定义了一个带参数的宏 MIN（x，y），以后在程序中就可以用这个宏而不是用函数
MIN( )。语句"n = MIN(u,v);"经宏展开后成为"n = (((x)<(y))? (u):(v));"。

带参数的宏定义可以引用已定义过的宏定义，即宏定义的嵌套（最多不超过 8 级）。

在带参数的宏定义中，宏标识符和形式参数表之间不能有空格出现。例如，将

```
#define  MIN(x,y)  (((x)<(y))? (x):(y))
```

写成：

```
#define  MIN  (x,y)  (((x)<(y))? (x):(y))
```

将被认为是无参数的宏定义，宏符号名是 MIN，代表字符串(x,y) (((x)<(y))?
(x):(y))。语句"n = MIN(u,v);"经宏展开后成为"n = (x,y) (((x)<(y))? (u):
(v));"，这显然是错误的。

9.6.2 文件包含

文件包含是指一个程序文件将另一个指定文件的全部内容包含进来。文件包含命令行的
一般形式如下：

```
#include  < 文件名 > 或 #include  "文件名"
```

例如，#include <reg51. h>

文件包含命令#include 的功能是用指定文件的全部内容替换该预处理行。需要注意的
是，一个#include 命令只能指定一个被包含文件，如果程序中需要包含多个文件则需要使用
多个包含命令。

文件包含命令#include 通常放在 C 语言程序的开头。文件包含允许嵌套，即在一个被包
含文件中又可以包含另一个文件。

9.6.3 条件编译

一般情况下，对 C 语言程序进行编译时所有的程序行都参加编译，但有时希望对其中
部分内容只在满足一定条件时才参与编译，这就是所谓的条件编译。条件编译可以选择不同
的编译范围，从而产生不同的代码。KEIL C51 编译器的预处理器提供的条件编译命令有#if、
#elif、#else、#endif、#ifdef 和#ifndef。这些命令有以下 3 种格式。

条件编译命令格式一：

```
#ifdef  标识符
    程序段 1
  else
    程序段 2
#endif
```

该命令格式的功能是：如果指定的标识符已被定义，则程序段 1 参加编译并产生有效代
码，而忽略程序段 2；否则程序段 2 参加编译而忽略程序段 1。

条件编译命令格式二：

```
#ifndef  标识符
    程序段 1
 #else
    程序段 2
#endif
```

该命令格式与第一种命令格式只在第一行上不同，它的作用与第一种刚好相反，即如果指定的标识符未被定义，则程序段 1 参加编译，而忽略程序段 2；否则程序段 2 参加编译，而忽略程序段 1。

条件编译命令格式三：

```
#if   常量表达式 1
    程序段 1
#elif   常量表达式 2
    程序段 2
    …
#elif   常量表达式 n – 1
    程序段 n – 1
#else
    程序段 n
#endif
```

这种格式条件编译的功能是：如果常量表达式 1 的值为真，则程序段 1 参加编译，然后就控制传递给匹配的#endif 命令，结束本次条件编译，继续下面的编译处理。否则，如果常量表达式 1 的值为假，则忽略程序段 1 而将控制传递给下面的#elif 命令，对常量表达式 2 的值进行判断。如果常量表达式 2 的值为假，则将控制传递给下一个#elif 命令，直至遇到#else 或#endif 命令为止。

上面介绍的条件编译当然可以用条件语句来实现，但用条件语句时，编译器将对整个源程序进行编译，生成的目标代码会很长；而采用条件编译，则根据条件只编译其中满足条件的程序段，生成的目标代码较短。如果条件选择的程序很长，则采用条件编译的方法是很有必要的。

9.7　C51 库函数

Cx51 编译器的运行库中包含有丰富的库函数，使用库函数可以大大简化用户的程序设计工作，提高编程效率。由于 8051 单片机本身的特点，所以某些库函数的参数和调用格式与 ANSI C 标准有所不同。KEIL Cx51 软件包提供了如下库函数文件。

C51S. LIB	不包含浮点运算的小型库函数
C51FPS. LIB	包含浮点运算的小型库函数
C51C. LIB	不包含浮点运算的紧凑型库函数
C51FPC. LIB	包含浮点运算的紧凑型库函数

C51L. LIB	不包含浮点运算的大型库函数
C51FPL. LIB	包含浮点运算的大型库函数
80751. LIB	应用于 Philips 8xC751 系列单片机的库函数

每个库函数都在相应的头文件中给出了函数原型申明,用户如果需要使用库函数,必须在源程序的开头将相应的头文件包含进来。如果省略了头文件,将不能保证函数的正确运行。C51 库函数中类型的选择考虑到了 MCS51 单片机的结构特性,用户在自己的应用程序中应尽可能地使用最小的数据类型,以最大限度地发挥 MCS51 单片机的性能,同时可以减少应用程序的代码长度。

下面将 C51 库函数中一些常用的函数列出并进行必要的解释。

1. 字符函数 CTYPE. H

在 C51 库函数中,字符函数的原型申明包含在头文件 CTYPE. H 中。

2. 标准 I/O 函数 STDIO. H

C51 库函数中标准 I/O 函数的原型申明包含在头文件 STDIO. H 中,标准 I/O 函数通过 MCS51单片机的串行接口工作,如果希望支持其他 I/O 接口,只需要修改_getkey( )和_putchar( )函数,库中的所有其他 I/O 支持函数都依赖于这两个函数模块。

3. 字符串函数 STRING. H

字符串函数的原型申明包含在头文件 STRING. H 中,字符串函数通常接收指针串作为输入值。一个字符串包括两个或多个字符,字符串的结尾以空字符表示。在函数 memcmp、memcpy、memchr、memccpy、memset 和 memmove 中,字符串的长度由调用者明确规定,这些函数可以工作在任何模式。

4. 标准函数 STDLIB. H

标准函数的原型申明包含在头文件 STDLIB. H 中,利用标准函数可以完成数据类型转换以及存储器分配操作。

函数原型: void * calloc(unsigned int n, unsigned int size);

功能: calloc 函数为 n 个元素的数组分配内存空间,数组中每个元素的大小为 size,所分配的内存区域用 0 进行初始化。返回值为已分配的内存单元的起始地址,如果不成功则返回 0。

函数原型: void free (void xdata * p);

功能: free 释放指针 p 所指向的存储器区域,如果 p 为 NULL,则该函数无效,p 必须是以前用 calloc、malloc 或 realloc 函数分配的存储器区域。

函数原型: void * malloc(unsigned int size);

功能: malloc 函数在内存中分配一个大小为 size 大小的存储器空间,返回值为一个 size 大小对象做分配的内存指针。如果返回 NULL,则说明没有足够的内存空间可用。

5. 数学函数 MATH. H

数学函数的原型申明包含在头文件 MATH. H 中。

6. 绝对地址访问 ABSACC. H

进行绝对地址访问的宏定义包含在头文件 ABSACC. H 中。

函数原型: #define CBYTE((unsigned char volatile code *)0)

#define DBYTE((unsigned char volatile idata *)0)

#define PBYTE((unsigned char volatile pdata *)0)

#define XBYTE((unsigned char volatile xdata *)0)

功能：上述宏定义用来对 MCS51 单片机的存储器空间进行绝对地址访问，可以作为字节寻址。CBYTE 寻址 CODE 区，DBYTE 寻址 DATA 区，PBYTE 寻址分页 XDATA（用 MOVX @Ri 指令访问的存储器空间），XBYTE 寻址 XDATA 区（用 MOVX @DPTR 指令访问的存储器空间）。

通过使用#define 预处理命令，采用其他的符号来定义绝对地址。例如，

#define　　PA8155 XBYTE[0x7f00]

即将符号 PA8155 定义成片外数据存储器地址 0x7f00。

7. 内部函数 INTRINS. H

内部函数的原型申明包含在头文件 INTRINS. H 中。

函数原型：unsigned char _crol_(unsigned char val,unsigned char n);

unsigned char _irol_(unsigned int val,unsigned char n);

unsigned char _lrol_(unsigned long val,unsigned char n);

功能：_crol_、_irol_和_lrol_将变量 val 循环左移 n 位，它们与 8051 单片机的"RL　A"指令相关。这 3 个函数的不同之处在于参数和返回值的类型不同。

例如，temp = _crol_(temp,2)将变量 temp 的值循环左移 2 位后再赋值给 temp。

函数原型：unsigned char _cror_(unsigned char val,unsigned char n);

unsigned int _iror_(unsigned char val,unsigned char n);

unsigned long _lror_(unsigned char val,unsigned char n);

功能：_cror_、_iror_和_lror_将变量 val 循环右移 n 位，它们与 8051 单片机的"RR　A"指令相关。

例如，temp = _cror_(temp,2)将变量 temp 的值循环右移 2 位后再赋值给 temp。

函数原型：void _nop_(void);

功能：_nop_产生一个 MCS51 单片机的 NOP 指令，该函数可以用于 C51 程序中的时间延时。C51 编译器对程序中出现_nop_函数的地方，直接产生一条 NOP 指令。

函数原型：bit _testbit_(bit x);

功能：_testbit_产生一条 8051 单片机的 JBC 指令，该函数对字节中某一位进行测试。如果该位为 1 则函数返回 1，同时将该位清零，否则返回 0。

9.8　C51 程序设计举例

9.8.1　MCS51 单片机内部资源的 C51 编程

1. 定时/计数器的应用实例

在实时系统中，定时时间通常采用定时器来产生，这与软件循环的延时完全不同，尽管两者最终都依赖系统的时钟，但在定时器计数时，其他事件可以同时进行，而软件定时不允许任何事件发生。

例 9-1　在振荡频率为 12 MHz 的 8051 单片机系统上，用定时器 1 产生 10 kHz 定时器滴答中断。

分析：产生 10 kHz 定时器滴答中断需要的定时周期为 100 μs，由于单片机的系统时钟频率为 12 MHz，则机器周期为 1 μs，所以定时器需计数 100 次。在选择定时器的工作方式时，选用方式 2 作为定时器工作方式。

程序如下：

```
#include <reg51. h>
static unsigned long overflow_count = 0;
void timer1_ISR(void)interrupt    3
{
    overflow_count ++;
}
void main(void)
{
    TMOD = (TMOD & 0x0F) | 0x20;        // 设置定时器工作方式
    TH1 = 256 – 100;                    // 设置定时初值
    TL1 = TH1;
    ET1 = 1;                           // 允许定时器 1 中断
    TR1 = 1;                           // 启动定时器 1
    EA = 1;                            // 开放全局中断
    while(1);                          // 程序主循环(无限循环),等待定时器
                                       // 溢出并产生中断

}
```

每次定时器滴答中断都会使变量 overflow_count 加 1。

例 9-2　设 8051 单片机的振荡频率为 12 MHz，要求在单片机的 P1.0 引脚上输出周期为 10 ms 的方波。

分析：在一个周期的方波中，包含高电平阶段和低电平阶段，且高、低电平的宽度是一样的；周期为 10 ms 的方波，一个周期内其高、低电平的维持时间各是 5 ms。因此，只需要控制单片机的 P1.0 引脚每隔 5 ms 做一次电平翻转就能达到要求。单片机的振荡频率为 12 MHz，5 ms 的定时时间需要定时器计数 5000 次，定时器的工作方式采用方式 1，即 16 位的定时/计数器。

程序如下：

```
#include <reg51. h>
sbit P10 = P1 ^ 0;
void timer0_ISR(void)interrupt 1
{
    TH0 = (65536 – 5000)/256;
    TL0 = (65536 – 5000)%256;
    P10 = ~ P10;                        // 定时时间到,将 P10 反相
}
```

```
void main(void)
{
    TMOD = (TMOD & 0xf0) | 0x01;        // 选用定时器 0 的方式 1
    TH0 = (65536 – 5000)/256;           // 设置定时器初值
    TL0 = (65536 – 5000)%256;
    ET0 = 1;                            // 允许定时器 0 中断
    TR0 = 1;                            // 启动定时器 0
    EA = 1;                             // 开总中断
    while(1);
}
```

例9-3 如图 9-1 所示，系统振荡频率为 12 MHz。在 P1 端口上连接 8 个发光二级管，要求使用定时/计数器控制 8 个发光二极管循环闪亮（即 "流水灯显示"），每个发光二极管亮 1 s 后熄灭，同时控制下一个发光二极管亮 1 s，如此反复，使 8 个发光二级管像流水似的流动显示，并不断循环。

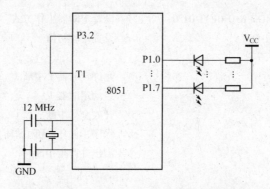

图 9-1　P1 口与 LED 的连接电路

分析：由于要求控制发光二级管显示 1 s 后熄灭，然后控制下一个发光二极管显示 1 s，所以需要使用定时器产生周期为 1 s 的定时。由于定时/计数器的 3 种工作方式中，任何一种都不能满足要求，所以对于较长时间的定时，应采用复合定时的方法；使用一个定时/计数器工作在定时状态，并产生 50 ms 的定时；然后通过计数器计数或软件计数的方式将定时时间扩展至 1 s。

这里使定时器 0 工作在方式 1，定时时间为 50 ms，定时时间到后控制 P3.2 反相，使 P3.2 端输出周期为 100 ms 的方波信号，将这个方波送入定时器 1 的输入端，使定时/计数器 1 工作在计数方式。当计数满 10 次时，便产生 1 s 的定时时间，再控制发光二极管显示并移位。

程序如下：

```
#include < reg51.h >
#include < intrins.h >                 // 需使用内部函数
sbit P32 = P3 ^ 2;
void timer0_ISR(void) interrupt 1 using 1
{
```

```
        TH0 = (65536 - 50000)/256;              // 设置定时初值,产生 50 ms 定时
        TL0 = (65536 - 50000)%256;
        P32 = ~ P32;                            // 使 P3.2 端口产生周期为 100 ms 的方波
}
void timer1_ISR( void) interrupt 3 using 2
{
        P1 = led;                               // 使某一位发光二极管亮
        led = _crol_( led,1);                   // 准备下次显示数据,"流水灯"从左至右流动
}
unsigned char led = 0xfe;                        // 显示数据的初始值
void main( void)
{       TMOD = 0x21;                            //   timer0 工作在方式 1;timer1 工作在方式 2
        TH0 = (65536 - 50000)/256;              // 设置定时初值,产生 50 ms 定时
        TL0 = (65536 - 50000)%256;
        TH1 = 256 - 10;                         // 设置定时初值,计数 10 次
        TL1 = TH1;
        ET0 = 1;                                // 开定时器 0 中断
        ET1 = 1;                                // 开定时器 1 中断
        TR0 = 1;                                // 启动定时器 0
        TR1 = 1;                                // 启动定时器 1
        EA = 1;                                 // 开总中断
        while(1);
}
```

例9-4 设 8051 单片机系统振荡频率为 12 MHz,在 P1.0 引脚上输出周期为 2.5 s,占空比为 20% 的脉冲信号。

分析:使定时器 0 工作在定时方式,产生 10 ms 定时,则 2.5 s 的定时需要中断 250 次,占空比为 20%,高电平的时间应维持 50 次中断。

程序如下:

```
#include < reg51. h >
#define uchar unsigned char
sbit P10 = P1 ^ 0;
uchar time;
uchar period = 250;                             // 定时器的中断次数
uchar high = 50;                                // 高电平维持的定时器中断次数
void timer0_ISR( void) interrupt 1 using 1
{
        TH0 = (65536 - 1000)/256;
        TL0 = (65536 - 1000)%256;
        if( ++time == high) P10 = 0;            // 高电平时间到,P1.0 变低电平
        else if( time == period)                // 周期时间到,P1.0 变高电平
        {
```

```
        time = 0;                              // 中断计数清零
        P10 = 1;
      }
  }
  void main( void )
  {
      P10 = 1;
      TMOD = 0x01;
      TH0 = (65536 - 1000)/256;
      TL0 = (65536 - 1000)%256;
      ET0 = 1;
      TR0 = 1;
      EA = 1;
      while(1);
  }
```

2. 8051 单片机的片内串行口应用编程

例 9-5 两个 8051 单片机系统之间通过串行通信，两个系统振荡频率均为
11.0592 MHz。

甲机发送：将首地址为 ADDRT 的 128 B 的片外数据存储器中数据块按顺序向乙机发送。

乙机接收：将接收到的 128 B 数据，按顺序存放到以 ADDRR 为首地址的片外数据存储器中。

分析：将两个单片机系统的串行通信波特率设为 9600 bit/s，则定时器的初值为 TL1 =
TH1 = 0xfd。

发送端的 C51 程序如下：

```
#include <reg51.h>
unsigned char xdata ADDRT[128];             // 在片外 RAM 中定义 128 个单元
unsigned char num = 0;                       // 声明计数变量
unsigned char * p;                           // 指向片外存储器的指针
void serial_ISR( void) interrupt 4           // 串行中断函数
{
    TI = 0;                                  // 将发送中断标志清零
    num ++ ;                                 // 修改计数变量的值
    if( num == 0x7f) ES = 0                  // 判断是否发送完,若发完,则关串行中断
    else                                     // 否则,修改指针,发送下一个数据
      {
          p ++ ;
          SBUF = * p;
      }
}
void main( void)
{
```

```
        SCON = 0x40;                        // 置串行口工作在方式1
        TMOD = 0x20;                        // 定时器1工作在方式2
        TH1 = 0xfd;                         // 波特率为9600 bit/s时的定时器初值
        TL1 = TH1;
        TR1 = 1;                            // 启动定时器1
        ES = 1;                             // 允许串行口中断
        EA = 1;
        p = ADDRT;                          // 将指针指向发送数据区首地址
        SBUF = * p;                         // 发送第一个数据
    while(1);
}
```

接收端的 C51 程序如下：

```
    #include < reg51. h >
    unsigned char xdata ADDRR[128];
    unsigned char num = 0;
    unsigned char * p;
    void serial_ISR(void) interrupt 4
    {
        RI = 0;
        num ++ ;
        if( num == 0x7f) ES = 0
        else
            {
                p ++ ;
                * p = SBUF;
            }
    }
    void main(void)
    {
        SCON = 0x50;
        TMOD = 0x20;
        TH1 = 0xfd;
        TL1 = TH1;
        TR1 = 1;
        ES = 1;
        EA = 1;
        p = ADDRR;
    while(1);
}
```

例9-6 利用8051单片机串行口实现多机通信。

下面给出一个利用8051单片机串行口进行多机通信的C51程序。一个主机与多个从机进行单工通信，主机发送，从机接收。多机通信的过程是：主机先向从机发送一帧地址信息，然后再发送 10 bit 的数据信息。从机接收到地址后，与本机的地址相比较，若不相同则保持 SM2 = 1 状态不变，就接收不到数据帧。若地址相同，则使 SM2 = 0，准备接收主机发送来的数据信息。通信双方均采用 11. 0592 MHz 的晶体振荡器。

发送程序如下：

```c
#include  < reg51. h >
#define count 10                      // 定义缓冲区大小
#define NODE_ADDR 64                  // 定义目的节点地址
unsigned char buffer[ count ];        // 定义发送缓冲区
unsigned char num = 0;                // 定义计数变量
void main( void )
{
        SCON = 0xc0;                  // 初始化串行口和波特率发生器
        TMOD = 0x20;
        TH1 = 0xfd;
        TL1 = 0xfd;
        TR1 = 1;
        ES = 1;
        EA = 1;
        TB8 = 1;
        SBUF = NODE_ADDR;             // 发送地址帧
        while( num < count );         // 等待全部数据发送完
}
void serial_ISR( void ) interrupt 4
{
    TI = 0;
    num + + ;                         // 修改计数变量的值
    if( num  > = count ) return;      // 如果发送完毕,则返回
    else
        {
        TB8 = 0;                      // 设置数据帧标志
        SBUF = buffer[  num  ];       // 发送数据帧
        }
}
```

接收程序如下：

```c
#include  < reg51. h >
#define count 10                      // 定义缓冲区大小
#define NODE_ADDR 64                  // 定义目的节点地址
unsigned char buffer[ count ];        // 定义接收缓冲区
unsigned char num = 0;                // 定义计数变量
void main( void )
```

```
{
    SCON = 0xf0;                                // 初始化串行口和波特率发生器
    TMOD = 0x20;
    TH1 = 0xfd;
    TL1 = 0xfd;
    TR1 = 1;
    ES = 1;
    EA = 1;
    while( num < count);                        // 等待全部数据接收完
}
void serial_ISR( void) interrupt 4
{
RI = 0;
if( RB8 = 1)                                     // 如果是本节点的地址帧
{
    if( SBUF == NODE_ADDR) SM2 = 0;             // 则将 SM2 清零,准备接收数据帧
}
    num ++;                                      // 修改计数变量的值
    buffer[ num ] = SBUF;                        // 将接收到的数据存入接收缓存区
    if( num >= count) SM2 = 1;                   // 若接收完毕,则结束本次通信
                                                 // 置 SM2 = 1,准备下次通信

}
```

9.8.2　8051 单片机扩展资源的 C51 编程

1. 并行接口 8155 的 C51 编程实例

8051 单片机扩展并行接口 8155 与微型打印机的接口电路如图 7-18 所示。8155 的 A 口工作在输出方式,与打印机的数据线 DB0 ~ DB7 相连。8155 的 PB0 与打印机的选通信号$\overline{STB}$相连;打印机的状态输出信号 BUSY 与单片机的中断请求 P3.3/$\overline{INT1}$连接。8155 的片选连接单片机的 P2.7,接单片机的 P2.0。由此可以得到 8155 各端口的地址如下:

命令口地址:0x0100;
PA 口地址 :0x0101;
PB 口地址 :0x0102。

源程序如下:

```
#include  < reg51. h >
#include  < absacc. h >
#define    uchar unsigned char
#define    COM8155      XBYTE[ 0x0100 ]
#define    PA8155       XBYTE[ 0x0101 ]
#define    PB8155       XBYTE[ 0x0102 ]
```

```
sbit BUSY = P3 ^ 3;
uchar code line[ ] = {0x57,0x45,0x4c,0x43,0x4f,0x4d,0x45};
/*********************字符打印函数*************************/
void prnchar(uchar a)
{
    PA8155 = a;
    PB8155 = 0x00;              // STB = 0
    PB8155 = 0x01;              // STB = 1,产生 STB 的上升沿
    while(BUSY);                // 等待打印结束
}


/*********************行打印函数*************************/
void prnline(void)
{
    uchar i;
    for(i = 0; i < 6; i++)
    {
        PA8155 = line[ i ];
        PB8155 = 0x00;
        PB8155 = 0x01;
        while(BUSY);
    }
}
/*********************主函数*************************/
void main(void)
{
    COM8155 = 0x01;
    prnline();                  // 打印输出"WELCOME"
    prnchar(0x0d);              // 换行
    prnchar(0x32);              // 打印输出"2008"
    prnchar(0x30);
    prnchar(0x30);
    prnchar(0x38);
}
```

2. ADC0809 的 C51 编程实例

ADC0809 与 8051 的接口电路如图 8-19 所示。将 ADC0809 的 EOC 引脚与 8051 的 P3.3 连接。根据接口电路的连接，ADC0809 的模拟通道 0 ~ 7 的地址为 0x7ff8 ~ 0x7fff。

8 路模拟量采集的源程序如下：

```
#include  < reg51. h >
#include  < absacc. h >
#define   IN0      XBYTE[0x7ff8]
#define   uchar    unsigned char
```

```
sbit    BUSY = P3.3;
void adc0809(uchar idata * x)
{
    uchar i;
    uchar xdata * ad_addr;          // 定义指向片外数据存储区的指针
    ad_addr = &IN0;                 // 初始化指针变量,指向 ADC0809 的 IN0 通道地址
    for(i = 0; i < 8; i++)
    {
        * ad_addr = 0;              // 启动 A/D 转换
        i = i;
        i = i;                      // 延时,等待 EOC 变低电平
        while(BUSY == 0);           // 等待 A/D 转换结束
        x[i] = * ad_addr;           // 保存转换结果
        ad_addr++;                  // 下一个通道
    }
}
void main(void)
{
    static uchar ad[8];
    adc0809(ad);
}
```

3. DAC0832 的 C51 编程实例

图 9-2 是 DAC0832 与 8051 单片机的接口电路图。在单缓存接口方式下，ILE 接 +5V，始终保持不变。写信号控制数据的缓存，$\overline{WR1}$ 和 $\overline{WR2}$ 相连，接 8051 的 $\overline{WR}$，即数据同时写入两个寄存器。传送允许信号 $\overline{XFER}$ 与片选 $\overline{CS}$ 相连，即选中本片 DAC0832 后，写入数据立即启动转换。

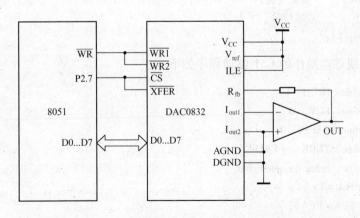

图 9-2   DAC0832 与 8051 的接口电路

根据接口电路的连线，DAC0832 的地址为 0x7f00。

能够产生锯齿波电压信号的 C51 源程序如下：

```
#include <reg51.h>
#include <absacc.h>
#define DAC0832 XBYTE[0x7f00]
#define    uchar unsigned char
void main(void)
{
    uchar i;
    while(1)
    {
        for(i = 0; i < 255; i++)
        {
            DAC0832 = i;            // D/A 转换输出
        }
    }
}
```

4. 8051 单片机的 I^2C 总线模拟驱动程序

对于内部没有 I^2C 总线控制器的 8051 系列单片机来说，它可以通过软件模拟的方法来实现 I^2C 总线接口功能。下面给出一个用 C51 编写的 I^2C 总线模拟驱动程序。I^2C 总线的 SCL 和 SDA 信号由单片机的 P1.7 和 P1.6 的输出模拟产生。

程序中 I^2C 总线功能的函数如下：

I2C_init( )：   初始化。
delay( )：   延时。
I2C_clock( )：   SCL 时钟信号。
I2C_start( )：   起始信号。
I2C_stop( )：   结束信号。
I2C_send( )：   数据发送。
I2C_ack( )：   应答信号。
I2C_receive( )：

实现 I^2C 总线基本操作的 C51 驱动程序如下：

```
#define    HIGH   1
#define    LOW    0
#define    FALSE   0
#define    TURE    ~FALSE
#define    uchar unsigned char
sbit SCL = P1^1;
sbit SDA = P1^0;
void delay(uchar x)
{
    while(x--);
}
```

```
/ * * * * * * * * * * * * * * * * * * *I2C_start( )提供总线启始信号 * * * * * * * * * * * * * * * * * * * *
* * /
    void I2C_start( void)
    {
        SCL = HIGH;
        delay(2);
        SDA = LOW;
        delay(2);
        SCL = LOW;
        delay(2);
    }


/ * * * * * * * * * * * * * * * * * * * *I2C_stop( )提供总线停止信号 * * * * * * * * * * * * * * * * * * *
* * /
    void I2C_stop( void)
    {
         SDA = LOW;
        delay(2);
        SCL = HIGH;
        delay(2);
        SDA = HIGH;
        delay(2);
        SDL = LOW;
        delay(2);
    }
/ * * * * * * * * * * * * * * * * * * * *I2C_init( )I2C 总线初始化 * * * * * * * * * * * * * * * * * * * * * * /
    void I2C_init( void)
    {
        SCL = LOW;
        I2C_stop( );
    }
/ * * * * * * * * * * * * * * * * * *I2C_clock( )提供总线时钟信号 * * * * * * * * * * * * * * * * * * * /
    bit I2C_clock( void)
    {
        bit vol;
        SCL = HIGH;
        delay(2);
        vol = SDA;
        SCL = LOW;
        delay(2);
        return( vol);
    }
```

```
/ *********************I2C_send( )发送数据 *********************
**/
    bit I2C_send( uchar data)
    {
        uchar i;
        for( i = 0; i < 8; i ++ )
        {
        SDA = ( bit) ( data & 0x80) ;
        data = data  << 1;
        I2C_clock( );
        }
        SDA = HIGH;
        return( ~ I2C_clock( ) );
    }
/ ********************* I2C_receive( )接收数据 ********************/
    uchar I2C_receive( void)
    {
        uchar data = 0;
        uchar i;
        for( i = 0; i < 8; i ++ )
        {
            data = data  << 1;
            if( I2C_clock( ) ) data ++ ;
        }
        return( data) ;
    }
/ ********************* I2C_ack( )总线应答信号 ********************
**/
    void I2C_ack( void)
    {
        SDA = LOW;
        I2C_clock( );
        SDA = HIGH;
    }
```

5. 24C02 的 C51 读写程序

具有 I^{2}C 接口的 EEPROM 器件 24C02 与 8051 的接口电路如图 8-37 所示。实现对 24C02 进行读写的 C51 驱动程序中包含的主要功能函数如下：

```
    write_address( ):  写从器件地址和片内字节地址
    write_nbyte( ):    向 I2C 总线上写 n 字节数据
    read_nbyte( ):     从 I2C 总线上读 n 字节数据
    #include  < reg51. h >
    #include  < i2c. h >
```

```c
#define    WRITE   0xA0              // 定义器件地址和写操作
#define    READ   0xA1              // 定义器件地址和读操作
#define    Block_size 16            // 指定字节数
#define    uchar    unsigned char

uchar data[ Block_size ];            // 定义存储器映象单元
```
/*************** 向 24C02 写入器件地址和指定的字节地址 ****************/
```c
    bit write_address( uchar addr)
    {
        I2C_start( );
        if( I2C_send( WRITE))return( I2C_send( addr));
        else    return( FALSE);
    }
```
/ *************** 向 24C02 写入 n 字节数据到指定的地址 *****************/
```c
    bit    write_nbyte( void)
    {
        uchar i;
        for( i = 0; i < Block_size; i ++ )
        {
            if( write_address( i) && ( I2C_send( data[ i])))
            {
                I2C_stop( );
            }
            else return( FALSE);
        }
        return( TRUE);
    }
```

/ *************** 从 24C02 的指定地址读出 n 字节数据 *****************/
```c
    bit read_nbyte( void)
    {
        uchar i;
        if( I2C_write( 0))
        {
            I2C_start( );
            if( I2C_send( READ))
            {
                for( i = 0; i < Block_size; i ++ )
                {
                    data[ i] = I2C_receive( );
                    if( i ! =  Block_size) I2C_ack( );
                    else
                    {
```

```
                                        I2C_clock();
                                        I2C_stop();
                                    }
                                }
                            return(TRUE);
                        }
                    else {
                        I2C_stop();
                        return(FALSE);
                    }
                else
                {
                    I2C_stop();
                    return(FALSE);
                }
            }
```

6. 8051 单片机的 SPI 总线模拟驱动程序

SPI 接口的全称是"Serial Peripheral Interface",意为串行外设接口,是 Motorola 首先在其 MC68HCXX 系列处理器上定义的。SPI 接口主要应用在 EEPROM、Flash ROM、实时时钟、A/D 转换器,还有数字信号处理器和数字信号解码器之间。SPI 接口是在 CPU 和外设低速器件之间进行同步串行数据传输。在主器件的移位脉冲下,数据按位传输,高位在前,低位在后,为全双工通信。数据传输速度总体来说比 I^2C 总线要快,速度可达到几 Mbit/s。

SPI 接口是以主从方式工作的,这种模式通常有一个主器件和一个或多个从器件,其接口包括以下 4 种信号。

MOSI:主器件数据输出,从器件数据输入。

MISO:主器件数据输入,从器件数据输出。

SCLK:时钟信号,由主器件产生。

$\overline{CS}$: 从器件使能信号,由主器件控制。

模拟驱动程序主要包含的对 SPI 总线的读写程序如下:

```
#include  < reg51. h >
#include  < intrins. h >
#define uchar unsigned char
sbit MOSI = P1 ^ 0;
sbit MISO = P1 ^ 1;
sbit SCLK = P1 ^ 2;
sbit CS = P1 ^ 3;
/******************** SPI_WriteByte()SPI 总线写字节数据 ****************/
void SPI_WriteByte( uchar spi_write_data)
{
    uchar i;
    for( i = 0; i < 8; i ++ )
```

```
        {
            if( ( spi_write_data  << i)&0x80)
            { MOSI = 1; _nop_( );   _nop_( );}
            else
            { MOSI = 0; _nop_( ); _nop_( );}
            SCLK = 1;_nop_( ); _nop_( );        // 上升沿有效
            SCLK = 0;_nop_( ); _nop_( );
        }

    }
```

/******************SPI_ReadByte( )SPI 总线读字节数据****************/

```
    uchar SPI_ReadByte( void)
    {
        uchar data = 0;
        uchar i;
        for( i = 0; i < 8; i ++ )
        {
            SCLK = 1;_nop_( ); _nop_( );
            SCLK = 0;_nop_( ); _nop_( );
            data  << 1;
            data | = MISO;
        }
        return( data) ;
    }
```

/******************SPI_start( )总线启动函数****************/

```
    void SPI_start( void)
    {
        SCLK = 0;
        CS  = 1;
        MOSI = 1;
        SCLK = 1;
        CS = 0;
    }
```

第 10 章 单片机应用系统的开发与实例

单片机具有性价比高、体积小、使用灵活等特点，被广泛应用于通信、仪器仪表、家电、工业实时控制等领域。单片机应用系统是指以单片机为核心，为实现预定功能，配以一定的外围硬件电路及软件系统而构成的应用系统。系统的硬件规模及软件的复杂程度因设计要求而异。一般来说，应用于测控领域的单片机应用系统由以下几个主要部分组成。

1) 现场信号检测与处理部分（输入通道）：包括传感器、采样与保持电路（信号放大、滤波、整形和采样保持）、线性化电路、A/D 转换电路等。

2) 单片机基本系统部分：包括单片机及必须的支持电路，如振荡电路、复位电路等。

3) 单片机基本系统扩展部分：实现系统功能所需配置的外围电路，包括片外 ROM、片外 RAM、扩展 I/O 端口、键盘、显示设备、打印机等。

4) 执行机构与控制及驱动部分（输出通道）：包括 D/A 转换、功率放大及执行机构驱动电路等。

本章将结合单片机应用系统实例，介绍单片机应用系统的设计原则，使读者了解单片机应用系统开发的一般过程及典型开发工具的使用。

10.1 单片机应用系统的开发过程

对于一般的单片机应用系统而言，开发过程大多要经历如下几个步骤，如图 10-1 所示。

1) 明确应用系统的设计要求和技术指标。
2) 进行可行性论证，提出初步方案。
3) 应用系统硬件、软件和抗干扰设计。
4) 系统的硬件与软件测试。
5) 应用程序固化、系统组装、调试、试运行、修改和完善。

10.1.1 需求分析与可行性论证

在进行单片机应用系统开发时，应首先根据应用系统的设计要求，分析系统的工作原理，划分功能模块，提取技术指标，通过调研与资料查阅确定能否采用以单片机为核心的应用系统达到设计目标，然后在此基础上确定单片机应用系统的总体开发方案。在制定总体方案时应注意以下两点。

1. 确定单片机型号

在完成可行性分析之后，即可进行总体方案设计，设计时首先应根据系统要实现的功能、规模和复杂程度，确定其核心部分——单片机型号。目前，国内外单片机种类很多，指令位数、内部存储器容量、定时器、中断等内部资源的配置相差很大，在选择时应根据以下几个原则：①性价比高。在满足性能指标要求的基础上，性价比要高，尤其是在大批量生产的时候。②在条件允许的情况下，尽量选择配置高的单片机，以减少外围电路，从而提高系统的可靠性，缩短研制周期。③资源充足，技术成熟，性能可靠，有成熟的开发工具。④在研制阶段可选用带 Flash ROM 的 CPU 芯片，如 89cXX 系列，无需擦除器，便于调试，研制成功后，再换上相应型号且价格较低的芯片。

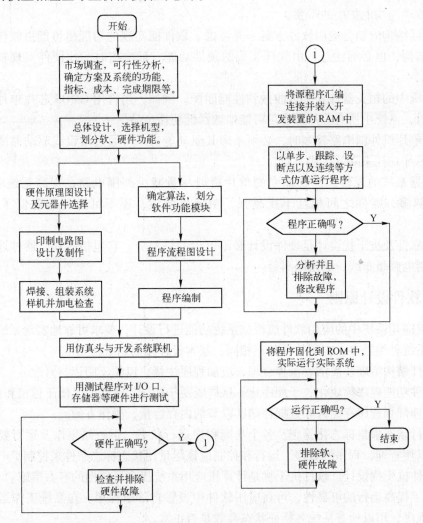

图 10-1　单片机应用系统的开发过程

2. 合理划分软、硬件功能

系统软、硬件功能的划分应根据系统要求来定，多用硬件可提高系统的运行速度，减少程序的复杂性，但会增加成本，降低系统的灵活性；相反，多用软件实现相应的功能，可提高灵活性，但又会降低系统的运行速度，增加程序设计的复杂性。因此，要合理划分软、硬件功能。

10.1.2　硬件电路设计原则

单片机应用系统的硬件电路设计包含两部分内容：一是系统功能扩展，即当单片机内部的资源不能满足应用系统的要求时，必须在片外进行扩展；二是系统外围设备配置，即按照系统功能要求配置外围设备，如键盘、显示器、打印机、A/D 转换器、D/A 转换器等。要设计合适的接口电路，系统的扩展和配置应遵循以下原则：

1）尽可能选择标准化、模块化的电路。

2）系统扩展与外围设备的配置水平应充分满足应用系统的功能要求，并且应留有冗余以备设计改动与功能扩展的需要。

3）硬件结构应结合应用软件方案一并考虑。软件能实现的功能尽可能由软件实现，以简化硬件结构，但必须注意，由软件实现的硬件功能一般响应时间比硬件实现长，且占用 CPU 时间。

4）系统中的相关器件要尽可能做到性能匹配。例如，当选用 CMOS 芯片单片机构成低功耗系统时，系统中所有芯片都应尽可能地选择低功耗产品。

5）当单片机外围电路较多时，必须考虑其驱动能力，可通过增设线驱动器增强驱动能力或减少芯片功耗来降低总线负载。

6）根据系统的规模选择功能强的单片机以尽量减少外围电路，提高系统的可靠性。系统器件越多，器件之间相互干扰越强，功耗也增大，还不可避免地降低了系统的稳定性。

7）可靠性及抗干扰设计是硬件设计必不可少的一部分，它包括芯片、器件选择、去耦滤波、印制电路板布线、通道隔离等。

10.1.3　软件设计原则

单片机应用系统中的应用软件应根据系统功能进行设计，要求可靠地实现系统的各种功能。应用系统种类繁多，应用软件各不相同，基本设计原则如下：

1）软件结构清晰、简洁、流程合理，应加程序注释，以便于阅读与修改。

2）各种功能程序模块化、子程序化，这样既便于调试、链接，又便于移植和修改。

3）合理规划程序存储区和数据存储区以节约内存容量，操作方便。

4）运行状态采集标志化管理。各个功能程序运行状态、运行结果以及运行要求都设置状态标志以便查询，程序的转移、运行和控制应该尽量用状态标志条件来控制。

5）软件抗干扰设计。软件抗干扰是计算机应用系统提高可靠性的有力措施。

6）为了提高运行的可靠性，可在应用软件中设置自诊断程序。在系统工作运行前先运行自诊断程序，用以检查系统各特征状态参数是否正常。

10.1.4　软、硬件测试与程序固化

单片机应用系统软、硬件测试是应用系统开发的一个重要步骤，包括硬件调试和软件调试。一般来说，先检测硬件，然后再进行软、硬件综合调试，测试正常后方可进行程序固化和试运行。目前，市场上仿真器的型号很多，使用方法大同小异，可根据单片机的型号选择适当的仿真器进行系统调试。

1. 元器件安装与调试

1）在未焊接各元器件管座或元件之前，首先用眼睛和万用表直接检查电路板各处是否有明显的断路和短路的地方，尤其是要注意电源是否短路。

2）元器件在焊接过程中要逐一检查，如二极管、晶体管、电解电容的极性、电容的容量及耐压、元器件的数值是否正确等。

3）管座和元件焊接完毕，还要仔细检查元件面各元件之间裸露部分有无相互接触现象，焊接面的各焊点间、焊点与近邻线有无连接。对布线密或未加阻焊处理的印制电路板更应注意检查这些可能造成短路的原因。

4）先空载上电，检查电路板各引脚及插件上的电位是否正常，特别是单片机引脚上的各点电位。若一切正常，将芯片插入各管座，再通电检查各点电压是否达到要求，逻辑电平是否符合电路或器件的逻辑关系。

2. 功能模块的软件调试

静态测试正常后，即可进行软、硬件调试，测试系统功能。调试的方法是，首先将整个应用系统按其功能分成若干模块，如系统扩展模块、输入模块、输出模块、A/D 模块等，可先编写一些测试程序对其进行测试，确保硬件电路功能正常，然后将应用软件按模块分段进行仿真调试，最后再进行联调。

3. 程序固化

用户程序经过仿真调试，并连续运行一段时间无故障后，即可进行程序固化。固化的方法有两种：一是使用 ISP 电缆进行在线调试与固化；二是采用专门的编程器进行固化。

程序固化后即可进行组装与运行。一般来说，经过仿真调试的程序固化后能够正常运行，如工作不正常，可重点检查复位电路与系统晶振。由于单片机多用于工业现场，环境复杂，干扰信号较多，所示仿真成功的应用系统还需要经过现场的进一步测试完善后方才完成了整个开发任务。

10.2 单片机应用系统的可靠性设计

随着半导体技术的飞速发展，单片机本身的设计中不断采用了一些新的抗干扰技术，使单片机的可靠性不断提高。在进行单片机应用系统设计时，除选择抗干扰能力强的单片机外，单片机系统中其他辅助元器件的可靠性也至关重要。电路设计、印制电路板的设计也都直接影响应用系统的可靠性。一般来说，应根据系统所面临具体的可靠性问题，针对引起或影响系统不可靠的因素采取不同的处理措施。这些措施一般从两个目的出发：第一，尽量减少引起系统不可靠或影响系统可靠的外界因素；第二，尽量提高系统自身抗干扰能力及降低自身运行的不稳定性。例如，为了抑制电源的噪声和环境干扰信号而采用的滤波技术、隔离技术、屏蔽技术等都是出于第一个目的；针对系统自身而采用的"看门狗"电路、软件抗干扰技术、备份技术等都是出于第二个目的而采取的措施。提高系统的可靠性一般有两个途径，一是硬件抗干扰技术，二是软件抗干扰设计。

10.2.1 硬件抗干扰技术

对单片机应用系统造成的干扰有电网干扰、传输线干扰、空间电磁波干扰、机内干扰等。干扰的分类有多种，通常可以按照噪声产生的原因、传导方式、波形特性等进行不同的分类。按产生的原因可分为放电噪声、高频振荡噪声和浪涌噪声；按传导方式可分为共模噪声和串模噪声；按波形可分为持续正弦波、脉冲电压、脉冲序列等。可采取的主要抗干扰措

施如下:

1）充分考虑电源对单片机的影响。许多单片机对电源噪声很敏感，要给单片机电源加滤波电路或稳压器，以减小电源噪声对单片机的干扰。例如，可以利用磁珠和电容组成 π 形滤波电路，当然条件要求不高时也可用 100 Ω 电阻代替磁珠。

2）在速度能满足要求的前提下，尽量降低单片机的振荡频率和选用低速数字电路。

3）对单片机使用电源监控及"看门狗"电路，如 IMP809、X5045 等。

4）对于单片机闲置的 I/O 口，不要悬空，要接地或接电源，其他 IC 的闲置端在不改变系统逻辑的情况下接地或接电源。

5）IC 器件尽量直接焊在电路板上，少用 IC 座。

6）合理设计电路板。

① 电路板合理分区，如强、弱信号分区，数字、模拟信号分区等。尽可能地把干扰源（如电动机、继电器）与敏感元件（如单片机）远离。

② 注意晶振布线。晶振与单片机引脚尽量靠近，用地线把时钟区隔离起来，晶振外壳接地。

③ 用地线把数字区与模拟区隔离。数字地与模拟地要分离，最后在一点接于电源地。

④ 电路板上每个 IC 要并接一个 0.01 ~ 0.1 μF 高频电容，以减小 IC 对电源的影响。注意高频电容的布线，连线应靠近电源端并尽量粗、短。

⑤ 电源线和地线要尽量粗，布线时应避免 90° 折线以减少高频噪声发射。

⑥ 在单片机 I/O 口、电源线、电路板连接线等关键地方使用抗干扰元件，如磁珠、磁环、电源滤波器和屏蔽罩，可显著提高电路的抗干扰性能。

⑦ I/O 口采用光电、磁电、继电器隔离，同时去掉公共地。

10.2.2　软件抗干扰设计

一个系统可能由于存在着各种干扰及不稳定因素而出现运行故障。为解决这一问题，可以从程序的设计方面采取一些措施。传统的为抑制系统的干扰信号而经常采用软件滤波技术，软件冗余设计就是这一类的典型应用。根据设计经验，通常还可以采用软件锁设计和程序陷阱设计。这一类方法主要是针对程序跑飞的情况而采用的。当系统在干扰信号的作用下发生程序跑飞时，程序指针有可能指向两个区域：一种可能正好转到程序区的其他地址进行执行，一种可能转移到程序空间的盲区进行执行。所谓盲区，是指那里并没有存放有效的程序指令。对于第一种情况，可以采取软件锁来抑制。例如，为保证对外操作的安全，在软件锁设计中，对于每一个相对独立的程序块在其执行以前或执行中对一个预先设定好的密码进行校验，只有当这一密码相符时执行才真正有效，也只有程序是通过正常的转移途径转移过来时，才会由上一级的程序设定正确的密码；否则，会根据校验错而使程序强制发生转移，错误状态得到处理，并恢复程序的正常运行状态。

10.3　单片机的开发工具

一个单片机系统经过硬件和软件设计后，将系统的源程序代码经编译无误后烧写至程序存储器中，系统上电后即可运行。但要使程序运行一次性成功，几乎是不可能的，总会出现一些硬件或软件上的错误。这时，就需要通过软件和硬件调试来发现错误并加以改正。由于MCS51单片机芯片本身没有人机设备（如键盘、显示器等），所以单片机本身无自开发能力。要对单片机系统的硬件和软件进行调试，就必须借助某种开发工具来模拟实际的单片机，并且能随时运行和停止用户程序，通过观察单片机的寄存器、变量等参数了解单片机运行的中间过程，从而进行模拟现场的真实调试。完成这种在线仿真的开发工具就是单片机仿真开发系统，常用的单片机仿真开发系统结构如图10-2所示。

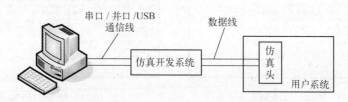

图10-2 单片机仿真开发系统结构图

目前，生产MCS51单片机和8051内核单片机的公司有很多，几乎每个公司都有自己的单片机开发工具，也有一些公司专门生产某系列单片机的开发系统，如国内的南京伟福（WAVE）、万利InsightSE-52P、周立功TKS系列开发系统等。这些开发系统一般都具有以下功能：

1）用户应用程序的输入与修改。

2）具有丰富的程序调试方法，如单步、跟踪、连续运行、断点、运行至光标位置等。

3）将用户源程序编译产生可以用于烧写至用户系统程序存储器的 *.HEX 或 *.BIN 文件。

4）具有软件模拟和硬件在线仿真功能。

此外，这些开发系统几乎都支持KEIL C51集成开发环境。由于大部分MCS51单片机开发系统都支持KEIL C51集成开发环境，所以本书重点介绍KEIL C51集成开发环境。KEIL C51开发环境的使用见附录B。

任何可以挂接在KEIL C51集成开发环境的单片机开发系统都必须提供驱动程序。驱动程序是DLL文件，如周立功的TKS-668B开发系统提供TKS_DEB.DLL驱动程序。要使单片机开发系统能在KEIL C51集成开发环境下使用，应完成以下步骤：

1）将开发系统提供的TKS系列仿真器驱动文件TKS_DEB.DLL复制到KEIL C51的安装路径的 C51\bin 目录下（如 C:\KEIL\C51\bin）。

2）在KEIL C51的配置文件中声明该驱动程序。过程如下：

打开 C:\KEIL 目录下的 Tools.ini 文件，在几个分类中找到 [C51]，如图10-3所示。加入下列描述：

    TDRV3 = BIN\TKS_DEB. DLL （"TKS_668B Debugger"）

加入驱动程序描述后的 Tools.ini 文件如图10-4所示。

3）选择菜单Project，在下拉菜单中选择工程选项菜单Option for Target 'Target1' 后，出现工程的配置窗口，选择Debug选项（在线硬件仿真和软件模拟的设定）。在仿真器类型选择菜单中就出现了TKS-668B的驱动程序选项"TKS_668B Debugger"，如图10-5所示。

图 10-3　Tools. ini 文件　　　　　　　图 10-4　修改后的 Tools. ini 文件

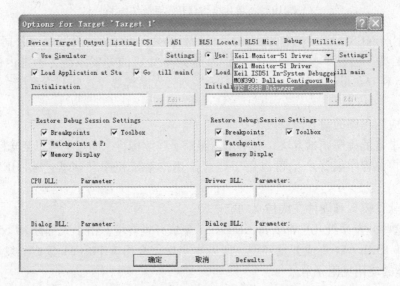

图 10-5　工程选项窗口的 Debug 标签

　　选择该驱动程序后，KEIL C51 集成开发环境下就可以使用 TKS_668B 单片机开发系统了。

　　针对不同公司生产的 MCS51 单片机开发系统，只需要按照上述 3 个步骤，就可以挂接在 KEIL C51 集成开发环境中。

10.4　单片机数据采集系统

　　在现代化的工业生产中，电流、电压、温度、压力、流量、流速和开关量都是常用的主要被控参数，要将这些信息送入计算机进行处理，就必须先将这些连续的物理量离散化，并进行量化编码，从而变成数字量，这个过程就是数据采集。单片机数据采集系统一般由单片机及扩展电路、传感器、采样保持与放大电路、A/D 转换模块等构成，根据实际需要，还可配备系统控制模块、键盘模块、显示模块等部分。在设计时应根据技术指标选择合适的传感器和 A/D 转换器以满足"实时性"与精度要求。

10.4.1 设计要求

能对 8 路模拟信号（变化频率不大于 100 Hz）进行巡回监测，采样间隔 50 ms，为增强抗干扰能力，要求对采样信号进行数字滤波处理。

10.4.2 系统硬件电路设计

数据采集系统电路原理图如图 10-6 所示。选择 89C52 单片机作为控制芯片，使用内部定时/计数器一秒钟产生一个中断信号，对 8 路模拟信号进行巡回数据采集。根据物理量的性质、要求的测量范围和测量精度选择传感器将被测物理量转换为电信号（电压或电流），转换后的信号经采样保持与放大电路后送至 12 位 A/D 转换器 AD574 将模拟量转换为数字量。由于 AD574 只有一路输入通道，而设计要求采集 8 路数据，所以采用 8 通道多路开关 CD4051 进行数据采集通道选择，每次选通一路信号进行 A/D 转换，转换并经滤波后的数字量送入单片机中暂存，根据需要进行显示、打印、报警或控制。

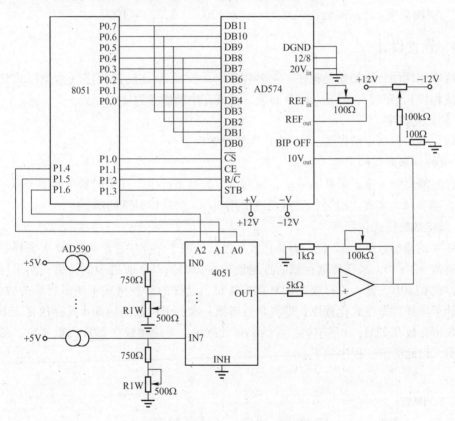

图 10-6　数据采集系统电路原理图

89C52 与 89C51 功能相似，只是内部存储器的容量和定时器的个数等有所不同。选择 89C52 单片机而不用 89C51 是因为需要对采样值进行滤波。在软件设计中，滤波是通过对 10 次采样值求平均值的方法实现的，因此所需用于数据暂存的 RAM 容量为 $10 \times 8 \times 2 = 160$ B。89C51 片内 RAM 的容量为 128 B，容量不够，而 89C52 片内 RAM 的容量为 256 B，所以选择 89C52 单片机作为控制芯片，当然也可采用 89C51，但需要扩展片外 RAM，成本与外围电路的复杂性均会增加。不同型号的单片机，其片内程序存储器的容量也不同，在选择时还要考虑应用程序的字节数，综合后确定单片机的型号。

由于传感器转换后的电信号可能与后端 A/D 转换器所要求的信号不匹配，所以要根据实际情况设计采样保持、转换和放大电路，以 AD590 温度传感器和 AD574 A/D 转换器为例的采样保持与放大电路如图 10-6 所示。

AD590 是一种两端集成电路式半导体温度传感器，输出电流与被测温度成线性关系，工作电压 +4 ~ +30 V 可选，测温范围 -55 ~ 150℃。在 0℃ 时，输出电流为 273.2 mA，灵敏度为 1 μA/K，检测系统采样放大电路如图 10-6 所示。AD590 将温度转换为电流后，经取样电阻转换为取样电压，并放大后输入 AD574 进行 A/D 转换。取样电阻设计为 1 kΩ，则温度变化 1℃，取样电阻上的压降变化 1 mV。调节 R_{1w}，使在 0℃ 时取样电压为 273.2 mV，则 100℃ 时，取样电压为 373.2 mV。由于 AD574 模拟输入电压为 0 ~ 10 V，所以需要对取样电压进行放大，放大倍数应根据测温范围进行选择，以充分利用 A/D 转换器的量程，保证采样精度。例如，当放大倍数为 20 时，放大器输出电压 U_0 为 5.464 ~ 7.464 V，对应温度值为 0 ~ 100℃。

U_0 与被测温度 t 之间的转换关系为 $t = (U_0/20 - 0.2732) \times 1000$。

10.4.3 软件设计

系统应用软件分为初始化程序、定时程序、采样及 A/D 转换程序（数据格式化程序和数字滤波程序），定时与采样及 A/D 转换、滤波在中断服务程序中完成。

1. 初始化程序

初始化程序包括中断设置、定时/计数器设置等。

2. 采样间隔时间的产生

采样间隔时间决定了采样的频率，通常由定时器来产生。在定时器中断服务程序中启动 A/D 转换器，从而实现定时采样，本系统采用 50 ms 的采样时间间隔。

3. 采样数据格式化程序

AD574 的输出数据为 12 位，需要存放在连续的两个单元中。8 通道 10 次采样数据的长度为通道数 * 2 * 10，采样数据存放的首地址设在 20H。以 0 通道为例，第一次采样数据的高 8 位存放在 20H，低 4 位存放在 21H 的高 4 位，这样的存放格式不便于后续的数值处理，因此设计了采样数据格式化程序，即将 0 通道第一次的采样数据的高 4 位存放在 20H 的低 4 位，低 8 位存放在 21H；0 通道第二次的采样数据的高 4 位存放在 22H 的低 4 位，低 8 位存放在 23H，以此类推。程序如下：

```
        ORG 0500H
FORMAT:
        MOV    R7,#80            ;循环 80 次
        MOV    R0,#20H           ;R0 指向表头首字节
        MOV    R1,#21H           ;R1 指向表头次字节
START:
        MOV    A,@R0
        XCHD   A,@R1             ;A 与 R1 所指地址内容互换
        SWAP   A                 ;A 高低半字节交换
```

```
MOV        @R0,A
MOV        A,@R1
SWAP       A                    ;A 高低半字节交换
MOV        @R1,A
ADD        R0,#2                ;R0 指向下两个字节
ADD        R1,#2                ;R1 指向下两个字节
DJNZ       R7,START             ;循环至 R7 为 0 为止
RET
```

4. 数字滤波程序

数字滤波方法有许多种，如算术平均值法、中值法、一阶低通滤波法等。在此采取简单直观的算术平均值法，取连续 10 次采样的平均值。

5. 采样及 A/D 转换程序

在定时器中断服务程序中启动 AD574。完成采样、A/D 转换、格式化处理、数字滤波、数据存储等，最后的 8 个结果分别存放于 20H、21H、34H、35H、…、0ACH 和 0ADH。T1 溢出中断服务程序流程图如图 10-7 所示。

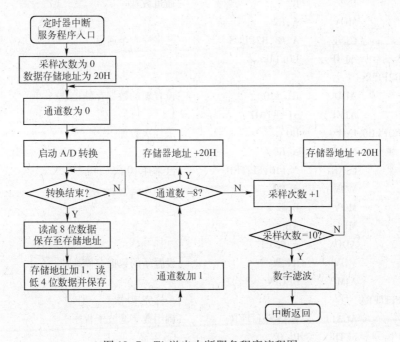

图 10-7 T1 溢出中断服务程序流程图

程序如下：

```
           ORG 0200H
OneSec：MOV    R0,#0              ;采样次数
           MOV    R1,#20H            ;数据存储地址
BEGIN：MOV    R2,#0              ;通道数
           MOV    A,R2               ;选通道
           MOV    C,A.0
```

```
        MOV       P1. 4,C
        MOV       C,A. 1
        MOV       P1. 5,C
        MOV       C,A. 2
        MOV       P1. 6,C
STARTAD:                            ;开始 A/D 转换
        CLR       P1. 0            ;CS 置低
        CLR       P1. 1            ;A0 置低
        CLR       P1. 2            ;R/C 置低
COUNTINUE:
        JB        P1. 3,COUNTINUE  ;转换是否结束
        SETB      P1. 2            ;读取高 8 位转换数据
        MOV       @R1,80H
        INC       R1               ;数据存储地址加一
        SETB      P1. 1            ;A0 置高
        MOV       @R1,80H          ;读取低 4 位数据
        INC       R2               ;通道数加一
        MOV       A,R2
        CJNE      A,#8,R2PLUS      ;已采样 8 个通道
        AJMP      R0PLUS
R2PLUS:
        ADD       R1,#20           ;设置新的数据存储地址
        AJMP      STARTAD
R0PLUS:INC        R0               ;采样次数加一
        MOV       A,R0
        CJNE      A,#10,FLITER     ;已采样 10 次
        MOV       A,R0
        MOV       B,#2
        MUL       AB
        ADD       A,#20H
        MOV       R1,A             ;设置新的数据存储地址
        AJMP      BEGIN
FLITER:                            ;采样完 10 次
        ACALL     WAVEFLITER       ;调用数字滤波子程序
        SETB      P1. 0            ;CS 置高
        CLR       P1. 1            ;A0 置低
        RETI                       ;返回
```

10.5 智能家电远程电话遥控系统

10.5.1 设计要求

智能家电远程遥控系统以单片机为控制核心，通过家庭普通电话为中介设备来实现异地

电话对家庭电器的远程控制，其中包括振铃检测、摘挂机控制、双音多频（DTMF）识别、语音提示电路、信号发送模块以及信号接受及控制模块。系统主要功能如下：

1）振铃检测。

2）自动摘挂机。

3）语音提示。

4）密码校验、设置及修改。

5）双音频信号解码及输入信息分析。

6）实现电器的远程遥控。

10.5.2 硬件电路设计

系统原理框图如图 10-8 所示。

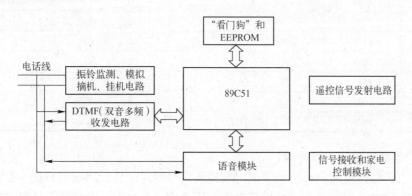

图 10-8　系统原理框图

当电话响起，继电器开关打开，单片机开始扫描是否有振铃，检测到振铃信号后单片机开始记数，如满 5 次无人摘电话，通过单片机发信号实现自动摘机。具体过程是：单片机输出控制信号给语音芯片，语音提示输入密码；输入密码完毕后单片机对密码进行校验，若密码正确，单片机输出相应控制信号给语音芯片，语音提示确认需要控制的电器；输入需要控制的电器编号后，单片机输出控制信号由 PT2262 发射控制编码对电器进行远程控制，控制完后，单片机输出信号实现自动摘机。在系统中，可以设置密码修改功能，使用"看门狗"模块对系统实现掉电保护。

为实现对电器的控制，需要预先规定编码规则使电器的控制动作编号与按键操作一一对应，同时录制好相应的语音提示，如按"1"键表示关闭厨房灯，输出至单片机的编码信号为"0001"；按"2"键表示打开鱼缸供氧设施，输出至单片机的编码信号为"0001"等。当使用者听到语音提示后，即可按下所要控制的电器所对应的按键，输入信号通过解码电路之后转换为二进制编码送到单片机中，单片机根据预先规定的编码规则判断出控制动作，然后通过 P1.0 ～ P1.3 输出相应的低电平信号使芯片 PT2262 工作发射相应的控制码，芯片 PT2272 接收电路接收控制编码后驱动开关电路实现对电器控制。

电话机中通常有 16 个按键，其中有 10 个数字键 0 ～ 9 和 6 个功能键 ＊、#、A、B、C、D。DTMF（双音多频）制电话按键经解码电路后的编码表见表 10-1。

表 10-1　DTMF 制电话按键的编码表

Frow	Fcolumn	DIGIT	D3	D2	D1	D0
697	1209	1	0	0	0	1
697	1336	2	0	0	1	0
697	1477	3	0	0	1	1
770	1209	4	0	1	0	0
770	1336	5	0	1	0	1
770	1477	6	0	1	1	0
852	1209	7	0	1	1	1
852	1336	8	1	0	0	0
852	1477	9	1	0	0	1
941	1336	0	1	0	1	0
941	1209	.	1	0	1	1
941	1477	#	1	1	0	0
697	1633	A	1	1	0	1
770	1633	B	1	1	1	0
852	1633	C	1	1	1	1
941	1633	D	0	0	0	0

1. 振铃检测电路及工作原理

根据要求，振铃检测只有在接线端出现铃流信号时才工作，因而它只能在交流电压下才可工作，在直流电压下不工作。根据其工作电压要求，可选取一个稳压二极管，由于铃流电压有效值为 75 V，频率为 25 Hz 且以 5 s 为周期，即 1 s 送，4 s 断，所以选择的稳压二极管的电压范围应为 50～70 V。本系统选取 65 V 的稳压二极管。当电话处于来电状态时，其交流电压有效值为 75 V，大于稳压二极管的反向导通电压，因而能进行振铃检测。通过光耦合器接到单片机的外部中断端口（在本设计系统中，光耦合器的输出接到单片机的外部中断 0），就可设定系统的响铃次数，为系统自动摘机作准备。当电话处于未来电时，电话线的电压为 49.5 V 的直流电压，小于稳压二极管的反向导通电压，不能进行振铃检测，对电话机无影响。振铃检测电路原理图如图 10-9 所示。

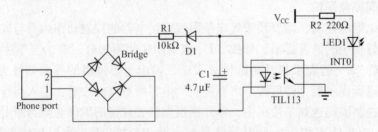

图 10-9　振铃检测电路原理图

2. 自动摘挂机电路及工作原理

根据国家有关标准规定，不论任何电话机，摘机状态的直流电阻应小于等于 300 Ω；在挂机状态下，其漏电流小于等于 5 μA。当用户摘机时，电话机通过叉簧接上约 300 Ω 的负载，使整个电话线回路流过约 30 mA 的电流。电话交换机检测到该电流后便停止铃流发送，并将线路电压降大约为 7.5 V 直流电，完成接通。

当单片机检测到系统设定的振铃次数后，送出摘机信号：P3.5 输出低电平，驱动晶体管 VT1 导通，此时继电器闭合，电阻接入电路中，实现摘机。若需要挂机时，则 P3.5 输出高电平继电器断开，电路没有形成回路，实现挂机。自动模拟摘机的电路原理图如图 10-10 所示。

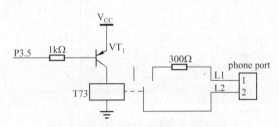

图 10-10　自动摘挂机电路原理图

摘机后，异地电话通过电话网络输入密码（密码预存在 EEPROM 芯片 CAT24C021 中，可在线修改），如果错误达到 3 次以上，则本系统要自动挂机，或者密码输入正确后用户在 20 s 内没有系统提示的动作，本系统也将自动挂机。该操作一方面可以防止随意打入的电话引起不必要的操作，给家居生活带来麻烦；另一方面可以防止密码校验正确后长时间的待机占用家庭电话机过多的时间，致使外部的其他电话打不进来。

3. 双音频信号解码及输入信息分析

双音多频解码器是用于获取和解析双音多频信号的，其主要的工作就是从电话线上取得双音多频信号，然后对信号进行滤波，把干扰信号滤去，辨识出其中对应的标准 DTMF 信息，并对其译码为二进制形式，供给数字处理电路使用。

MT8870 是 MITEL 公司生产的 DTMF 解码器，它具有 DTMF 信号分离滤波和译码功能，内部有差动运算放大器，可通过引出的引脚调节放大增益。它可直接与 MCS51 系列单片机连接，解码输出二进制数据可直接供给单片机使用。其工作原理如下：MT8870 接收到一个有效的 DTMF 信号后，EST 端首先变为高电平，经积分电路使控制输入端电平升高。当 TOE 端电平低于门限电压时，MT8870 内部的 4 位二进制保持不变，STD 端保持低电平；若 TOE 端高于门限电压，则 MT8870 内部的 4 位二进制码被更新，STD 输出由低电平变为高电平，经反相器后向单片机发出中断申请，通知单片机主控台发出现在已有控制信息，单片机接到中断申请后，通过端口读取 MT8870 的译码数据。MT8870 如果无 DTMF 信号输入或 DTMF 信号连续失真，则 EST 端为低电平，TOE 端也为低电平，STD 输出低电平，经反相器后不会向单片机发出中断申请。

当用户在电话机的键盘上输入密码或按下控制按钮后，这些信息以双音频信号方式通过电话线发出。DTMF 解码电路的主要作用是接收从电话线输入的双音多频信号并将其转换成二进制编码输出（Q1～Q4）至单片机 P0.0～P0.3，实现不同的控制功能，其与单片机连接的电路如图 10-11 所示。

4. 语音提示模块

本系统采用 ISD4004-8M 单片语音录放集成电路作为语音录放的核心部分，支持录放时间达 8 min。将需要的语音信息按段录入到 ISD4004 后，在单片机的控制下将录入的语音信息按顺序由音频输出端输出，然后经音频功率放大器 LM386 放大后送到电话线路。

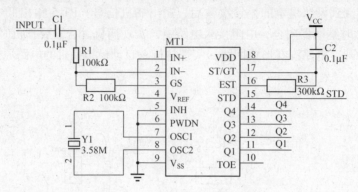

图 10-11　MT8870 与单片机的连接电路

ISD4004 系列语音芯片工作电压为 3 V，单片录放时间长为 8 ~ 16 min，音质好，用于移动电话及其他便携式电子产品中。芯片采用 CMOS 技术，内含振荡器、防混淆滤波器、平滑滤波器、音频放大器、自动静噪及高密度多电平闪存系列。芯片设计是基于所有操作必须由微控制器控制，操作命令可通过串行通信接口（SPI 或 Microwire）送入。芯片采用多电平直接模拟存储技术，每个采样值直接存储在片内闪存中，因此能够非常真实、自然地再现语音、音乐、音调和效果声，避免了一般固体录音电路因量化和压缩造成的量化噪声和"金属声"。采样频率可为 4.0、5.3、6.4、8.0 kHz，频率越低，录放时间越长，而音质有所下降。片内信息存于闪存中，可在断电情况下保存 100 年（典型值），反复录音 10 万次。

ISD4004 的器件延时 TPUD（8 kHz 采样时，约为 25 ms）后才能开始操作。因此，用户发完上电指令后，必须等待 TPUD，才能发出一条操作指令。

例如，从地址 00H 处发音，应遵循如下时序：

1）发 POWER UP 命令。

2）等待 TPUD（上电延时）。

3）发地址值为 00 的 SET PLAY 命令。

4）发 PLAY 命令。

器件会从 00H 地址开始放音，当出现 EOM 时，立即中断，停止放音。

如果从 00 处录音，则按以下时序：

1）发 POWER UP 命令。

2）等待 TPUD（上电延时）。

3）发 POWER UP 命令。

4）等待 2 倍 TPUD。

5）发地址值为 00 的 SETREC 命令。

6）发 REC 命令。

器件便从 00 地址开始录音，一直到出现 OVF（存储器末尾）时，录音停止。指令表见表 10-2。

表 10-2　指令表

指令	8 位控制码 <16 位地址 >	操 作 摘 要
POWER UP	00100XXX < XXXXXXXXXXXXXXXX >	上电：等待 TPUD 后器件可以工作
SET PLAY	11100XXX < A15 – A0 >	从指定地址开始放音。后跟 PLAY 指令可使放音继续下去
PLAY	11110XXX < XXXXXXXXXXXXXXXX >	从当前地址开始放音（直至 EOM 或 OVF）
SET REC	10100XXX < A15 – A0 >	从指定地址开始录音。后跟 REC 指令可使录音继续下去
REC	10110XXX < XXXXXXXXXXXXXXXX >	从当前地址开始录音（直至 OVF 或停止）
SET MC	11101XXX < XXXXXXXXXXXXXXXX >	从指定地址开始快进。后跟 MC 指令可使快进继续下去
MC	11111XXX < XXXXXXXXXXXXXXXX >	执行快进，直到 EOM，若再无信息，则进入 OVF 状态
STOP	0X110XXX < XXXXXXXXXXXXXXXX >	停止当前操作
STOP WRDN	0X01XXXX < XXXXXXXXXXXXXXXX >	停止当前操作并停电
RINT	0X110XXX < XXXXXXXXXXXXXXXX >	读状态：OVF 和 EOM

注：快进只能在放音操作开始时选择。

语音模块电路原理图如图 10-12 所示。

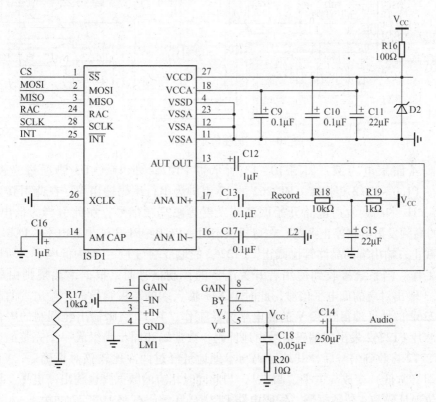

图 10-12　语音模块电路原理图

语音芯片的片选（CS）、串行输入（MOSI）、串行输出（MISO）、行地址时钟（RAC）、串行时钟（SCLK）和中断（INT）分别接到单片机的 I/O 口，由单片机控制。语音留言从语音芯片的 16 和 17 引脚录入，16 引脚接电话线的负极（L2），17 引脚接电话线的正极（L1）。由于当电话机处于来电挂机状态时，电话线路电压是有效值为 75 V 的交流电，所以播放接口和录音接口都不能直接接到电话线上。因此，本设计用继电器来控制电话线的正极（L1），继电器的常闭一端接到 INPUT，常开一端接到 AUDIO。当电话处于摘机状态时，L1 才接到 17 引脚，此时可以解码或者录音。如果想播放语音提示，则给 P3.6 口一个低电平，晶体管导通，继电器闭合，电话线的正极（L1）与 AUDIO 相接，此时单片机对 ISD4004 发送播放命令，用户就可以听到语音提示了。

5. 电器遥控模块

本系统采用 PT2262/2272 芯片为核心的无线发射和接收模块来进行电器遥控，发送与接收电路如图 10-13 和图 10-14 所示。

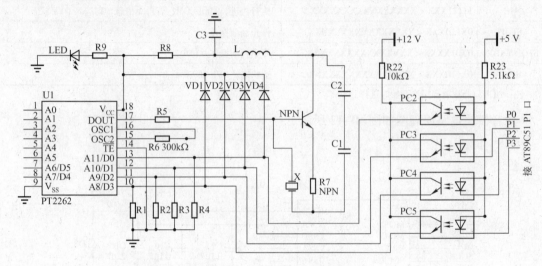

图 10-13　遥控信号发送电路图

以控制 4 路家电为例，如图 10-13 所示将 PT2262 的 D0 ~ D3 脚通过光耦合器与 AT89C51 的 P1.0 ~ P1.3 相连接。PT2262 的 17 引脚为串行编码输出端，在此引脚为高电平期间，315 MHz 的高频发射电路开始振荡并发射等幅高频信号；在此引脚为低电平期间，315 MHz 的高频发射电路停止振荡。在待机状态时，P1.0 ~ P1.3 输出高电平，PC817 输入端的二极管截止，输出端的晶体管也截止，PT2262 的地址端与 17 引脚为低电平，所以高频发射电路不工作。当系统接收到使用者开关电器的控制信号时，根据编码规则由单片机的 P1.0 ~ P1.3 输出对应的低电平信号，此时 PC817 输入端的二极管导通，输出端的晶体管也导通，PT2262 的地址端得到 12 V 的高电平开始工作，其 17 引脚输出经调制的串行数据信号。编码芯片 PT2262 发出的编码信号由地址码、数据码和同步码组成一个完整的码字，解码芯片 PT2272 接到信号后，其地址码与本地地址经过两次比较核对正确后，VT 解码有效，输出端（常低）变成高电平（瞬态），与此同时相应的数据脚也输出高电平。设计时一般采用 8 位地址码和 4 位数据码，编码电路 PT2262 和解码电路 PT2272 的第 1 ~ 8 为地址引脚，有 3 种状态可供选择，即悬空、接正电源和接地，地址编码不重复地分为 6561 组。遥控模块的生产厂家为了便于生产管理，出厂时将遥控模块的 PT2262 和 PT2272 的 8 位地址编码端全部悬空。这样用户可以很方便地选择各种编码状态，当两者地址编码完全一致时，接收机对应的 D1 ~ D4 端输出约 4 V 互锁高电平控制信号，同时 VT 端也输出解码有效高电平信号。

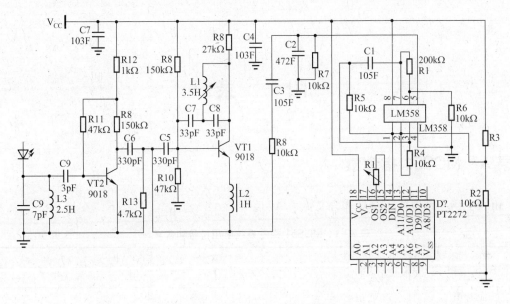

图 10-14　遥控信号接收电路图

10.5.3　软件设计

本系统的软件设计主要分为系统初始化、振铃检测计数、控制摘挂机、双音频信号分析处理、控制电器等部分，程序流程框图如图 10-15 所示。

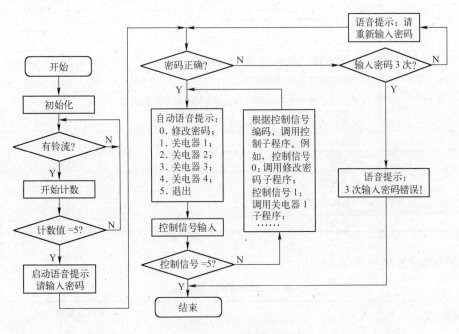

图 10-15　程序流程框图

附　　录

附录 A　MCS51 指令集

MCS51 指令系统所用符号和含义见表 A-1。

表 A-1　MCS51 指令系统所用符号和含义

符　　号	含　　义
addr11	11 位地址
addr16	16 位地址
bit	位地址
rel	相对偏移量，为 8 位符号数（补码形式）
direct	直接地址单元（RAM、SFR 和 I/O）
#data	立即数
Rn	工作寄存器
A	累加器
Ri	i = 0、1，指数据指针 R0 或 R1
X	片内 RAM 中的直接地址或寄存器
@	在间接寻址方式中，表示间接寄存器的符号
（X）	表示存储单元 X 中的内容
（（X））	表示以存储单元 X 中的内容为地址的存储单元的内容
→	数据传送方向
∧	逻辑与
∨	逻辑或
⊕	逻辑异或
√	对标志产生影响
×	不影响标志

MCS51 指令集见表 A-2。

表 A-2　MCS51 指令集

十六进制代码	助　记　符	功　　能	P	OV	AC	CY	字节数	周期数
		算术运算指令						
28 ~ 2F	ADD A, Rn	A + Rn→A	√	√	√	√	1	1
25direct	ADD A, direct	A + (direct)→A	√	√	√	√	2	1

十六进制代码	助 记 符	功　能	对标志影响 P	OV	AC	CY	字节数	周期数
26 27	ADD A，@Ri	A+(Ri)→A	√	√	√	√	1	1
24data	ADD A，#data	A+data→A	√	√	√	√	2	1
38～3F	ADDC A，Rn	A+R+CY→A A+(direct)+	√	√	√	√	1	1
35direct	ADDC A，direct	CY→A	√	√	√	√	2	1
36 37	ADDC A，@Ri	A+(Ri)+CY→A	√	√	√	√	1	1
34data	ADDC A，#data	A+data+CY→A	√	√	√	√	2	1
98～9F	SUBB A，Rn	A−Rn−CY→A	√	√	√	√	1	1
95direct	SUBB A，direct	A−(direct)−CY→A	√	√	√	√	2	1
96 97	SUBB A，@Ri	A−(Ri)−CY→A	√	√	√	√	1	1
94data	SUBB A，#data	A−data−CY→A	√	√	√	√	2	1
04	INC A	A+1→A	√	×	×	×	1	1
08～0F	INC Rn	Rn+1→Rn	×	×	×	×	1	1
05direct	INC direct	(direct)+1→(direct)	×	×	×	×	2	1
06 07	INC @Ri	(Ri)+1→(Ri)	×	×	×	×	1	1
A3	INC DPTR	DPTR+1→DPTR	×	×	×	×	1	2
14	DEC A	A−1→A	√	×	×	×	1	1
18～1F	DEC Rn	Rn−1→Rn	×	×	×	×	1	1
15direct	DEC direct	(direct)−1→(direct)	×	×	×	×	2	1
16 17	DEC Ri	(Ri)−1→(Ri)	×	×	×	×	1	1
A4	MUL AB	A·B→BA	√	√	×	0	1	4
84	DIV AB	A/B→A…B	√	√	×	0	1	4
D4	DA A	对A进行十进制调整	√	√	√	√	1	1
逻辑运算指令								
58～5F	ANL A，Rn	A∧Rn→A	√	×	×	×	1	1
55direct	ANL A，direct	A∧(direct)→A	√	×	×	×	2	1
56 57	ANL A，@Ri	A∧(Ri)→A	√	×	×	×	2	1
54data	ANL A，#data	A∧data→A	√	×	×	×	2	1
52direct	ANL direct，A	(direct)∧A→(direct)	×	×	×	×	2	1
48～4F	ORL A，Rn	A∨Rn→A	√	×	×	×	1	1
45direct	ORL A，direct	A∨(direct)→A	√	×	×	×	2	1
46 47	ORL A，@Ri	A∨(Ri)→A	√	×	×	×	1	1
44data	ORL A，#data	A∨data→A	√	×	×	×	2	1
42direct	ORL direct，A	(direct)∨(A)→(direct)	×	×	×	×	2	1
43direct data	ORL direct，#data	(direct)∨data→(direct)	×	×	×	×	3	2
68～6F	XRL A，Rn	A⊕Rn→A	√	×	×	×	1	1
65direct	XRL A，direct	A⊕(direct)→A	√	×	×	×	2	1
66 67	XRL A，@Ri	A⊕(Ri)→A	√	×	×	×	1	1
64data	XRL A，#data	A⊕data→A	√	×	×	×	2	1

十六进制代码	助 记 符	功 能	P	OV	AC	CY	字节数	周期数
62 direct	XRL direct，A	(direct) ⊕ A→(direct)	×	×	×	×	2	1
63 direct data	XRL direct，#data	(direct) ⊕ data→(direct)	×	×	×	×	3	2
E4	CLR A	0→A	√	×	×	×	1	1
F4	CPL A	$\overline{A}$→A	×	×	×	×	×	1
23	RL A	A 循环左移一位	×	×	×	×	×	1
33	RLC A	A 带进位循环左移一位	√	×	×	×	1	1
3	RR A	A 循环右移一位	×	×	×	×	1	1
13	RRC A	A 带进位循环右移一位	√	×	×	×	1	1
C4	SWAP A	A 半字节交换	×	×	×	×	1	1
数据传送指令								
E8 ~ EF	MOV A，Rn	Rn→A	√	×	×	×	1	1
E5 direct	MOV A，direct	(direct)→A	√	×	×	×	2	1
E6 E7	MOV A，@Ri	(Ri)→A	√	×	×	×	1	1
74 data	MOV A，#data	data→A	√	×	×	×	2	1
F8 ~ FF	MOV Rn，A	A→Rn	×	×	×	×	1	1
A8 ~ Af direct	MOV Rn，direct	(direct)→Rn	×	×	×	×	2	2
78 ~ 7F data	MOV Rn，#data	data→Rn	×	×	×	×	2	1
F5 direct	MOV direct，A	A→(direct)	×	×	×	×	2	1
88 ~ 8F direct	MOV direct，Rn	Rn→(direct)	×	×	×	×	2	2
85 direct2 direct1	MOV direct1，direct2	(direct2)→(direct1)	×	×	×	×	3	2
86 87 direct	MOV direct，@Ri	(Ri)→(direct)	×	×	×	×	2	2
75 direct data	MOV direct，#data	data→(direct)	×	×	×	×	3	2
F6 F7	MOV @Ri，A	A→(Ri)	×	×	×	×	1	1
A6 A7 direct	MOV @Ri，direct	(direct) → (Ri)	×	×	×	×	2	2
76 77 data	MOV @Ri，#data	data→(Ri)	×	×	×	×	1	
90 data16	MOV DPTR，#data16	data16→DPTR	×	×	×	×	3	2
93	MOVC A，@A + DPTR	(A + DPTR)→A	√	×	×	×	1	2
83	MOVC A，@A + PC	PC + 1→PC，(A + PC)→A	√	×	×	×	1	2
E2 E3	MOVX A，@Ri	(Ri)→A	√	×	×	×	1	2
E0	MOVX A，@DPTR	(DPTR)→A	√	×	×	×	1	2
F2 F3	MOVX @Ri，A	A→(Ri)	×	×	×	×	1	2
F0	MOVX @DPTR，A	A→(DPTR)	×	×	×	×	1	2
C0 direct	PUSH direct	SP + 1→SP，(direct)→(SP)	×	×	×	×	2	2

十六进制代码	助 记 符	功 能	对标志影响				字节数	周期数
			P	OV	AC	CY		
D0direct	POP direct	(SP)→(direct),(SP)-1→(SP)	×	×	×	×	2	2
C8~CF	XCH A, Rn	A⟷Rn	√	×	×	×	1	1
C5direct	XCH A, direct	A⟷(direct)	√	×	×	×	2	1
C6 C7	XCH A, @Ri	A⟷(Ri)	√	×	×	×	1	1
D6 D7	XCHD A, @Ri	A0~3⟷(Ri)0~3	√	×	×	×	1	1
位操作指令								
C3	CLR C	0→CY	×	×	×	√	1	1
C2bit	CLR bit	0→(bit)	×	×	×		2	1
D3	SETB C	1→CY	×	×	×	√	1	1
D2bit	SETB bit	1→(bit)	×	×	×		2	1
B3	CPL C	$\overline{CY}$→CY	×	×	×	√	1	1
B2bit	CPL bit	$\overline{bit}$→bit	×	×	×		2	1
82bit	ANL C, bit	CY∧bit→CY	×	×	×	√	2	2
B0bit	ANL C, /bit	CY∧$\overline{bit}$→CY	×	×	×	√	2	2
72bit	ORL C, bit	CY∨bit→CY	×	×	×	√	2	2
A0bit	ORL C, /bit	CY∨$\overline{bit}$→CY	×	×	×	√	2	2
A2bit	MOV C, bit	bit→CY	×	×	×	√	2	1
92bit	MOV bit, C	CY→bit	×	×	×	×	2	1
控制转移指令								
*1	ACALL addr11	PC+2→PC, SP+1→SP PCL→(SP) SP+1→SP PCH→(SP), addr11→PC10-0	×	×	×	×	2	2
12addr16	LCALL addr16	PC+3→PC, SP+1→SP PCL→(SP), SP+1→SP PCH→(SP), addr16→PC	×	×	×	×	3	2
22	RET	(SP)→PCH, (SP)-1→SP (SP)→PCL, (SP)-1→SP, 子程序返回 (SP)→PCL, (SP)-1→SP	×	×	×	×	1	2
32	RETI	(SP)→PCH, (SP)-1→SP (SP)→PCL, (SP)-1→SP, 从中断返回	×	×	×	×	1	2

十六进制代码	助 记 符	功 能	对标志影响 P	OV	AC	CY	字节数	周期数
80rel	SJMP rel	PC + 2→PC，PC + rel→PC	×	×	×	×	2	2
73	JMP @ A + DPTR	A + DPTR→PC	×	×	×	×	1	2
60rel	JZ rel	PC + 2→PC,若 A = 0,则 PC + rel →PC	×	×	×	×	2	2
70rel	JNZ rel	PC + 2→PC,若 A≠0,则 PC + rel →PC	×	×	×	×	2	2
40rel	Jc rel	PC +2→PC，若 CY = 1，则 PC + rel→PC	×	×	×	×	2	2
50rel	NJC rel	PC +2→PC，若 CY = 0，则 PC + rel→PC	×	×	×	×	2	2
20bit rel	JB bit，rel	PC +3→PC，若 bit = 1，则 PC + rel→PC	×	×	×	×	3	2
30bit rel	JNB bit，rel	PC +3→PC，若 bit = 0，则 PC + rel→PC	×	×	×	×	3	2
10bit rel	JBC bit，rel	PC +3→PC，若 bit = 1，则 0→bit，PC + rel→PC	×	×	×	×	3	2
B5 direct rel	CJNE A，direct，rel	PC +3→PC，若 A≠（direct），则 PC + rel→PC；若 A <（direct），则 1→CY	×	×	×	√	3	2
B4 data rel	CJNE A，#data，rel	PC +3→PC，若 A≠data，则 PC + rel → PC；若 A < data，则1→CY	×	×	×	√	3	2
B8 ~ BF data rel	CJNE Rn，#data，rel	PC +3→PC，若 Rn≠data，则 PC + rel → PC；若 Rn < data，则1→CY	×	×	×	√	3	2
B6 ~ B7	CJNE @ Ri，#data，rel	PC +3→PC，若 Ri≠data，则 PC + rel→PC，若 Ri < data，则 1 →CY	×	×	×	√	3	2
D8 ~ DF rel	DJNZ Rn，rel	Rn – 1→Rn，PC +2→PC，若 Rn≠0，则 PC + rel→PC	×	×	×	×	2	2
D5 direct rel	DJNZ direct，rel	PC +2→PC，direct – 1→direct	×	×	×	×	3	2
00	NOP	空操作	×	×	×	×	1	1

注：*1 机器码 a10a9a810001a7a6a5a4a3a2a1a0，其中 a10a9a8…a2a1a0 是 addrl1 的各位

附录 B　μVision2 集成开发环境使用

μVision2 集成开发环境 IDE 是一个基于 Windows 的软件开发平台，包含一个高效的编辑器、一个项目管理器和一个 MAKE 工具。

μVision2 支持所有的 8051 KEIL 工具，包括 C 编译器、宏汇编器、连接器/定位器和目标文件至 HEX 格式的转换器。

μVision2 软件提供了各种操作菜单和快捷图标，如编辑器操作、项目维护、开发工具选项设置、程序调试、窗口选择和操作以及在线帮助等。工具菜单栏可以快速执行 μVision2 命令，键盘快捷键也可以执行命令。

在 μVision2 集成开发环境下，使用工程项目的方法来管理文件，而不是单一文件的模式。所有文件包括源文件（C 语言程序和汇编程序）、头文件和说明性的技术文档都可以放在工程项目文件中统一管理。

对于刚使用 KEIL C51 的用户，一般可以按照以下步骤来创建一个自己的 KEIL C51 应用程序。

1）启动 μVision2，创建一个工程项目文件。

2）为工程项目选择目标器件（如选择 ATMEL AT89C51）。

3）为工程项目设置软件和硬件调试环境。

4）创建源程序文件，并输入源程序代码。

5）保存创建的源程序文件。

6）将源程序文件添加到项目中。

7）添加配置启动代码（适用于用 C 语言编写的源程序）。

下面以创建一个新的工程文件 My_Project1. UV2 为例，详细介绍建立一个 KEIL C51 应用程序的过程。

1. 创建工程

1）双击桌面上的 μVision2 快捷图标█，进入如图 B-1 所示的 KEIL C51 集成开发环境。μVision2 启动后，总是打开用户前一次处理的工程。

2）选择工具菜单栏的 Project 选项，在弹出如图 B-2 所示的下拉菜单中选择 New Project 命令，建立一个新的 μVision2 工程，这时会弹出如图 B-3 所示的项目文件保存对话框。

为工程项目取名并确定工程项目存放的路径后，单击"保存"按钮退出新建工程项目的窗口。这里应注意：

● 用户在给工程项目取名称时，工程名应便于记忆，且不宜过长。

● 在选择工程存放的路径时，建议为每个工程单独建立一个文件夹，并且将工程中所有的文件都放在这个文件夹中。

3）在工程建立完毕后，μVision2 会立即弹出如图 B-4 所示的目标器件选择窗口。目标器件选择的目的是告诉 μVision2 所使用的 8051 单片机芯片的型号，因为不同型号的 8051 单片机内部资源是不同的。μVision2 根据选择的器件进行特殊功能寄存器预定义，在软件和硬件仿真中提供易于操作的外设窗口。

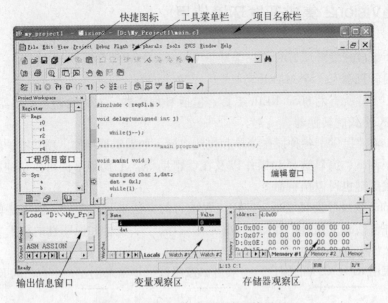

图 B-1　KEIL C51 集成开发环境界面

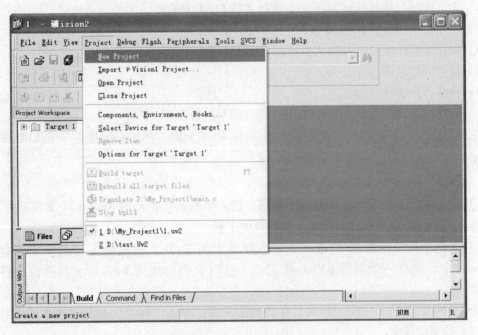

图 B-2　新建工程项目的菜单

　　图 B-4 中选择的是 ATMEL 公司的 AT89C51 芯片。如果用户在选择完目标器件后想重新更改目标器件，则可以通过工具菜单栏中的 Project 选项，在弹出如图 B-5 所示的下拉菜单中选择 Select Device for Target 'Target 1'，在弹出如图 B-4 所示的窗口中重新选择目标器件。由于不同厂家的许多芯片型号相同或相近，所以当用户的目标器件型号在 μVision2 中找不到时，用户可以选择其他公司相近的芯片型号。

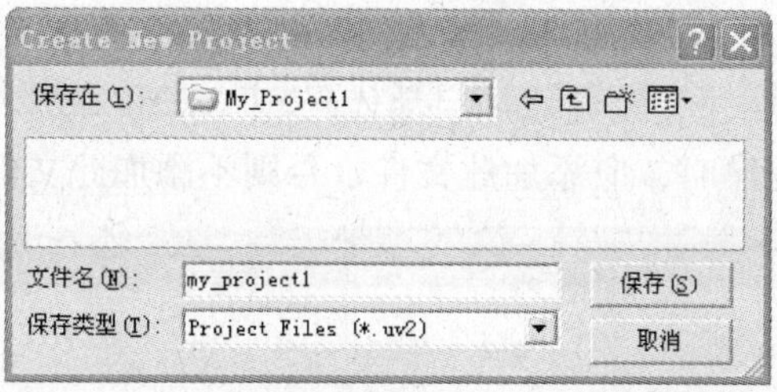

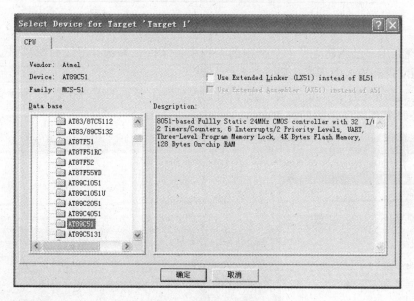

图 B-3　新建工程项目的保存对话框

图 B-4　目标器件选择窗口

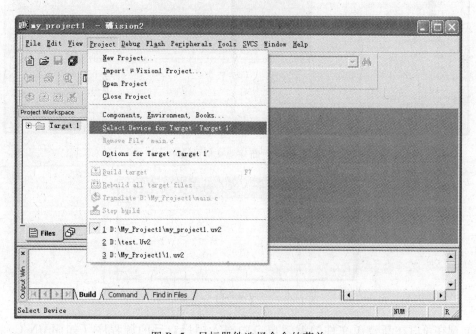

图 B-5　目标器件选择命令的菜单

选择目标器件并确定后，会立即弹出如图 B-6 所示的复制并添加启动代码对话框，用户可以选择是否在工程项目中复制并添加启动代码 STARTUP. A51 文件。当用户采用 C 语言编写 MCS51 单片机应用程序时，应添加此文件，否则不添加此文件。

图 B-6　复制并添加启动代码对话框

4）到现在用户已经建立了一个空白的工程项目文件，并选择好了目标器件。下一步就可以创建源文件和输入源程序代码。

选择工具菜单栏中的 File 选项，在弹出的如图 B-7 所示的菜单中选择 New 命令，这时会出现一个如图 B-8 所示的新建源文件的编辑窗口 Text1。

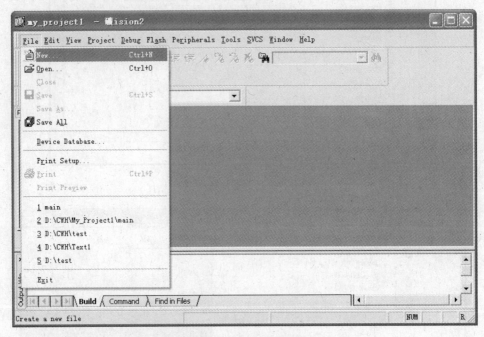

图 B-7　新建源文件的菜单

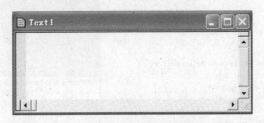

图 B-8　新建源文件的编辑窗口

5）现在可以在新建源文件的编辑窗口中输入用户自己的源程序（如 MAIN. C）。由于 μVision2 是一个标准的 Windows 应用程序，所以源文件的编辑方法同其他的文本编辑器是一样

204

的，用户可以执行如输入、删除、选择、复制、粘贴等基本的文字处理命令。当然也可以在其他的文本编辑器中编写源程序，如记事本等。通过别的文本编辑器编写源程序应注意在保存源文件时确定该文件的扩展名为.ASM或.C，而不能保存为默认的.txt或.doc等文件格式。

6）源程序输入完毕后选择工具菜单栏中的File选项，在弹出的菜单中选择Save命令保存源程序文件，这时会弹出如图B-9所示的对话窗口。在文件名栏中输入源程序文件名，图B-9是将源文件保存为main.c。注意，由于μVision2只支持汇编语言和C语言，所以在保存源文件时扩展名应是.ASM或.C。

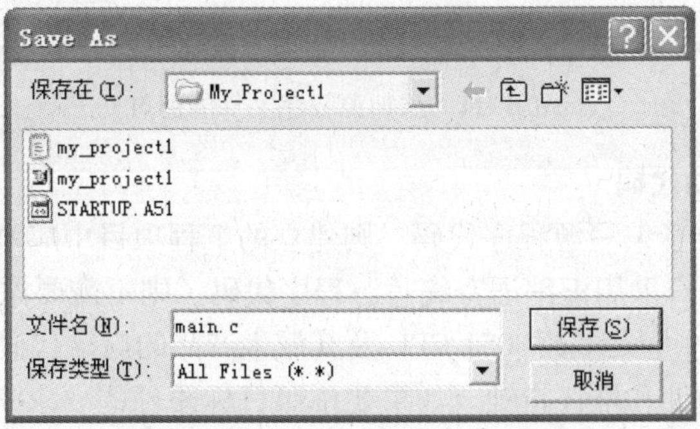

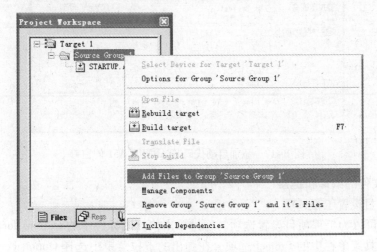

图B-9　保存源程序文件的窗口

在源程序文件正确保存后，源程序文件中的关键字就变成了蓝色。这是用户检查源程序中各关键字的一个好方法。

在创建源文件后，main.c源程序文件只是一个独立的文件，与My_Project1.UV2工程项目还没有建立起任何关系。此时，用户应该把源程序文件添加到My_Project1.UV2工程中，从而构成一个完整的工程项目。在如图B-10所示的Project Workspace窗口中，先选中Source Group1，然后单击鼠标右键，在弹出的菜单中选择Add Files to Group 'Source Group1'选项。此时会弹出一个如图B-11所示的添加源程序文件的窗口。至此，My_Project1.UV2工程已经建立完毕。

图B-10　添加源程序文件的菜单

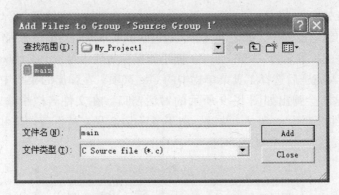

图 B-11　添加源程序文件的窗口

2. 添加和配置启动代码

如果用户采用 C 语音编写源程序代码，则建立的工程项目中应添加启动代码文件 STAR-TUP. A51。当然如果用户采用汇编语音编写源程序代码，则不需要添加这个启动代码文件。

STARTUP. A51 文件是大多数 8051 CPU 及其派生产品的启动代码。启动代码用于清零数据存储器，并初始化硬件和堆栈指针。如果要按照目标硬件的要求来修改 STARTUP. A51 文件，那么应将它从安装目录（如 C：\KEIL\C51\LIB）中复制到项目文件夹中。添加启动代码的方法有两种。

- 一种方法是：在添加目标器件后，会弹出如图 6 所示的对话框，询问是否将标准的 STARTUP. A51 文件复制到工程文件夹中，并将其添加到工程项目中，选择"是"按钮就可以完成添加启动代码的工作。
- 另一种方法是：用户手动先将启动代码 STARTUP. A51 文件从安装目录（如 C：\KEIL\C51\LIB）中复制到项目文件夹中，然后使用添加源程序文件到工程项目的方法将 STARTUP. A51 文件添加到工程项目中，如图 B-12 所示。

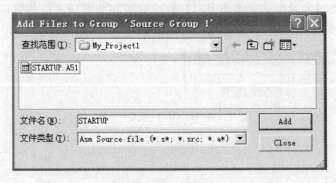

图 B-12　添加启动代码 STARTUP. A51 的窗口

3. 程序文件的编译和链接

（1）为项目设置工程选项

μVision2 可以为工程项目设置选项。通过单击快捷图标栏中的 Options for Target 图标，或通过选择工具菜单栏中的 Project 选项，在弹出的下拉菜单中选择 Option For Target 'Target 1'命令。此时，将弹出如图 B-13 所示的 μVision2 调试环境设置窗口，为工程项目设置工程选项。

在 Target 标签的页面中，可以指定目标硬件以及所选器件片内部件的所有相关参数，如图 B-13 所示。

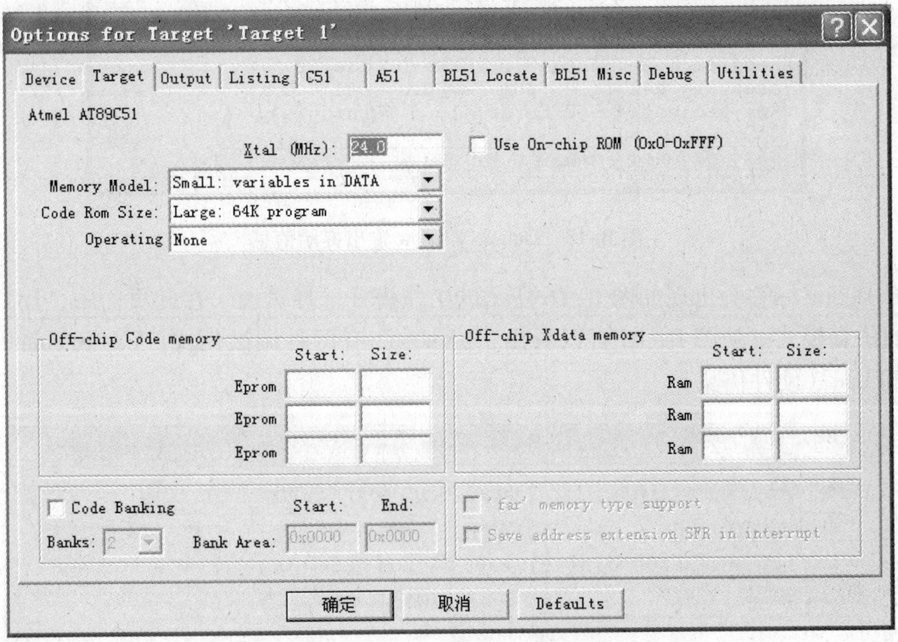

图 B-13 μVision2 调试环境设置窗口

单击 Output 标签，在打开的选项卡中选择 Create Hex File 选项，如图 B-14 所示。在工程编译完成后，系统将自动生成以工程项目名为名称的目标代码文件 ＊.HEX（如 My_Project1.HEX），如图 B-15 所示。

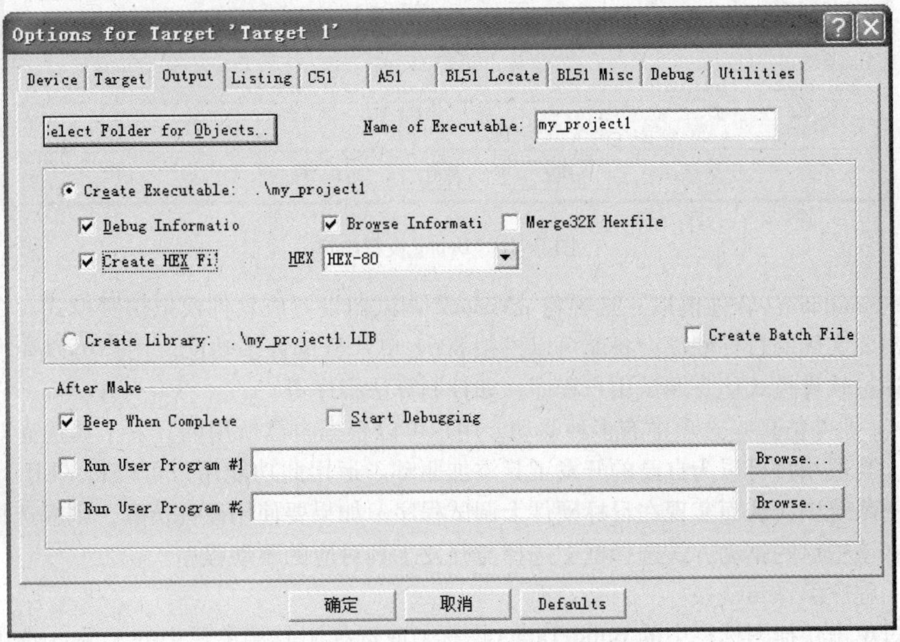

图 B-14 Option for Target-Output 选项页面

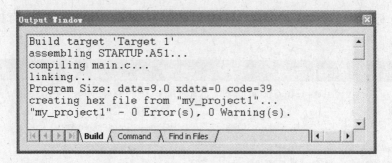

图 B-15 Output Window 输出提示信息

选择 Debug 标签会出现如图 B-16 所示的工作模式选择页面。在此页面中，用户可以设置不同的仿真模式。从图 B-16 可以看出，μVision2 有两种调试模式：Use Simulator（软件模拟）和 Use（硬件仿真）。

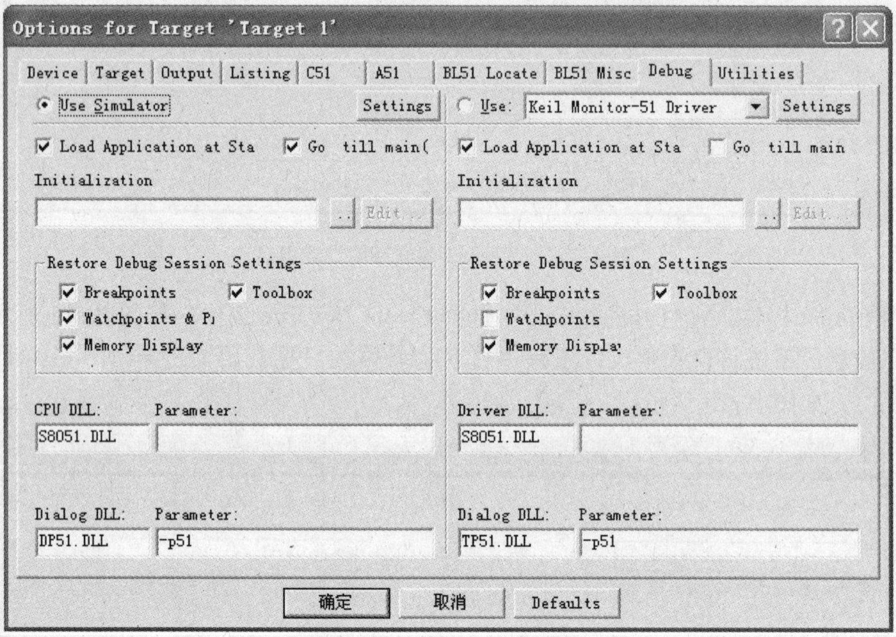

图 B-16 Debug 设置窗口

Use Simulator（软件模拟）选项将 μVision2 调试器设置成软件模拟仿真模式。在此模式下，不需要实际的目标硬件设备就可以模拟 8051 单片机的许多功能。用户可以在准备硬件之前，通过软件模式仿真调试用户程序，如控制算法程序等。

Use（硬件仿真）选项中有多种驱动，用户可以根据自己所用的开发工具选择对应的驱动程序。当然用户可以为自己的开发工具添加驱动。运用此功能用户可以将 KEIL C51 嵌入到自己的系统中，从而实现在目标硬件上调试程序。如果要使用硬件仿真，则应选择 Use 选项，并在该栏后的驱动方式选择框中选择与开发工具对应的驱动程序。

（2）程序编译与链接

通过单击快捷图标栏中的 Build Target 图标■或选择工具菜单栏中的 Project 选项，在弹出的下拉菜单中选择 Build Target 命令，可以对源程序文件进行编译；当然也可以选择

Rebuild ALL Target Files 来编译工程项目中的所有文件，此时 μVision2 会在 Output Window 信息输出窗口中显示一些相关信息，如图 B-15 所示。Build Target 命令只会编译修改过的源文件或新的源文件。Rebuild All Target 命令将编译工程中所有文件，而不考虑文件是否修改过。

若在编译过程中出现错误，系统会在输出窗口中给出错误所在的行和该错误的提示信息，用户可以根据这些提示信息修改源程序中出现的错误，保存并重新编译直至没有错误信息。当出现错误信息时，用户可以用鼠标双击 Output Window 窗口中的错误信息，此时 μVision2 会在编辑器窗口用颜色箭头指示出有错误的语句，这种方法可以快速定位有错误的语句。

至此一个完整的工程项目 My_Project1. UV2 已经完成。然而一个符合要求的、好的工程项目需要经软件调试、硬件调试、现场系统调试等反复修改、更新。

4. 调试程序

μVision2 调试器可以调试用 C 语言和汇编语言开发的应用程序。μVision2 调试有两种工作模式，即 Use Simulator（软件模拟）和 Use（硬件仿真）。

（1）启动调试

在工具菜单栏 Debug 选项的下拉菜单中，选择 Start/Stop Debug Session 命令可以启动或停止 μVision2 的调试模式。按照图 B-16 所示 Debug 设置窗口的设置，μVision2 会载入应用程序，并执行启动代码。μVision2 保存编辑器窗口，并恢复最后一次调试时的调试窗口布局。在调试窗口中，下一条将要执行的语句用黄色箭头标出。如果退出调试模式，μVision2 会返回到源程序编辑窗口。

（2）反编译窗口

反编译窗口用源程序和汇编程序的混合代码或汇编代码来显示用户应用程序，如图 B-17 所示。如果选 Disassembly 反编译窗口作为活动窗口，则程序的单步（Step）命令会工作在 CPU 的指令级而不是源代码的语句。

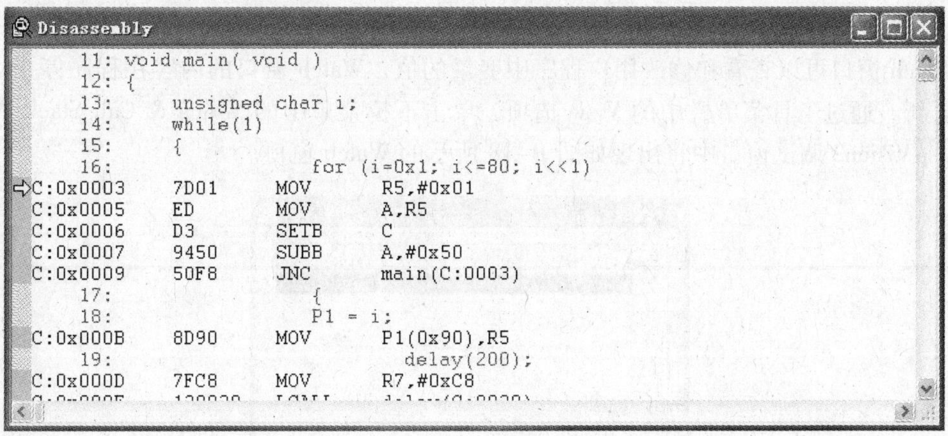

图 B-17　反汇编窗口

（3）断点

μVision2 有以下几种设置断点的方法。在设置断点前，应将光标设置在需要设置断点的程序行。

1）通过鼠标双击需要设置或取消断点的程序行。此时会在该程序行的前面添加或删除红色的断点标志。

2）在有效程序行的任意位置，用鼠标的右键打开快捷菜单，选择 Insert/Remove Breakpoint 命令来设置或取消断点。

3）通过单击快捷图标栏中的 Insert/Remove Breakpoint 图标🖑或选择工具菜单栏中的 Debug 选项，在弹出的下拉菜单中选择 Insert/Remove Breakpoint 命令来设置或取消断点。

（4）目标程序的执行

1）单步跟踪（Step Into）🕈。用工具菜单栏 Debug 选项中的 Step 或快捷图标的 Step Into 命令按钮可以单步跟踪程序。每执行一次单步跟踪命令，程序将运行一条指令。当前的指令用黄色的箭头标出，每执行一步箭头移动一次，已执行的语句呈绿色。单步跟踪是以指令为执行单元的。

2）单步运行（Step Over）🕈。用工具菜单栏 Debug 选项中的 Step Over 或快捷图标的 Step Over 命令按钮可实现单步运行程序。此时的单步运行命令将函数和函数调用当成一个实体来看，因此单步运行是以语句为基本执行单元的，而不管该语句是单一命令还是函数调用。

3）执行返回（Step Out）🕈。在使用单步跟踪命令跟踪到函数或子程序的内部时，可以使用 Step Out 命令来实现程序的 PC 指针返回到调用此子程序或函数的下一条语句。

4）执行到光标（Run to Cursor Line）🕈。用工具菜单栏 Debug 选项中的 Run to Cursor Line 命令或快捷图标 Run to Cursor Line 命令，使程序执行到光标所在的程序行，但不包括此行。此命令的实质是在光标所在行设置有临时断点。

5）全速运行（Go）🖺。用工具菜单栏 Debug 选项中的 Go 命令或快捷图标 Run 命令可以实现程序的全速运行。当然如果程序中设置有断点，程序将全速运行至断点所在的程序行，但不包括该行。如果程序中没有设置断点，在程序的全速运行期间，μVision2 不允许查看任何资源，也不接受任何命令。

（5）Watch 窗口

Watch 窗口可以查看和修改用户程序中变量的值。Watch 窗口的内容在程序停止运行后自动更新。通过工具菜单栏中的 View 选项，单击下拉菜单中的 Watch & Call Stack Window 命令，μVision2 调试窗口中将出现如图 B-18 所示的 Watch 窗口。

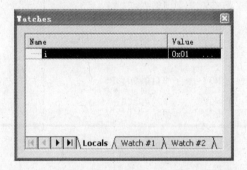

图 B-18　Watch 窗口

其中，Locals 页中显示当前函数的所有局部变量。Watch 页中显示的是用户所指定的变量。将变量添加到 Watch 窗口的方法有如下 3 种。

1）选择 Watch 窗口的 Watches 页，按〈F2〉键后输入变量名即可，如图 B-19 所示。

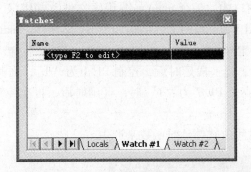

图 B-19　Watch 窗口的 Watches 页

2）在源程序的变量名上单击鼠标右键打开快捷菜单，选择 Add "变量名" to Watch Window…，变量便添加到 Watch 窗口中。

3）在 Output Window 的 Command 页中，使用 WatchSet 命令输入变量名。

要删除 Watch 窗口中的变量，选择该变量用〈Delete〉键删除。

（6）Memory 窗口

Memory 窗口能显示单片机系统各存储区的内容，如图 B-20 所示。在 Memory 窗口的 Address 选项中可以输入表达式，表示要显示区域的起始地址。查看各存储区的内容的方法如下：

1）查看片内数据存储区的内容。在 Address 选项中输入：d:0x00 并按〈Enter〉键，便可以查看起始地址为 0x00 的片内数据区的数据，d 代表 data 存储类型。

2）查看程序存储器区域的内容。在 Address 选项中输入：c:0x0000 并按〈Enter〉键，便可以查看起始地址为 0x0000 的程序程序器区域的数据，c 代表 code 存储类型。

3）查看片外数据存储区的内容。在 Address 选项中输入：x:0x0000 并按〈Enter〉键，便可以查看起始地址为 0x0000 的片外数据存储区的数据，x 代表 xdata 存储类型。

在数据区域通过单击鼠标右键打开快捷菜单，从中可以修改数据区数据的显示格式。

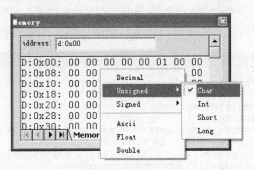

图 B-20　Memory 窗口

下面用一个实例来介绍 KEIL C51 程序的开发与调试过程。

● 创建 My_Project1. UV2 工程项目文件。

将 My_Project1. UV2 的工程文件放在 D：\My_Project1 目录中。选择 ATMEL AT89C51 为目标器件，复制并添加标准的启动代码文件 STARTUP. A51。

● 编辑 main.c 文件。

在 μVision2 的编辑窗口中，编译 main.c 源程序文件，并将该文件添加到工程中，如图 B-21 所示。My_Project1.UV2 工程的文件结构如图 B-22 所示。main.c 源程序的功能是实现 8051 单片机 P1 端口的"走马灯"功能，即先控制 P1 口的最低位 P1.0 为"1"（高电平），其他位为"0"（低电平），经一段延时后，控制 P1.1 为"1"，而其他位为"0"。随着程序的继续执行，当 P1 的最高位 P1.7 为"1"时，经延时后，再次控制 P1 的 P1.0 为"1"，如此循环不断。

程序实例中的延时时间由软件延时函数来产生。

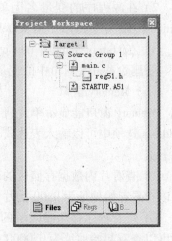

```c
#include < reg51.h >

void delay(unsigned int j)
{
    while(j--);
}
/********************main program********************/

void main( void )
{
    unsigned char i,dat;
    dat = 0x1;
    while(1)
    {
        for (i=1; i<=8; i++)
        {
            P1 = dat;
            delay(50000);
            dat = dat<<1;
        }
        dat = 0x1;
    }
}
```

图 B-21 编辑窗口中的源程序文件　　　　　　　　图 B-22 工程的文件结构

● 编译和链接。

用工具菜单栏中的 Project 选项或快捷图标栏中的 Build Target 命令编译和链接工程项目。编译和链接的状态信息在 Output Window 的 Build 页中显示出来，如图 B-23 所示。编译和链接的结果是：没有错误和警告。下一步就可以调试程序。本实例采用软件模拟的调试模式。

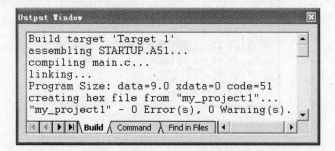

```
Build target 'Target 1'
assembling STARTUP.A51...
compiling main.c...
linking...
Program Size: data=9.0 xdata=0 code=51
creating hex file from "my_project1"...
"my_project1" - 0 Error(s), 0 Warning(s).
```

图 B-23 Output Window 中显示的编译和链接状态信息

● 调试 main.c。

通过工具菜单栏中的 Debug 选项或快捷图标栏中的 Start/Stop Debug Session 命令来启动

μVision2 的调试画面。μVision2 初始化调试器并运行启动代码，且运行到主函数 main( ) 函数。如图 B-24 所示，黄色箭头指在 main( ) 函数的第一条有效语句上，指明下一条要执行语句。

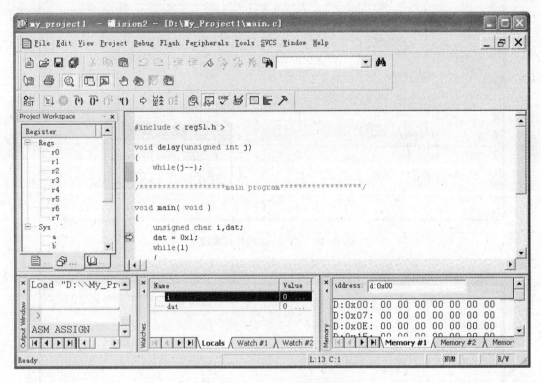

图 B-24　μVision2 的调试画面

① 在工具菜单栏中的 Peripherals 选项的 I/O-Ports 下拉菜单中，选择 Port 1，此时弹出 8051 单片机 P1 端口的控制窗口，它可以控制和监视 P1 端口的状态。如图 B-25 所示，P1 的初始状态为 0xFF，它显示的是 8051 单片机复位后 P1 端口的状态。

② 调试过程。使用 Step Over 或 Run to Cursor Line 命令使程序运行到如图 B-26 所示的位置，此时已经将变量 dat 中的数据 0x01 赋值给 P1 端口。观察 P1 端口控制窗口的状态变化，此时 P1 口的第 0 位标记有"√"，表示该位为高电平"1"。继续使用 Step Over 或 Run to Cursor Line 命令，变量 dat 经移位赋值后变为 0x02。当程序运行到如图 B-27 所示的位置时，P1 端口的控制窗口的状态由在 P1 口的第 0 位为"1"变成 P1 口的第 1 位为"1"。随着程序的继续运行，P1 口的控制窗口的状态也随着改变，如此循环 8 次，直到 P1 口的最高位为高电平"1"后，将变量 dat 重新赋初值 0x01。由于 main.c 源程序代码中采用的是 while 无限循环结构，所以随着程序的循环运行，高电平"1"状态从 P1 口的第 0 位逐步向最高位流动，并反复不断。

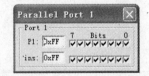

图 B-25　P1 端口的控制窗口

用 Run 或 Go 全速运行命令，就可以从 P1 口的控制窗口看出高电平"1"状态从 P1 口的低位不断地向高位流动，并循环不断。

用户可以在任何时间用 Start/Stop Debug Session 命令停止调试。

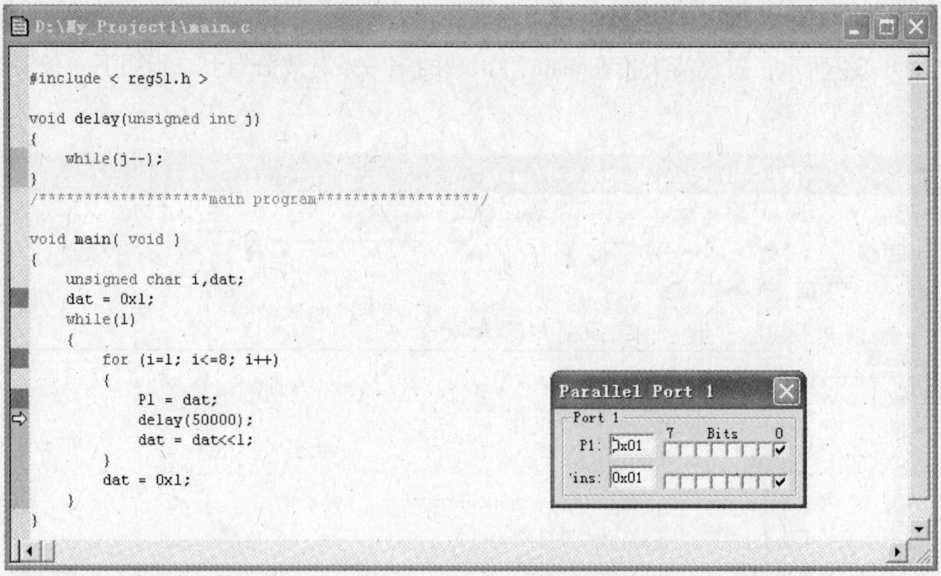
D:\My_Project1\main.c
#include < reg51.h >
void delay(unsigned int j)
{
while(j--);
}
/*******************main program*****************/
void main(void)
{
unsigned char i,dat;
dat = 0x1;
while(1)
{
for (i=1; i<=8; i++)
{
P1 = dat;
delay(50000);
dat = dat<<1;
}
dat = 0x1;
}
}
Parallel Port 1
Port 1
7 Bits 0
P1: 0x01
'ins: 0x01

图 B-26 μVision2 的调试画面 1

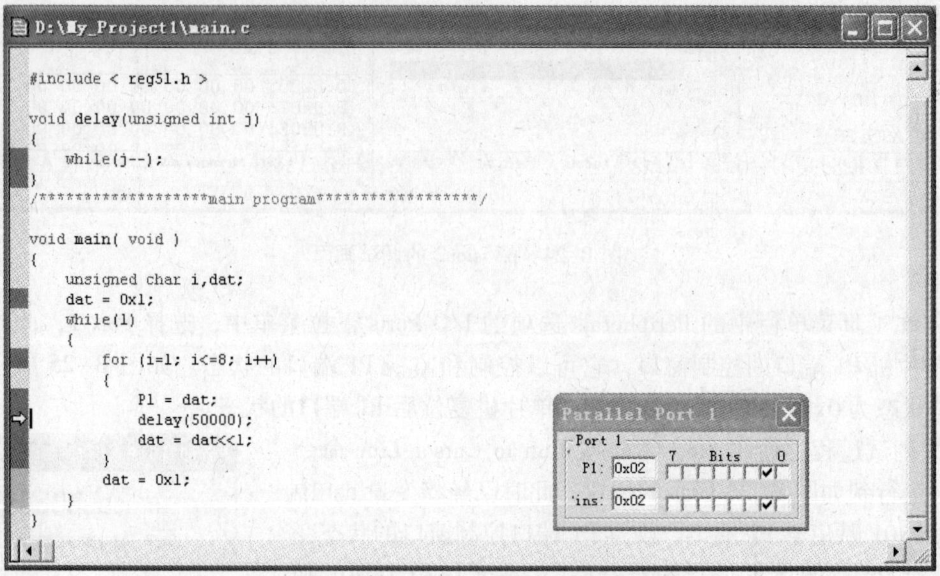
D:\My_Project1\main.c
#include < reg51.h >
void delay(unsigned int j)
{
while(j--);
}
/*******************main program*****************/
void main(void)
{
unsigned char i,dat;
dat = 0x1;
while(1)
{
for (i=1; i<=8; i++)
{
P1 = dat;
delay(50000);
dat = dat<<1;
}
dat = 0x1;
}
}
Parallel Port 1
Port 1
7 Bits 0
P1: 0x02
'ins: 0x02

图 B-27 μVision2 的调试画面 2

参 考 文 献

[1] 张毅刚,彭喜元,董继成.单片机原理及应用[M].北京:高等教育出版社,2004.

[2] 张毅刚,彭喜元.单片机原理及接口技术[M].北京:人民邮电出版社,2008.

[3] 丁元杰.单片微机原理及应用[M].北京:机械工业出版社,2005.

[4] 蒋廷彪,刘电霆,高富强,等.单片机原理及应用[M].重庆:重庆大学出版社,2003.

[5] 马忠梅,刘滨,戚军,等.单片机 C 语言 Windows 环境编程宝典[M].北京:北京航空航天大学出版社,2003.

[6] 徐爱钧,彭秀华.Keil Cx51 V7.0 单片机高级语言编程与 μVision2 应用实践[M].北京:电子工业出版社,2007.

[7] 张培仁,孙占辉,张欣,等.基于 C 语言编程 MCS – 51 单片机原理及应用[M].北京:清华大学出版社,2003.

[8] 何立民.单片机应用系统设计[M].北京:北京航空航天大学出版社,1990.

[9] Keil software,Inc.Cx51 Compiler User's Guide.2001.

[10] Keil software,Inc.Getting Started with μVision2 User's Guide.2001.

[11] Keil software,Inc.Marco Assembler and Utilities User's Guide.2001.

[12] 广州周立功单片机发展有限公司.I^{2}C 总线规范.http://www.zlgmcu.com/download/downs.asp? ID = 780.

[13] 何立民.I^{2}C 总线应用系统设计[M].北京:北京航空航天大学出版社,1995.

[14] 武庆生,仇梅.单片机及接口实用教程[M].成都:电子科技大学出版社,1995.

[15] 张伟.单片机原理及应用[M].北京.机械工业出版社,2002.

[16] 高峰.单片微机应用系统设计及实用技术[M].2 版.北京:机械工业出版社,2004.

[17] 钱晓捷.汇编语言程序设计[M].北京:电子工业出版社,2003.

[18] 郑学坚,周斌.微型计算机原理及应用[M].北京:清华大学出版社,2005.

[19] 李群芳,张士军,黄建,等.单片微型计算机与接口技术[M].2 版.北京:电子工业出版社,2005.

[20] 严天峰.单片机应用系统设计与仿真调试[M].北京:北京航天航空大学出版社,2005.

[21] 苏卫斌.8051 系列单片机应用手册[M].北京:科学出版社,1997.

[22] 陈立周,陈宇.单片机原理及其应用[M].北京:机械工业出版社,2006.

[23] 孙俊逸,盛秋林,张铮.单片机原理及应用[M].北京:清华大学出版社,2006.

[24] 沙占友,等.单片机外围电路设计[M].北京:电子工业出版社,2003.

[25] 王幸之,等.单片机应用系统抗干扰技术[M].北京:北京航空航天大学出版社,2003.

[26] 耿德根,等.AVR 高速嵌入式单片机原理与应用[M].北京:北京航空航天大学出版社,2001.

[27] 王福瑞,等.单片微机测控系统设计大全[M].北京:北京航空航天大学出版社,2001.

[28] 李朝青,等.单片机原理及接口技术[M].北京:北京航空航天大学出版社,2000.

[29] 李华,等.MCS – 51 系列单片机实用接口技术[M].北京:北京航空航天大学出版社,2003.

[30] 蔡美琴,等.MCS – 51 系列单片机系统及其应用[M].北京:高等教育出版社,2003.

[31] 周立功,等.单片机实验与实践[M].北京:北京航空航天大学出版社,2004.

[32] 李军,等.51 系列单片机高级实例开发指南[M].北京:北京航空航天大学出版社,2004.

[33] 赵佩华,眭碧霞.单片机原理及接口技术[M].北京:机械工业出版社,2008.

[34] 王为青,程国钢.单片机 Keil Cx51 应用开发技术[M].北京:人民邮电出版社,2007.

[35] 边海龙.单片机开发与典型工程项目实例详解[M].北京:电子工业出版社,2008.

[36] 求实科技.单片机典型模块设计实例导航[M].北京:人民邮电出版社,2005.

[37] 汪道辉.单片机系统设计与实践[M].北京:电子工业出版社,2006.

[38] 胡汉才.单片机原理及系统设计[M].北京:清华大学出版社,2002.

[39] 吴金戌,等.8051 单片机实践与应用[M].北京:清华大学出版社,2005.